职业形象塑造

主　编　张　弘

副主编　刘晓红　孙启荣

参　编　夏远利　于　梅

内容简介

本书分为三大模块，即形象篇、礼仪篇和沟通篇，分别介绍了个人如何塑造良好的职业形象。全书的内容包括仪态塑造、仪容塑造、仪表塑造、校园礼仪、求职礼仪、交往礼仪、餐饮礼仪、通信礼仪、活动礼仪、接待礼仪和人际沟通训练等十一个项目。

本书将理论学习与能力训练紧密结合，以热身活动、知识平台、技能训练和知识拓展为主要板块，体现了在练中学、学中练，实现学练统一的教学理念，力求达到提高学生职业素质和审美能力的目的。

本书既可以作为职业院校、应用型本科院校人文素质教育的教材或职业平台课程教材，也可以作为企业礼仪类培训教材和社会从业人员的业务参考书。

图书在版编目(CIP)数据

职业形象塑造/张弘主编. —北京：北京大学出版社，2020.9
ISBN 978-7-301-30234-7

Ⅰ.①职… Ⅱ.①张… Ⅲ.①个人–形象–设计–高等学校–教材 Ⅳ.①B834.3

中国版本图书馆CIP数据核字（2019）第008317号

书　　　名	职业形象塑造 ZHIYE XINGXIANG SUZAO	
著作责任者	张　弘　主编	
策划编辑	周　伟	
责任编辑	周　伟	
标准书号	ISBN 978-7-301-30234-7	
出版发行	北京大学出版社	
地　　　址	北京市海淀区成府路205号　100871	
网　　　址	http://www.pup.cn　　新浪微博：@北京大学出版社	
电子邮箱	编辑部zyjy@pup.cn　总编室zpup@pup.cn	
电　　　话	邮购部010-62752015　发行部010-62750672　编辑部010-62754934	
印　刷　者	北京溢漾印刷有限公司	
经　销　者	新华书店	
	787毫米×1092毫米　16开本　19印张　409千字	
	2020年9月第1版　2024年12月第3次印刷	
定　　　价	53.00元	

未经许可，不得以任何方式复制或抄袭本书之部分或全部内容。
版权所有，侵权必究
举报电话：010-62752024　电子邮箱：fd@pup.cn
图书如有印装质量问题，请与出版部联系，电话：010-62756370

前　言

所谓职业形象，是指人们在职场中，在公众面前形成的印象，是一个人通过个人的衣着打扮、言谈举止反映出来的素质修养、专业态度、专业技能等的整体情况以及公众对其的总体评价。随着我国社会经济的发展，人们越来越意识到外在形象在工作和生活中的重要性。良好的职业形象可以展现一个人良好的职业素质和能力，有助于其改善人际关系、提高工作成效，实现职业发展目标。

孔子曰："君子不失足于人，不失色于人，不失口于人。"这句话主要从行为举止、仪容仪表和语言表达三个角度说明了有道德的人待人接物的原则。从这三个角度出发，我们将本书分为形象篇、礼仪篇和沟通篇，形成了本书的项目教学体系。本书主要具有以下特色：

第一，在内容的选取上，注重职业规范。在现代社会，一个人外在形象的塑造不断地趋于多元化和个性化，关于这方面的内容纷繁复杂。本书在编写的过程中，不求理论知识上的面面俱到，而是紧紧围绕"职业"二字，以职场为依托，以职业性的规范为主来进行理论知识的阐述和技能训练内容的设计。

第二，在板块的设计上，强调学与练相结合。本书遵循教学规律，在每个项目中的每个任务开始时以"热身活动"的形式导入新课，这样可以活跃课堂气氛，调动学生的学习兴趣。"知识平台"与"技能训练"的内容是紧密结合的，教师可以利用"技能训练"部分的内容运用任务教学法让学生一边学一边练。本书在训练内容的设计上，紧紧围绕教学目标，贴近学生的实际情况，注重实用性和可操作性。

第三，在多媒体的运用上，使用了二维码的形式。为了增加教材的可读性和趣味性，便于读者更好地理解一些重点和难点内容，本书使用了二维码的形式，将一些相关的图片、视频纳入其中，以此作为教材内容的辅助和补充。

本书的编写者均为职业院校多年讲授"职业形象塑造"课程的教师，拥有全国核心能力认证礼仪指导证书和江苏省普通话水平测试员证书，并一直从事色彩测试、礼仪培训、普通话水平测试等级考试等工作，具有丰富的实践经验。本书由张弘担任主编，负责前期组织和策划、拟定编写大纲、确定编写体例、统一修改定稿工作。其具体编写分工如下：项目一、项目三由于梅、张弘共同编写；项目二、项目四、项目五、项目十由张弘负责编写；项目六、项目十一由孙启荣负责编写；项目七、项目八、项目九由刘晓红负责编写。

本书是江苏省教育厅2019年立项建设的在线开放课程和校级立体化教材的建设成果。夏远利主要负责与本书配套的在线开放课程的建设，其中：项目一、项目二、项目三、项目四、项目七中的微课由夏远利和张弘制作完成；项目十中的微课由刘晓红制作完成；项目五、项目十一中的微课由张远和张恒制作完成，这两位老师是"职业形象塑造"在线开放课程的团队成员，感谢她们允许我在本书中使用她们制作的微课。更多的教学资源，大家可以登录https://www.icourse163.org（中国大学MOOC），搜索"职业形象塑造36计"即可学习、查看。

　　因水平有限，本书难免存在不足和疏漏之处，望广大读者批评指正，以便进一步修订和完善。

张弘（641255473@qq.com）

2020年3月

目　　录

形象篇

项目一　仪态塑造 ·· 2
　任务1　站姿训练 ·· 2
　　一、标准站姿的要点 ·· 3
　　二、女士六种常用的站姿 ·· 3
　　三、男士六种常用的站姿 ·· 4
　　四、规范站姿应注意的问题 ··· 5
　任务2　坐姿训练 ·· 7
　　一、标准坐姿的要点 ·· 8
　　二、女士七种常用的坐姿 ·· 8
　　三、男士四种常用的坐姿 ··· 10
　　四、规范坐姿应注意的问题 ·· 11
　任务3　行姿训练 ··· 13
　　一、标准行姿的要点 ·· 13
　　二、规范行姿应注意的问题 ·· 14
　任务4　蹲姿训练 ··· 16
　　一、标准蹲姿的要点 ·· 16
　　二、女士四种常用的蹲姿 ··· 16
　　三、男士两种常用的蹲姿 ··· 18
　　四、规范蹲姿应注意的问题 ·· 19
　任务5　手势训练 ··· 21
　　一、四种常用的手势 ·· 21
　　二、不同场景的手势礼仪 ··· 23
　　三、不正确的手势 ··· 25

| 任务6 | 表情训练 | 27 |

    一、眼神的运用 ... 28
    二、笑容的魅力 ... 29

项目二 仪容塑造 ... 34

任务1 男士的仪容塑造 ... 34
    一、刮脸 ... 35
    二、洁面 ... 35
    三、护肤 ... 35
    四、底妆 ... 35
    五、修眉 ... 35
    六、眼妆 ... 35
    七、画唇 ... 36
    八、补妆 ... 36

任务2 女士的仪容塑造 ... 38
    一、脸型的黄金比例 ... 38
    二、化妆的步骤 ... 39

任务3 发型设计 ... 45
    一、发质与发型 ... 45
    二、男士的发型 ... 46
    三、女士的发型 ... 46

项目三 仪表塑造 ... 49

任务1 男士职业着装 ... 49
    一、男士穿着西装的基本原则 ... 50
    二、男士西装的分类与选择 ... 51
    三、男士衬衫的款式与选择 ... 54

任务2 女士职业着装 ... 59
    一、女士职业着装的类型 ... 60
    二、女士职业着装的禁忌 ... 62
    三、女士的体型与服饰的搭配 ... 62

任务3 配饰搭配 ... 67
    一、配饰搭配的原则 ... 67
    二、男士的配饰 ... 69
    三、女士的配饰 ... 70

礼仪篇

项目四　校园礼仪 ··· 78
　任务1　课堂礼仪 ··· 78
　　一、学生的课堂礼仪 ·· 78
　　二、教师的课堂礼仪 ·· 79
　任务2　校内公共场所礼仪 ··· 82
　　一、集会的礼仪 ·· 83
　　二、食堂的礼仪 ·· 83
　　三、宿舍的礼仪 ·· 83
　　四、与老师相处的礼仪 ··· 84
　　五、与同学相处的礼仪 ··· 84

项目五　求职礼仪 ··· 87
　任务1　面试礼仪 ··· 87
　　一、面试前的准备 ··· 88
　　二、面试中的应对 ··· 91
　　三、面试后的整理 ··· 92
　任务2　实习礼仪 ··· 96
　　一、保持良好的个人形象 ·· 97
　　二、保持办公室的整洁有序 ·· 97
　　三、保持办公室的安静 ··· 97
　　四、尊重别人的私人空间 ·· 97
　　五、要珍惜时间 ·· 98
　　六、要尊重领导 ·· 98
　　七、要与同事友好相处 ··· 98

项目六　交往礼仪 ··· 102
　任务1　称呼礼仪 ··· 102
　　一、职业性称呼 ·· 103
　　二、亲属性称呼 ·· 105
　　三、称呼的注意事项 ·· 105
　任务2　握手礼仪 ··· 109
　　一、握手的要点 ·· 110
　　二、伸手的顺序 ·· 111

三、握手的方式 ········· 112
　　四、握手的禁忌 ········· 112
 任务3　介绍礼仪 ··········· 116
　　一、自我介绍 ··········· 116
　　二、居间介绍 ··········· 117
 任务4　名片礼仪 ··········· 122
　　一、名片的制作 ········· 123
　　二、递送名片的礼仪 ····· 123
　　三、接受名片的礼仪 ····· 124
　　四、名片的整理 ········· 124
 任务5　馈赠礼仪 ··········· 126
　　一、礼品的选择 ········· 127
　　二、赠送礼品的时机 ····· 128
　　三、接受或谢绝礼品的礼仪 ··· 130
　　四、外事活动中的赠礼和受礼 ··· 130

项目七　餐饮礼仪 ··········· 134
 任务1　职场宴请礼仪 ······· 134
　　一、宴请的类型 ········· 135
　　二、宴请的准备工作 ····· 137
　　三、宴请的基本礼仪 ····· 139
　　四、赴宴的基本礼仪 ····· 141
 任务2　中餐礼仪 ··········· 144
　　一、中餐的桌次及席位安排 ··· 145
　　二、中餐餐具的使用礼仪 ··· 147
　　三、中餐用餐的基本礼仪 ··· 149
 任务3　西餐礼仪 ··········· 154
　　一、西餐的座次 ········· 154
　　二、西餐的菜序 ········· 155
　　三、西餐餐具的使用礼仪 ··· 157
　　四、西餐用餐的基本礼仪 ··· 161
 任务4　自助餐礼仪 ········· 165
　　一、自助餐的特点与种类 ··· 165
　　二、自助餐的用餐礼仪 ··· 166

任务5　酒水礼仪 ···170
　　一、酒水的种类 ···170
　　二、酒水与菜肴的搭配 ···171
　　三、敬酒干杯 ··172
　　四、饮用酒水的礼仪 ··174

任务6　饮茶礼仪 ···177
　　一、茶叶的种类 ···177
　　二、茶具的选择 ···179
　　三、奉茶和饮茶的礼仪 ···180

项目八　通信礼仪 ···184

任务1　电话礼仪 ···184
　　一、电话交谈的礼仪 ··185
　　二、拨打电话的礼仪 ··186
　　三、接听电话的礼仪 ··188
　　四、代接、代转电话的礼仪 ··190
　　五、手机使用的礼仪 ··191

任务2　电子邮件礼仪 ··194
　　一、电子邮件的格式 ··195
　　二、发送电子邮件的礼仪 ··197
　　三、接收与回复电子邮件的礼仪 ··198

任务3　网络即时通信礼仪 ··201
　　一、使用网络即时通信软件的礼仪 ···202
　　二、微信、QQ使用的礼仪 ···204

项目九　活动礼仪 ···207

任务1　会议礼仪 ···207
　　一、会议的通用礼仪 ··208
　　二、洽谈会的礼仪 ···215
　　三、新闻发布会的礼仪 ···218

任务2　签字仪式礼仪 ··222
　　一、签字仪式的准备工作 ··223
　　二、签字仪式的程序 ··226

任务3　庆典礼仪 ···229
　　一、庆典仪式的准备工作 ··230

二、庆典仪式的程序 ··· 232
　任务4　舞会礼仪 ·· 235
　　一、组织舞会的礼仪 ··· 236
　　二、舞会主人的礼仪 ··· 236
　　三、参加舞会的礼仪 ··· 237
　　四、跳舞的礼仪 ·· 238
　　五、私人舞会的礼仪 ··· 239

项目十　接待礼仪 ··· 242
　任务1　个人接待 ·· 242
　　一、接待工作的类型 ··· 243
　　二、预约接待的接待规范 ·· 243
　　三、随机性接待的接待规范 ··· 244
　　四、特殊来访者的接待规范 ··· 245
　任务2　团体接待 ·· 249
　　一、接待规格的种类 ··· 250
　　二、接待前的准备 ··· 250
　　三、接待的礼仪规范 ··· 251
　任务3　涉外接待 ·· 257
　　一、涉外接待的基本原则 ·· 257
　　二、涉外接待前的准备 ·· 258
　　三、涉外接待的礼仪规范 ·· 259

沟通篇

项目十一　人际沟通训练 ··· 266
　任务1　人际沟通概述 ·· 266
　　一、人际沟通的作用 ··· 267
　　二、人际沟通的基本原则 ·· 268
　　三、人际沟通的技巧 ··· 269
　　四、人际沟通中的注意事项 ··· 270
　任务2　学会倾听 ·· 272
　　一、倾听的含义 ·· 273
　　二、倾听的作用 ·· 273

三、倾听的基本原则 274
　　四、有效倾听的技巧 275

任务3　学会赞美 278
　　一、赞美的作用 278
　　二、赞美的基本原则 279
　　三、赞美的技巧 280
　　四、赞美的注意事项 281

任务4　学会拒绝 283
　　一、拒绝的作用 283
　　二、拒绝的基本原则 283
　　三、拒绝的技巧 284
　　四、拒绝的注意事项 285

任务5　学会批评 287
　　一、批评的基本原则 288
　　二、批评的技巧 289
　　三、批评的注意事项 289

参考文献 292

形象篇

项目一　仪态塑造

> ┤学习目标├
>
> 1. 学会标准的站姿。
> 2. 学会标准的坐姿。
> 3. 学会标准的行姿。
> 4. 学会正确的蹲姿。
> 5. 掌握四种常用的手势。
> 6. 掌握眼神的运用，学会微笑，能灵活地运用服务手势和表情语。
> 7. 无论在任何场合，都能做到站有站相、坐有坐相，举止优雅，养成良好的习惯。
> 8. 培养优雅的举止和良好的气质。

任务1　站姿训练

教师面带微笑，用标准的站姿站好，喊"上课"，要求学生全体起立向教师鞠躬问好，教师也要向学生鞠躬问好，然后请学生坐下。

教师请学生思考并讨论以下问题：

（1）正确的站姿应该是什么样的？
（2）正确的鞠躬礼应该是什么样的？
（3）刚才学生的仪态中是否有不正确之处？（如果有，教师请进行纠正）
（4）酒店门口的迎宾人员一般采用什么样的站姿？

仪态又称体态，主要是指人的面部表情、姿势、举止和动作。一个人的仪态包括其所有的行为举止，如一颦一笑、一举手一投足。人们的面部表情，体态的变化，行、走、站、立等都可以表达思想感情。仪态既是表现一个人的涵养的一面镜子，也是构成一个人外在形象的主要因素。不同的仪态显示出一个人不同的精神状态和文化教养，传递着不同的信息。现代人要想塑造良好的职业形象，就必须从优雅的仪态训练开始。

一、标准站姿的要点

（1）头正。站立者要双眼平视前方，下颌微收，脖子挺立，表情自然，面带微笑。

（2）肩平。站立者要两肩呈水平状态，微微放松，稍向后下沉。

（3）躯挺。站立者要脊背挺直，胸部挺起，腹部收起，腰部向上挺直，臀部向内并向上收紧。

（4）腿直。站立者要双腿立直，后脑勺、背、臀、脚后跟成一条直线。

站立者要想做到站姿优美，关键在于脊背要挺直。整个身体挺拔、立腰、向上是站立者训练站姿最基本的要领。

二、女士六种常用的站姿

1. 女士"V"字垂手站姿

站立者要面带微笑，目视前方；双腿立直、贴紧，脚跟靠拢，脚掌略微分开呈"V"字形，双脚的夹角大约为30°；两肩呈水平状态，双臂自然下垂，中指对准裤缝，手指自然弯曲。这种站姿适合女士在日常生活和交际场合使用（如图1-1所示）。

2. 女士"V"字叉手站姿

站立者要面带微笑，目视前方；双腿立直、贴紧，脚跟靠拢，脚掌略微分开呈"V"字形，双脚的夹角大约为30°；双手的虎口相叠放于脐下三指，右手抓住左手的手指部位，大拇指向内收起，两个肘部略微向前绷起。这种站姿比较正式，适合女士在迎宾等服务场合使用（如图1-2所示）。

图1-1 女士"V"字垂手站姿

图1-2 女士"V"字叉手站姿

3. 女士"V"字握手站姿

站立者要面带微笑,目视前方;双腿立直、贴紧,脚跟靠拢,脚掌略微分开呈"V"字形,双脚的夹角大约为30°;双手相握,轻轻垂放于小腹前。这种站姿适合女士在商务活动的礼仪服务中使用。

4. 女士"丁"字垂手站姿

站立者要面带微笑,目视前方;双腿立直、贴紧,一脚在前,将脚跟靠于另一脚内侧凹陷处,双脚形成一个斜写的"丁"字;两肩呈水平状态,双臂自然下垂,中指对准裤缝,手指自然弯曲。这种站姿适合女士在日常生活和交际场合使用(如图1-3所示)。

5. 女士"丁"字叉手站姿

站立者要面带微笑,目视前方;双腿立直、贴紧,一脚在前,将脚跟靠于另一只脚内侧凹陷处,双脚形成一个斜写的"丁"字;双手虎口相叠放于脐下三指,右手抓住左手的手指部位,大拇指向内收起,两个肘部略微向前绷起。这种站姿比较正式,适合女士在迎宾等服务场合使用(如图1-4所示)。

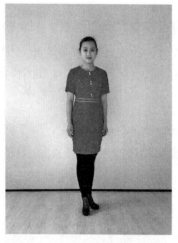 

图1-3 女士"丁"字垂手站姿　　　　图1-4 女士"丁"字叉手站姿

6. 女士"丁"字握手站姿

站立者要面带微笑,目视前方;双腿立直、贴紧,一脚在前,将脚跟靠于另一脚内侧凹陷处,两脚形成一个斜写的"丁"字;双手相握,轻轻垂放于小腹前。这种站姿适合女士在商务活动中进行礼仪服务时使用。

三、男士六种常用的站姿

1. 男士"V"字垂手站姿

站立者要面带微笑,目视前方;双腿立直、贴紧,脚跟靠拢,脚掌略微分开呈"V"字形,双脚的夹角大约为45°;两肩呈水平状态,两臂自然垂放于身体两侧，手指自然弯曲。这种站姿适合男士在日常生活和交际场合使用。

2. 男士"V"字握手站姿

站立者要面带微笑，目视前方；双腿立直、贴紧，脚跟靠拢，脚掌略微分开呈"V"字形，双脚的夹角大约为45°；双手自然相握，轻轻放于腹前。这种站姿适合男士在商务活动中使用。

3. 男士"V"字背握站姿

站立者要面带微笑，目视前方；双腿立直、贴紧，脚跟靠拢，脚掌略微分开呈"V"字形，双脚的夹角大约为45°；一只手握拳，另一只手握住拳头上方的手腕处，背于身后，贴在臀部。这种站姿适合男士在迎宾、保卫等服务场合使用。

4. 男士跨立垂手站姿

站立者要面带微笑，目视前方；双脚之间的距离同于或小于肩宽；两肩呈水平状态，双臂自然垂放于身体的两侧，手指自然伸展。这种站姿适合男士在日常生活和交际场合使用。

5. 男士跨立握手站姿

站立者要面带微笑，目视前方；双脚之间的距离同于或小于肩宽；双手自然相握，轻轻放于腹前。这种站姿适合男士在商务活动中使用。

6. 男士跨立背握站姿

站立者要面带微笑，目视前方；双脚之间的距离等于或小于肩宽；一只手握拳，另一只手握住拳头上方的手腕处，背于身后，贴在臀部。这种站姿适合男士在迎宾、保卫等服务场合使用。

四、规范站姿应注意的问题

站立者最忌讳的是弯腰驼背、歪歪斜斜，这样会使站立者显得无精打采、萎靡不振，甚至会让人怀疑其身体健康是否出了问题。

站立者一定要注意摆好自己的手位，切忌将双手抱在胸前，或双手叉腰，或将双手插在衣服或裤子的口袋里。

站立者不可将双腿叉开太大，或双脚随意乱动，或随意地做出夹、拉、靠、倚等动作。这些动作看上去不仅很不美观，而且会显得站立者不够庄重。

技能训练

1. 五点靠墙训练：学生贴墙站立，脚跟、小腿、臀部、两肩和后脑勺都要紧贴墙面，主要训练自己的身体控制能力。学生可以在头部、肩部、小腿与墙相靠的位置各放一张小卡片，在训练的过程中不能让小卡片滑动或掉落。

2. 头上顶书训练：在训练以上6种站姿的过程中，为了训练学生头部的稳定性，教师可以让学生在头上顶书坚持站立10分钟以上。课后，教师可以要求学生坚持每日训练30分钟以上（如图1-5所示）。

3. 双腿夹纸训练：在训练以上6种站姿的过程中，为了训练学生腿部的控制能力，教师要检查学生的腿部是否立直、贴紧。另外，教师可以让学生在两腿之间夹上一张纸，保持纸不松、不掉（如图1-6所示）。

图1-5 头上顶书训练

图1-6 双腿夹纸训练

4. 站姿变换训练：教师要求学生以标准的站姿站好，并根据6种站姿进行变换。若学生的站姿不够标准，则应加强练习，直至熟练无误为止。

5. 礼仪操训练：学生分组准备一套礼仪操（教师先示范），可以从网上学习，也可以自编，一周以后各个小组分别进行展示。

知识拓展

四种常见的不良站姿

英国某协会在对1200多名女性进行了调查后宣称，除了医生建议的正常站姿以外，绝大多数女性在站立时会出现四种常见不良的站姿，即斜塔型、桥型、勺型以及直背型（如图1-7所示）。而这四种常见的不良站姿可能会引发女性的头痛、颈痛、背痛，甚至可能会影响女性整体的健康状况。

不同的站姿对女性的身体的伤害程度有所不同：

（1）斜塔型：采用这种站姿时，女性的头部前倾，最容易导致背部疼痛；

（2）桥型：采用这种站姿时，女性的后背呈拱形，会导致腰椎的负担非常大；

（3）勺型：采用这种站姿时，女性因两肩下塌引起背部微驼，所以容易伤害到腰和背；

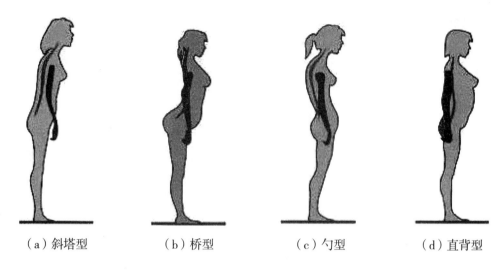

(a)斜塔型　　　　　(b)桥型　　　　　(c)勺型　　　　　(d)直背型

图1-7　四种常见的不良站姿

（4）直背型：相比而言，直背型站姿是相对较好的一种站姿，但因为女性采用这种站姿时后背平直，不符合人体自然的生理曲线，腰椎弧度偏小，所以患腰痛、腰椎间盘突出的可能性较大。

该协会的按摩师认为，女性要想避免背部疼痛，应尽量将头和脚踝在站立时保持在同一条线上。

任务2　坐姿训练

教师面带微笑，用标准的站姿站好，喊"上课"，要求学生全体起立向教师鞠躬问好，教师也要向学生鞠躬问好，然后请学生坐下。学生落座后，教师查看学生的坐姿是否规范、标准。

教师请学生思考并讨论以下问题：

（1）刚才学生的仪态中是否有不正确之处？（如果有，教师请进行纠正）

（2）正确的坐姿应该是什么样的？

知识平台

一、标准坐姿的要点

1. 入座要轻稳

在条件允许的情况下，入座者应尽量从座椅的左侧入座，先侧身走近座椅，背对座椅站立，右腿后退半步，以小腿轻触座椅，确认好座椅的位置，然后随势坐下。女士如果穿着裙装，在落座前应用手从上至下把裙子整理平整后再入座。需要注意的是，入座者所有的动作都要轻稳，尽量不要碰响座椅。

2. 落座应无声

落座时，入座者不应发出任何声响。落座后，入座者的上身要自然挺直，可以微向前倾；屁股一般要坐在椅子的2/3或1/2处，不宜满坐，且背部不能靠在椅背上。女士的双膝要并拢，双手自然交叉叠放在双腿的中部，手心向下。男士的双腿可以略微分开，双手可以自然地放在座椅扶手两侧上或放于双腿的膝盖上。坐定后，入座者最好不要再挪动座椅的位置。

3. 离座宜轻缓

离座时，入座者应该让身份、地位高者先离座。在条件允许的情况下，入座者应坚持"左入左出"的原则。入座者起身时要轻稳，动作要缓慢，要站稳脚跟后再离开，且不能发出声响。另外，离座时入座者一般先将右脚向后略收半步，然后起身，将衣服简单整理一下再从容移步。

二、女士七种常用的坐姿

1. 女士双腿垂直式坐姿

双腿垂直式坐姿又称标准式坐姿，采用这种坐姿时，女士的上身要挺直，两肩呈水平状态，双臂自然弯曲，双手交叉叠放在双腿的中部，并靠近小腹；双膝并拢，两小腿垂直于地面，双脚并拢，脚尖朝正前方或呈小"V"字形（如图1-8所示）。

2. 女士双腿前伸式坐姿

采用这种坐姿时，女士的上身要挺直，两肩呈水平状态，双臂自然弯曲，双手交叉叠放在双腿的中部，并靠近小腹；双膝并拢，两小腿向前伸出，双脚并拢，脚尖不要翘。

3. 女士双腿斜放式坐姿

双腿斜放式坐姿又称侧点式坐姿，采用这种坐姿时，女士的上身要挺直，双肩呈水平状态，双臂自然弯曲，双手交叉叠放在双腿的中部，并靠近小腹；两小腿向左（右）斜出，双膝并拢，右（左）脚跟靠拢左（右）脚内侧，右（左）脚掌着地，左（右）脚尖着地，头和身躯向左（右）斜，力求斜放后的腿部与地面为45°。需要注意的是，大腿和小腿要成90°的直角，小腿要充分伸直，尽量显示出小腿的长度。一般来说，女士坐在较低的座椅或沙发上时适用这种坐姿（如图1-9所示）。

4.女士脚踝盘助收起式坐姿

采用这种坐姿时，女士的上身要挺直，两肩呈水平状态，双臂自然弯曲，双手交叉叠放在双腿的中部，并靠近小腹；左（右）小腿后屈，脚绷直，脚掌内侧着地，右（左）脚提起，用脚面贴住左（右）脚踝，膝和小腿并拢（如图1-10所示）。

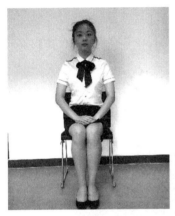  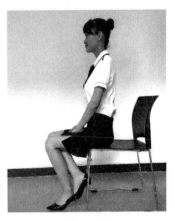

图1-8 女士双腿垂直式坐姿　　图1-9 女士双腿斜放式坐姿　　图1-10 女士脚踝盘助收起式坐姿

5.女士双腿叠放式坐姿

采用这种坐姿时，女士的上身要挺直，两肩呈水平状态，双臂自然弯曲，双手交叉叠放在双腿的中部，并靠近小腹；双腿相叠，一条腿的腿窝落在另一条腿的膝关节外侧，一只脚紧贴住另一只脚的外侧。需要注意的是，上边的腿要向里收，贴住另一条腿，脚尖向下收起；脚背下压，不能用脚底对人，不能将脚尖翘起。女士双腿叠放式坐姿又可以分为直挂式坐姿和斜挂式坐姿两种（如图1-11所示）。

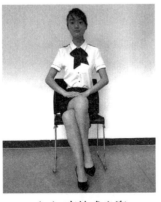 

（a）直挂式坐姿　　（b）斜挂式坐姿

图1-11 女士双腿叠放式坐姿

6. 女士双脚内收式坐姿

双脚内收式坐姿又称后点式坐姿，采用这种坐姿时，女士的上身要挺直，两肩呈水平状态，双臂自然弯曲，双手交叉叠放在双腿的中部，并靠近小腹；两小腿后屈，脚尖着地，双膝并拢（如图1-12所示）。

7. 女士双脚开关式坐姿

双脚开关式坐姿又称屈直式坐姿，采用这种坐姿时，女士的上身要挺直，两肩呈水平状态，双臂自然弯曲，双手交叉叠放在双腿的中部，并靠近小腹；右脚前伸，左小腿弯曲并向后收回，双腿的大腿靠紧，左脚的前脚掌着地，双脚并在一条直线上（如图1-13所示）。

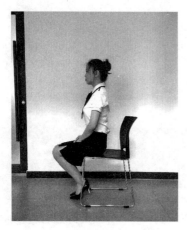
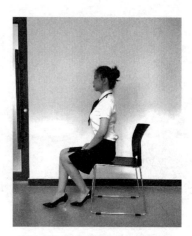

图1-12 女士双脚内收式坐姿　　　　图1-13 女士双脚开关式坐姿

三、男士四种常用的坐姿

1. 男士标准式坐姿

采用这种坐姿时，男士的上身要挺直，两肩呈水平状态，双手自然地放在双腿或座位的扶手上，双膝并拢，小腿垂直落于地面，双脚的夹角大约为45°。需要注意的是，双腿分开的宽度不要超过肩膀的宽度。

2. 男士前伸式坐姿

采用这种坐姿时，男士在标准式坐姿的基础上，两小腿前伸约一脚的长度，左（右）脚向前，脚尖不要翘起。

3. 男士交叉式坐姿

采用这种坐姿时，男士在标准式坐姿的基础上，小腿前伸或后屈，双脚的踝部交叉，脚尖不要翘起。男士交叉式坐姿又可以分为前交叉式坐姿和后交叉式坐姿。

4. 男士屈直式坐姿

采用这种坐姿时，男士在标准式坐姿的基础上，左（右）小腿回屈，左（右）脚前脚掌着地，右（左）脚前伸。

四、规范坐姿应注意的问题

入座时，入座者的动作要轻柔和缓，不可弄得座椅乱响。入座者在落座后调整坐姿时，应果断利落，不可扭来扭去。

入座者坐下后，不可随意地挪动椅子，双腿既不要叉开过大，也不要伸得很长，更不能腿脚不停地抖动。

入座者坐立时，无论采用哪种坐姿都不要靠在椅背上，更不能让自己整个人都陷入座位当中。入座者不可坐满椅子，也不要坐在椅子边上过分前倾。

技能训练

1. 教师请学生分组进行入座和离座的训练。

2. 教师请学生分组进行各种坐姿的训练。学生坐在镜子的前面，按照标准坐姿的要求进行自我纠正，重点检查手位、腿位和脚位。每次训练的时间为20分钟左右，并可以配合音乐同时进行。

3. 学生每2人一组面对面练习从入座开始，然后变换各种坐姿，到最后离座的整个过程，两人互相指出对方在训练过程中存在的不足之处。

4. 学生分组进行展示，教师进行检查和考核。

知识拓展

错误的坐姿会伤害人体的四个部位

一、肩膀

错误的坐姿首先容易伤害的是我们的双肩。例如，在工作和生活中，有的人习惯了耸着肩膀操作键盘，歪着肩膀伏案工作或学习；还有的人喜欢将双臂抬高放在桌面上或采用将手腕支撑在桌子上的坐姿。采用这些姿势时，由于我们的双肩时常处于紧张状态，而且受力不均，时间长了会引起肩周炎、腱鞘炎等疾病。

解决办法：坐下时，我们的胳膊应当保持在能让肩膀前后、上下自如移动的高度，同时又不用费力地去操作鼠标和键盘。至少每隔一个小时我们就要休息一下，在休息的时候，我们可以经常做耸肩的动作。

二、颈部

颈部疾病常常是由我们错误的坐姿引起的。例如，我们在操作计算机时常常会无意识地将头部前伸，以贴近计算机的屏幕，这一错误姿势会使被肌肉包裹的颈椎向前凸出，长期会导致颈部肌肉变形、僵硬。而颈椎骨失去了肌肉的支撑力量，这一段前凸的颈椎发生生理弯曲，就会随着外力逐渐变直甚至反向弯曲，从而引发各种颈部疾病。

解决办法：在操作计算机时，我们要有意识地控制和调整自己的坐姿，尽量保持正确的坐姿。至少每隔一个小时我们就要休息一下，在休息的时候，我们可以经常做左右摆头的动作。

三、膝盖

错误的坐姿对我们的膝盖的伤害是无形的。如果我们经常采用错误的坐姿，膝关节无法成直角，双脚不能平放在地面上，由于双腿的血液供应不够顺畅，膝关节和小腿处于紧张状态，时间一长就容易出现腿部浮肿、膝关节刺痛等现象。有时候，我们还会无意识地跷二郎腿，这种姿势会限制一条腿的血液流动，上半身的重量也会压在一条腿上，还会造成脊柱弯曲、背部僵硬等问题。

解决办法：我们最好每隔半个小时就站起来活动一下。在坐下时，我们要选择高度适合的椅子，尽量使大腿和小腿要成90°角，双脚要以能平放在地面上为宜。

四、小腹

我们在采用驼背等错误的坐姿时，上身会压迫腹部，减少腹部的氧气及营养供应，消化系统因此就会受到影响。同时，我们的骨盆重心前倾，长期下来容易引发便秘、肥胖等症状，女性还会引发一些妇科疾病等。

解决办法：我们要尽量保持腰背挺直的正确坐姿，在闲暇的时候，我们可以经常做一些蹲起的动作。

在日常的工作和生活中，我们应采用的正确坐姿，并注意以下四个方面：

（1）使用可调校的座椅，适当调校以配合自己的身形。站立时，座椅的最高点刚好在膝盖下；坐下时，座椅的边缘和腿后部之间留有一个拳头的空间。椅背要平稳地支撑住我们的腰部。另外，我们还可以调整座椅的高度，使桌子的高度和手肘成一条直线。

（2）在工作或学习时，我们的头部最好保持向下微倾15°～20°。

（3）腰部要保持直立，必要时我们可以用一个小靠枕放在座椅的靠背下方，这样能让下背部保持一种自然的"C"字形曲线。

（4）使用计算机时要注意：手肘弯曲约成直角；桌面要有足够的空间供手腕及前臂承托，否则座椅必须装有扶手；在使用键盘和鼠标时，手腕要保持平直；眼睛与屏幕要保持约35～60厘米的距离。

项目一　仪态塑造

任务3　行姿训练

 热身活动

教师面带微笑，用标准的站姿站好，喊"上课"，要求学生全体起立向教师鞠躬问好，教师也要向学生鞠躬问好，然后请学生坐下。在这个过程中，教师要检查学生的站姿和坐姿是否标准、规范，然后请前排的学生进行行走展示。

教师请学生思考并讨论以下问题：

（1）正确的行姿应该是什么样的？

（2）刚才学生的仪态是否有不正确之处？（如果有，教师请进行纠正）

 知识平台

行姿，即指走姿，是在站姿的基础上表现出来的动态美。

一、标准行姿的要点

标准的行姿如图1-14所示，我们在行走时应尽量做到：

（1）头正：头正颈直，下颌微收，脖子挺立，双眼平视前方，表情自然，面带微笑。

（2）肩平：两肩平稳，不要上下或前后摇摆。

（3）摆幅适度：双臂收紧，前后自然摆动，前后摆幅在30°～40°，双手自然下垂，在摆动的过程中保持适当的距离。

（4）躯挺：上身挺直，收腹立腰，重心稍向前倾。

图1-14　标准的行姿

（5）步位直：起步时，重心落在前脚掌上，膝盖伸直，脚尖向正前方伸出。行走时，女士的双脚应尽量踩在一条直线上；男士的双脚应尽量各踩出一条直线，并使之平行。

（6）步幅适度：行走中，前脚的脚后跟与后脚的脚尖以相距一只脚的长度为宜。但是，不同性别、不同身高、不同着装的人都会有一定的差距。一般来说，人的最大的步幅不宜超过脚长的1.6倍。另外，行走时还要调匀呼吸与步幅相配合，以便形成有规律的节奏。

（7）步速平稳：行进的速度应当保持均匀平稳，不要忽快忽慢。在正常情况下，步速应自然舒缓，这样会显得人大方、稳重。男士的步速一般约为118～120步/分钟，女士的步速一般约为108～110步/分钟。

13

行走时，男士和女士的步态略有区别：男士的步履应稳重、有力、豪迈，步伐稍大；女士的步履应轻盈、端庄、优雅，步伐略小。

二、规范行姿应注意的问题

在行走的过程中，我们要注意保持步态优美和平稳，行进速度要均匀，膝盖和脚腕要有弹性，腰部应成为身体重心移动的轴线，双臂要轻松自然地摆动。身体各部位之间要保持动作协调、自然优美。

我们在行走时切忌摇头晃脑、左右摆动或者弯背弓腰、歪肩晃膀。脚尖既不要向内，也不要向外，"内八字"或"外八字"都是不美观的。在行走的过程中，我们不要把双手插在衣服口袋或裤袋之中，也不要双手插腰或倒背双手，不要左顾右盼、东张西望。如图1-15所示，这些都是错误的行姿。

（a）驼背型

（b）反腰型

（c）螃蟹型

图1-15 错误的行姿

技能训练

1. 摆臂训练：学生保持标准的站姿，在距离小腹两拳处确定一个点，双手呈半握拳状，由大臂带动小臂，从斜前方均向此点摆动。通过摆臂训练，学生可以纠正两肩过于僵硬、双臂左右摆动的毛病（如图1-16所示）。

图1-16 摆臂训练示例

2. 展膝训练：学生保持标准的站姿，双膝靠拢，左脚跟抬起，脚尖不离开地面。当左脚跟落下时，右脚跟同时抬起，双脚交替进行。需要注意的是，当脚跟提起的一条腿屈膝时，另一条腿的膝部内侧要用力绷直。

3. 走步训练：教师在地上画一条直线，学生在行走时双脚的内侧要尽量碰到这条线。在走步训练的过程中,学生要注意检查自己的步位、步幅是否正确,以便纠正"内八字""外八字"和步幅过大或过小的毛病。

4. 平衡训练:行走前,学生将一本书在头顶上放稳后松手,在能够掌握平衡之后进行行走练习,并注意不要让书掉下来。通过平衡训练,可以使学生的脖子和脊背竖直,上半身不随便摇晃。

5. 步态综合训练:步态综合训练是训练学生在行走时各种动作的协调性,建议女生最好穿着西装套裙和半高跟鞋进行练习,男生最好穿着西装和皮鞋进行练习。同时,在训练时教师还可以配上节奏感较强的音乐,以便训练学生在行走时的节奏感。

6. 礼仪操训练:教师将学生分成几组,每组6~10人,请学生根据任务1到任务3所学的内容进行礼仪操训练。

7. 社会街拍:学生进行一次社会街拍,指出生活中人们在仪态上的不足之处。

知识拓展

行走中的位次礼仪

如果是两个人一起行走,那么行走的规则是以右为上、以前为上。比如,我们和宾客或上司一同行走的时候,就应该站在他们的左侧,以示尊重。如果是一位男士和一位女士同行,那么就应该遵循"男左女右"的原则。

如果是3个人同行,并且3个人都是男性或都是女性,那么以中间的位置为上,然后右边次之,最后是左边。如果是一位男士和两位女士同行,那么男士应该在最左边的位置;如果是一位女士和两位男士同行,那么女士应该在中间。很多人在一起行走时,以前为上,再按照以上原则依次向后排序。

如果在室外行走,我们应该请宾客或上司走在道路的里侧。如果道路比较拥挤或狭窄,我们应该注意观察周围的情况,照顾好同行的人。同时,我们还要保持良好的仪态,不能因为在户外就左顾右盼、四处张望或是推推搡搡、拉拉扯扯。如果人群拥挤不小心碰到他人、踩到他人或绊倒他人的时候,我们要及时地向对方道歉,并给予必要的帮助。如果别人无意识地碰到我们或妨碍了我们,我们应小心提醒并予以体谅。

当我们自己一个人行走时,要靠道路右侧行走,将左侧留给急行的人,乘坐滚梯时也是这样。现在,很多大型超市和商场的滚梯都用黄线做出了明显的标志,示意行人乘梯时要靠右侧站立,将左侧留给急行的人;这也可以作为突发意外时的一个应急通道,以便让救援人员快速通过。

任务4　蹲姿训练

在上课时，教师假装不经意地掉落了一些小物品，然后请几位学生上来帮忙把物品捡拾起来。

教师请学生思考并讨论以下问题：

（1）在捡拾物品的过程中，学生在仪态上是否有不正确之处？（如果有，教师请进行纠正）

（2）正确的蹲姿应该是什么样的？

在日常的工作和生活中，人们在捡拾地上或低处的物品，或者拍照合影时常常会用到蹲姿，正确、优雅的蹲姿会给人留下良好的印象。

一、标准蹲姿的要点

标准蹲姿的要点是下蹲者的蹲姿要自然、得体、美观、大方。

下蹲时，下蹲者应使头、胸、膝盖朝一个方向，这样可以使蹲姿显得优美；上身要尽量挺直，双腿合力支撑身体，双腿并紧后向下蹲。

若用右手捡拾物品，下蹲者可以先走到物品的左边，右脚向后退半步，然后再下蹲。下蹲时，下蹲者的脊背应保持挺直，臀部一定要向下，要避免出现弯腰翘臀的姿势。

二、女士四种常用的蹲姿

1. 女士交叉式蹲姿

下蹲时，女士的左（右）脚在前，右（左）脚在后，左（右）小腿垂直于地面，全脚着地，左（右）腿在上，右（左）腿在下，二者重叠交叉；右（左）膝由后下方伸向左（右）侧，右（左）脚跟抬起，并且脚掌着地；双脚前后靠近，合力支撑身体；上身略向前倾，臀部朝下（如图1-17所示）。

2. 女士高低式蹲姿

下蹲时，女士的左（右）脚在前，右（左）脚在后，左（右）脚完全着地，而右（左）脚的脚掌着地，脚跟提起。此时，右（左）膝低于左（右）膝，右（左）膝内侧靠于左（右）小腿的内侧，形成左（右）膝高右（左）膝低的姿势。在采用这种蹲

图1-17 女士交叉式蹲姿

姿时，女士的双腿必须靠紧，尤其在穿着短裙时需更加留意，可以稍微侧身一点（如图1-18所示）。

如果女士需要下蹲捡拾物品，可以先走到物品的左边（右边）采用右低左高（左低右高）式蹲姿。在下蹲时，女士应尽量避免正对着他人下蹲，这样显得不太雅观。

（a）

（b）

图1-18 女士高低式蹲姿

3. 女士半跪式蹲姿

半跪式蹲姿又称单跪式蹲姿，是一种非正式蹲姿，一般常在女士下蹲时间比较长或为了用力方便时使用。这种蹲姿的要点是女士的双腿一蹲一跪。在高低式蹲姿的基础上，女士下蹲后改为一条腿单膝点地，臀部坐在脚跟上，以脚尖着地；另一条腿应当全脚着地，双腿应尽力靠拢（如图1-19所示）。

图1-19 女士半跪式蹲姿

4. 女士半蹲式蹲姿

一般来说，女士在行走时常在应急时采用半蹲式蹲姿。这种蹲姿的要点是女士要半立半蹲。下蹲时，女士的上身弯下稍许，但不要和下肢构成直角或锐角；臀部必须向下，而不是撅起；双膝略微弯曲，角度一般为钝角；身体的重心应当放在一条腿上；双腿之间不要分开过大（如图1-20所示）。

图1-20 女士半蹲式蹲姿

三、男士两种常用的蹲姿

1. 男士高低式蹲姿

男士高低式蹲姿的要点与女士高低式蹲姿的要点基本相同，这是男士比较方便采用的一种蹲姿。在采用这种蹲姿时，男士的双腿之间可以留有适当的空隙。

2. 男士半跪式蹲姿

男士半跪式蹲姿一般常在男士下蹲时间比较长或为了用力方便时使用。这种蹲姿的要点是男士的双腿一蹲一跪。在高低式蹲姿的基础上,男士下蹲后改为一条腿单膝点地,臀部坐在脚跟上,以脚尖着地;另一条腿应当全脚着地,小腿垂直于地面,双腿可以略微分开。男士在求婚时也常采用半跪式蹲姿,此时,男士的臀部不能坐在脚跟上,跪立一侧的大腿应当垂直于地面,下蹲一侧的小腿也应当垂直于地面,整个人要呈现出一种挺拔向上的状态。

四、规范蹲姿应注意的问题

(1) 不要突然下蹲。在下蹲时,下蹲者的速度不要过快。如果速度过快,下蹲者会感到不适。尤其当在行进中时,下蹲者突然下蹲容易摔倒或与他人发生碰撞。

(2) 不要离人太近。在下蹲时,下蹲者应与身边的人保持一定的距离。和他人同时下蹲时,下蹲者更不能忽略双方之间的距离,以防出现彼此迎头相撞的情况。

(3) 不要方位失当。在他人的身边下蹲时,下蹲者最好和他人侧身相向。通常,面向他人或者背对他人下蹲都是不礼貌的行为。

(4) 不要毫无遮掩。在大庭广众之下,下蹲者在下蹲时要注意不要发生暴露走光的情况,尤其是身着裙装的女士一定要防止不小心走光的情况发生。

(5) 在弯腰捡拾物品时,下蹲者双腿叉开,臀部向后撅起,这是一种极不雅观的姿态[如图1-21(a)所示]。双腿展开平衡下蹲,其姿态也不优雅[如图1-21(b)所示]。若穿着领口较大的衣服,女士在下蹲时需要用一只手抚住胸口,另一只手抚裙。

(a)

(b)

图1-21 不正确的蹲姿

技能训练

1. 女学生分小组依次进行女士常用的四种蹲姿训练，并在小组内相互纠正每种蹲姿存在的不规范之处。

2. 男学生分小组依次进行男士常用的两种蹲姿训练，并在小组内相互纠正每种蹲姿存在的不规范之处。

3. 行走过程中捡拾物品的训练：在标准行姿的基础上，学生采用标准的蹲姿下蹲捡拾物品，进行协调性训练。教师可以不断地变换物品的摆放位置，以便训练学生随机应变的能力。

4. 学生分组拍摄合影照片，教师可以要求学生运用不同的站、坐、蹲的标准仪态摆出不同的姿势，最后全班评选出一组最佳合影。

5. 案例分析

今天，销售部有一次重要的客户接待活动，销售助理小米非常重视这次活动，在各个环节都提前做了周密的安排。客户接待活动开始前，为了抓紧时间，小米抱着一大摞材料从正在签到的客户面前一路小跑地飞奔到另一个会场，突然她的手机响了起来，她一着急在签到台旁把材料撒落一地。小米赶紧蹲下来，大声地叹着气，着急忙慌地收拾撒落在地上的材料，比较短的上衣随着臀部一起翘了起来，姿态很不雅观，客户们都不好意思直视……客户接待活动一结束，小米的上司就致电人力资源部要求更换一名销售助理。

问题：（1）试分析以上案例中小米在仪态上的不正确之处；

（2）请你试着将小米的不良仪态纠正过来，重新模拟本案例中的情景。

知识拓展

屈膝礼

屈膝礼是一种传统的问候礼节。这种礼节在古代西方国家的宫廷中较为常见，是女性（无论年长或年幼）向比自己社会地位更高的人打招呼的传统姿势。在17世纪，男性鞠躬，女性行屈膝礼，这成为西方很多国家通用的礼节。有时，演员（特别是芭蕾舞演员）在谢幕时也常常会用到屈膝礼。至今，在英国等国家的王室成员中屈膝礼仍然是必不可少的问候礼节。

屈膝礼的动作类似于女士的半蹲式蹲姿。女士在行屈膝礼时需屈膝并颔首，也就是从站立的姿势把自身的重量转移到一只脚（通常是左脚）上，然后把另一只脚放在后面，稍微放在自己站立的脚踝外侧；弯曲前膝盖，保持躯干直立，双手放在身体的两侧。行完礼后女士要站起来时，应先慢慢地伸直膝盖，双脚并拢即可。

项目一　仪态塑造

任务5　手势训练

 热身活动

教师请几组学生根据以下情景进行展示。在展示的过程中，其他学生要认真地观看：

（1）每2人一组，一人向另一人递送手中的书；

（2）每2人一组，一人向另一人递送一把剪刀；

（3）每2人一组，模拟一人引领另一人从公司楼下走楼梯到公司3楼会议室的过程；

（4）每2人一组，模拟一人引领另一人从公司楼下乘坐电梯到公司10楼会议室的过程。

展示完毕后，教师请学生思考并讨论：进行展示的同学在仪态、手势等方面是否存在不规范之处？

 知识平台

手势是一种重要的沟通语言，在人际交往中如果我们能够恰当地运用手势传情达意，那么可以使我们的人际交往更加顺利。

一、四种常用的手势

1. 横摆式手势

横摆式手势的动作要领是：以肘关节为轴，右手从腹前抬起向右摆动至身体右前方，不要将手臂摆至体侧或身后；右手的五指要伸直并拢，手掌自然伸直，掌心向上，肘呈弯曲状，腕高于肘。与此同时，双脚要站成丁字步。头部和上身微向伸出手的一侧倾斜，另一只手自然下垂，目视来宾，面带微笑。这种手势适用于迎宾人员迎接来宾，并为来宾指引方向。迎宾人员在使用这种手势时，身体要侧向来宾，眼睛要兼顾手掌所指的方向和来宾。在使用时，迎宾人员还可以配合"请往前走""您请"或"请进"等礼貌用语（如图1-22所示）。

2. 斜摆式手势

斜摆式手势的动作要领是：左手或右手屈臂向前抬起，以肘关节为轴，前臂由上向下摆动，使手臂向下成一条斜线。即手臂要从身体的一侧抬起，到高于腰部后，再向下摆去，使大小臂成一条斜线。斜摆式手势大多在迎宾人员接待来宾并请其入座时使用。在使用时，迎宾人员还可以配合"请坐"等礼貌用语。有时，迎宾人员在做这种手势前还需要先用双手扶着椅背将椅子拉出（如图1-23所示）。

图1-22 横摆式手势

图1-23 斜摆式手势

3. 前摆式手势

前摆式手势又称曲臂式手势，这种手势的动作要领是：右手的五指并拢，手掌伸直，掌心向内，从身体的一侧由下向上抬起，以肩关节为轴，到腰的高度时再向右

图1-24 前摆式手势

（左）前方摆，摆到距身体15~20厘米处，到不超过躯干的位置时停止。同时，目视来宾，面带微笑，手指指尖指向左方，头部随着来宾由右方转向左方（如图1-24所示）。前摆式手势一般在迎宾人员的左手拿着东西或扶着门，需要用右手向来宾作向左"请"的手势时采用，在使用时还可以配合"这边请"等礼貌用语。此外，左手也可以使用这种手势。

4. 双臂横摆式手势

双臂横摆式手势分为两种。第一种手势的要领是：双臂从身体的两侧向前上方抬起，两肘微曲，分别向两侧摆出[如图1-25（a）所示]。这种手势一般适用于演出完成时演员向观众致谢，并常常配合鞠躬等动作一起使用。第二种手势常常在举行重大的庆典活动，来宾较多，迎宾人员接待来宾做"诸位请"或指示方向的手势时采用。它的要领是：迎宾人员将双手从体前抬起到腹部后，双手同时向左侧（右侧）摆动到身体的侧前方，双臂之间保持一定的距离，指向前进方向一侧的手臂应抬高一些、伸直一些，另一只手则稍低一些、弯曲一些[如图1-25（b）所示]。如果迎宾人员站在来宾的侧面，则双手要从体前抬起，同时向一侧摆动，双臂之间保持一定的距离。迎宾人员在使用这个手势时要与眼神、步伐、礼节相配合，这样才能使来宾感受到迎宾人员的热诚。

项目一　仪态塑造

（a）　　　　　　　　　　　　　　（b）

图1-25　双臂横摆式手势

二、不同场景的手势礼仪

1. 递接物品时的手势礼仪

在递送物品时，递物者的正确做法如下：

（1）以双手递送为宜。在递送物品时，递物者应用双手将物品递送给接物者。如果递物者不方便使用双手递物，那么要用右手将物品递送给接物者，以左手递送物品被视为是失礼之举。

（2）递于手中。在递送物品时，递物者要将物品直接交到接物者的手中。

（3）主动走近。在递送物品时，如果双方的距离相距较远，那么递物者应当主动走近接物者，将物品递送给接物者。

（4）方便接拿。递物者递送物品给接物者时，应当为接物者留出便于其接取物品的地方，不要让接物者在接物时感到无从下手。

（5）注意递送物品的方向。递物者将带有文字等的物品递送给接物者时，必须使其正面面对接物者。另外，递物者将带尖、带刃或其他易伤人的物品递送给接物者时，切勿将尖、刃直接指向接物者，合乎礼仪的做法是应当使其朝向自己或是朝向他处。

在接取物品时，接物者的正确做法如下：

（1）接物者应当目视递物者，而不要只注视物品；

（2）接物者一定要用双手或右手接取物品，绝不能单用一只手或用左手；

（3）在通常情况下，接物者应当起身而立，并主动走近递物者；

（4）当递物者递送过物品后，接物者再用手前去接取，不要迫不及待地直接从递物者的手中抢取物品。

2. 介绍他人时的手势礼仪

为他人做介绍时，介绍者的手势动作应当优雅。无论介绍哪一方，介绍者的正确做法是：掌心朝上，手背朝下，四指并拢，拇指张开，手掌基本上抬至肩的高度，并指向被介绍者，且面带微笑。在正式场合，介绍者不能用手指点或拍打被介绍者的肩和背。

3. 表示欢迎、祝贺时的手势礼仪

通常，在表示欢迎、祝贺的时候，我们会鼓掌致意。鼓掌的正确做法是：面带微笑，抬起双臂，左手手掌抬起到胸部，以右手除了拇指以外的其他四指轻拍左手掌的掌心（如图1-26所示）。此外，鼓掌的时候要节奏平稳、频率一致。

图1-26 鼓掌时的手势

4. 举手致意时的手势礼仪

有时，我们遇到熟悉的人，由于忙碌而无暇起身相迎时，常会采用举手致意的手势。举手致意的正确做法是：全身直立，面带微笑，目视对方，微微点头；手臂轻缓地由下而上向侧上方伸出，此时手臂既可以全部伸直，也可以稍有弯曲；在致意时，伸开手掌，掌心向外对着对方；手臂不要向左右两侧来回摆动。

5. 与人道别时的手势礼仪

挥手道别也是人们在人际交往中经常使用的手势，采用这种手势的正确做法是：身体站直，不要摇晃或走动；目视对方，不要东张西望；挥手时可以用右手，也可以双手并用，不要只挥动左手；手臂尽力向上伸，不要太低或过分弯曲；掌心向外，指尖朝上，手臂向左右挥动；用双手道别时，双手要同时由外侧向内侧挥动，不要上下摇动或举而不动。

6. 接待来宾时的引导礼仪

一般来说，在接待来宾时，引导人员正确的做法是：走在来宾的左前方；通常引导人员与来宾的距离为0.5～1.5米，来宾的人数越多，引导人员与来宾的距离就应该越远，以免出现照顾不周的情况；引导人员的步速要适应来宾的步速；在进行引导时，引导人员要多用礼貌用语提醒来宾注意脚下安全。

（1）上下楼梯时。

在引导来宾上楼梯时，引导人员应让来宾走在前面，自己走在后面；在引导来宾下楼梯时，引导人员应走在前面，让来宾走在后面。在上下楼梯时，引导人员应注意来宾的安全，一般应让来宾走在楼梯的内侧。

（2）乘坐电梯时。

引导人员在引导来宾乘坐无人操作的电梯（尤其是来宾的人数是两位以上）时应遵循"先进后出"的原则，即引导人员先对来宾说一声"请稍等"，然后进入电梯，站在电梯按钮的附近，背对电梯壁、与电梯门成90°角站立，用一只手对按钮进行操作，以防电梯门夹伤来宾，并用另一只手邀请来宾进入电梯。到达时，引导人员需要用一只手按住开门按钮，并用另一只手引导来宾先走出电梯，然后自己紧跟其后走出电梯。

引导人员在引导来宾乘坐有专人操作的电梯时应遵循"后进后出"的原则，即引导人员与电梯门成90°角站立，用靠近电梯一侧的那只手采用直臂式手势挡住电梯门，另外一只手用屈臂式手势邀请来宾进入电梯，自己再紧随其后进入；到达时，引导人员同样先用一只手挡住电梯门，另一只手用手势引导来宾走出电梯，自己再随后走出来。

（3）进门入座时。

进门时，如果遇到的是手拉门，引导人员应先拉开门，再用靠近门把手的那只手拉住门把手，站在门旁，另一只手用屈臂式手势引导来宾进入，最后自己反手或侧身将门轻轻地关上。如果遇到的是手推门，引导人员应先推开门，自己先进入，然后用靠近门把手的那只手握住门后的门把手，另一只手用横摆式手势邀请来宾进入。

来宾进入会客厅或会议室后，引导人员应用斜摆式手势进行指示，请来宾在相应的位置就座。重要的来宾应坐在上座（正对门或居中的位置）。待来宾坐好后，引导人员可以行点头礼后离开。

三、不正确的手势

在一般情况下，我们的手势宜少不宜多。例如，我们在与别人交谈时既要避免过多地使用手势，也要避免做出一些不雅的动作和手势。当我们在与别人交谈谈到自己时，不要用手指指自己的鼻尖，可以用手掌按在自己的胸口上；当我们在与别人交谈谈到第三人时，如果对方在场，不能用手指指着对方，更忌讳在背后对他人指指点点。当我们在接待客人时，要避免出现抓头发、摆弄手指、抬腕看表、掏耳朵、抠鼻孔、咬指甲、玩饰物、拉衣服或袖子等动作。这些动作看似细小，但是会让人产生反感。

技能训练

1. 学生每8人一组，自行训练常用的四种手势，并配上相应的礼貌用语。在练习的过程中，教师应对学生不规范的手势进行纠正，最后由教师对各组分别进行检查和考核。

2. 学生每2人一组，自行设计场景（如介绍场景、递送物品场景、打招呼场景、道别场景等），然后根据相应的场景进行手势训练。学生相互纠正动作、语言中存在的不规范之处，最后由教师对各组分别进行检查和考核。

3. 学生每4人一组，自行设计场景进行引导礼仪训练（4人轮流担任引导人员），最后由教师对各组分别进行检查和考核。

知识拓展

中外手势礼仪的差异

手势是体态语言之一，我们要特别注意的是在不同的国家、不同的地区，手势有不同的含义。

一、"OK"形手势

"OK"形手势是我们在现代生活中经常使用的手势语，但要注意的是在不同的国家其语义有所不同。例如，在美国和英国，这个手势表示"赞同""好""顺利"，有"赞扬""允诺"之意；在法国，这个手势表示数字"0"或"无"，有"微不足道"或"一钱不值"之意；在中国，人们在伸手示数时这个手势表示数字"0"或"3"，有时也有"顺利"之意；在泰国，这个手势表示"没问题""请便"；在日本、韩国和缅甸，这个手势表示金钱；在印度，这个手势表示"正确"；在突尼斯，这个手势表示"傻瓜"等。

二、伸出大拇指的手势

例如，在中国，左手或右手握拳，伸出大拇指：如果大拇指向上，表示"好""了不起"等，有赞赏、夸奖之意；如果大拇指向下，表示蔑视，有不好之意。在希腊，伸出大拇指向上，表示"够了"，大拇指向下则表示"厌恶""坏蛋"。在美国、英国和澳大利亚等国家，大拇指向上表示"好""行""不错"，在路上伸出大拇指则是向司机表示想要搭车的意思。

三、"V"字形手势

在世界上大多数国家和地区人们同时伸出食指和中指表示数字"2"。另外,"V"字形手势也可以用来表示胜利,据说这是在第二次世界大战时期英国首相丘吉尔发明的。不过,人们在用"V"字形手势表示胜利之意时,掌心一定要向外。

四、伸出食指的手势

在大多数国家和地区,人们伸出食指的手势表示数字"1"。但是,在法国这个手势则表示"请求提问",学生在课堂上向上伸出食指,老师才会让他回答问题。在新加坡,人们在说话时伸出食指表示所说的事很重要。在缅甸,请求别人帮忙或拜托别人做某件事时人们常常会使用这个手势。

五、用手势表示数字

在用手势表示数字时,中国人伸出食指表示数字"1",美国、德国、匈牙利等大部分欧美人则伸出大拇指表示数字"1"。中国人伸出食指和中指表示数字"2",而美国、德国、匈牙利等大部分欧美人则伸出大拇指和食指表示数字"2",并依次伸出中指、无名指和小拇指表示数字"3""4""5"。中国人用一只手的5个手指头就可以表示数字6~10,而美国、德国、匈牙利等大部分欧美人表示则需要用两只手,如展开一只手的5个手指头,再加上另一只手的大拇指表示数字"6",以此类推。中国人表示数字"10"的手势是将右手握成拳头,在英国和美国等国家这个手势则表示"祝好运"或示意与某人的关系密切。

因此,我们在与不同的国家、不同的地区的人交往时,必须要懂得他们的手势所表示的含义,以免闹出笑话,造成误解。

任务6　表情训练

热身活动

(1)教师播放关于傅园慧表情包的相关视频和图片,请学生谈一谈自己的感受。

(2)教师请每位学生取一张厚纸遮住自己眼睛下边的部位,对着镜子,心里想着令自己感到最高兴的事情。这样,学生的整个面部就会露出自然的微笑,眼睛周围的肌肉也会微笑,这就是"眼型笑";放松面部肌肉,嘴唇也恢复了原样,可依然能看见"含笑脉脉"的目光,这就是"眼神笑"。

教师请学生感受并练习这两种微笑。

表情是指人的面部情态,即通过人面部的眉、眼、嘴的动作和面部肌肉的变

化表达出来的内心思想感情。现代心理学家总结出一个公式：感情的表达=7%的话语+38%的声音+55%的表情，由此可见表情在人们传情达意时起着十分重要的作用。构成表情的主要因素有两个：一个是眼神；另一个是笑容。

一、眼神的运用

眼睛是人们表达面部表情的核心部位，人们的喜、怒、哀、乐、爱、憎、好、恶等思想感情都能从眼睛里表现出来。眼神是眼睛的神态。在人际交往中，不同的眼神会给人留下不同的印象。一般来说，在社交场合与别人谈话时，我们的眼睛一定要注视对方，以示对对方的关注。在别人讲话时，我们的眼睛东张西望、用手玩弄东西或者不停地看手表等是很不礼貌的行为，也难以得到对方的尊重和信任。另外，我们要想正确地运用眼神传情达意，还要特别注意眼睛注视对方的部位、注视的角度、注视的时间和注视的禁忌。

1. 注视的部位

当我们与他人交谈时，目光的许可区间是上至对方的额头，下至对方上衣的第二粒纽扣以上（大致相当于胸以上的部位），左右以两肩为准的方框里，特别是不能明显地将目光集中于对方脸上的某个部位或身体的其他部位。如果双方是初次相识，或者关系一般，或是异性之间，那么更应该注意这一点，不要轻易超越这个许可区间，否则将被视为是无礼的表现。

一般注视，是人们在洽谈业务、磋商交易、交办任务和进行商务谈判时所使用的一种注视方式，位置在对方的双眼或双眼与额头之间的区域。社交注视，是人们在社交场合所使用的一种注视方式，位置在对方的双眼到唇心之间的三角区域。亲密注视，是亲人或恋人之间所使用的一种注视方式，位置在对方的嘴唇到胸部之间的区域内。

2. 注视的角度

注视的角度不同，目光所表达的含义也有所不同：平视，表示平等；凝视，表示专注、恭敬；斜视，表示看不起；俯视，表示轻视；虚视，表示走神、疲乏等。

在整个交流过程中，我们还要特别注意不要使用向上看的目光，因为这种目光常常会给人一种目中无人、骄傲自大的感觉。当然，我们更不能有东张西望的目光，这样会给人留下缺乏修养、不尊重别人的印象。

3. 注视的时间

一般来说，我们在与别人交谈的过程中，如果对方注视我们的时间不足全部交谈时间的1/3，说明对方是轻视我们的；如果对方注视我们的时间多于全部交谈时间的1/3，说明对方对我们是友好的；如果对方注视我们的时间达到全部交谈时间的2/3左右，说明对方比较重视我们；如果对方注视我们的时间超过了全部交谈时间的

2/3以上，那么说明对方非常重视我们。

4. 注视的禁忌

在人际交往的过程中，我们要特别注意不能长时间地凝视与自己关系不熟悉的人，这样会让对方感到浑身不自在，很是尴尬。直盯着对方是一种很失礼的行为，这是全世界通行的礼仪规则。如果路遇陌生人，我们应尽量避开双方眼神的对视。如果用眼睛上下打量别人则更是一种轻蔑和挑衅的表示，容易引致对方的不满情绪。

有趣的是，动物学家们发现在动物世界里，由于缺乏有效的语言沟通，动物之间相互威胁对方、挑起战争的形式多数是选择从眼神的怒目相向开始的。而我们人类也很相似，人们常说："仇人相见，分外眼红"，也说明了眼神在这里的确起到了表示仇恨、愤怒、威胁的作用。

在公众场合，为了避免因注视别人而发生不愉快，我们可以采用的方法有：一是适时地转移视线，尽量不要长时间地注视同一个人；二是善用失神的眼光，如在乘坐公交车或地铁时，由于人多拥挤，有时不得不注视对方，这时可以使眼神表现出茫然失神或若有所思的样子，以免失礼。

二、笑容的魅力

人有七情六欲，表现在人的面部就是会呈现出喜、怒、哀、乐等多种表情，其中，笑容（尤其是微笑）在人际交往中具有非常重要的作用。笑既是人的一种生理现象，也是人的思想感情的外露。笑容能够消除人与人之间的陌生感，使人产生亲切感和愉悦感；笑容可以打破交际障碍、消除误会，使人敞开心扉，乐于接纳别人；笑容还可以营造一个融洽、互相尊重的氛围，有利于人们的沟通与交往。

微笑是真正的世界语言，在人际交往的过程中，我们正确地掌握微笑的技巧是非常重要的。

1. 微笑的分类

由于嘴角的延展度的不同，所以微笑可以分为一度微笑、二度微笑和三度微笑。而微笑的魅力就在于它具有含蓄的特点，表示友好、传递友善、耐人寻味。

（1）一度微笑。

一度微笑即轻微的笑，是指人们略带笑容，不显著、不发声的一种笑容。在一度微笑时，人的嘴角只需向上微微翘起。一度微笑适用于在日常生活中人们需要用微笑相互致意和双方初次见面时使用（如图1-27所示）。

（2）二度微笑。

二度微笑即人们轻轻扬起自己的嘴角，双唇轻启，眉梢上推，脸颊的肌肉平缓向斜上方舒展而带来的一种笑容。二度微笑适用于在日常生活中亲朋好友见面和在商务场合人们接待熟悉的客户时使用（如图1-28所示）。

（3）三度微笑。

三度微笑即人们常说的"露出八颗牙的微笑"。在三度微笑时，人的嘴角大幅上扬，双唇开启，脸颊的肌肉明显地向两侧推展。三度微笑适用于在日常生活中比较亲密的朋友或恋人之间和服务行业中的礼仪人员使用（如图1-29所示）。

图1-27 一度微笑

图1-28 二度微笑

图1-29 三度微笑

2. 微笑的"四要"

一要主动微笑。在人际交往中，如果我们在开口说话之前首先主动给对方一个真诚的微笑，那么我们就创造了一个友好、热情的氛围，通常会赢得对方真诚、善意的回复，这样会使自己的工作更加顺利地开展。

二要发自内心地微笑。真诚的微笑会自然地调动人的五官，使我们眼含笑意、眉毛上扬、脸肌收拢、嘴角上翘。

三要声情并茂地微笑。在微笑的时候，我们要精神饱满、神采奕奕，这样的微笑才能起到锦上添花的作用。同时，微笑与"您好""欢迎光临"等礼貌用语相结合才能相得益彰。

四要适度地微笑。微笑不是哈哈大笑，更不是前仰后合地笑。在不同的场合，我们需要把握好微笑的时机、微笑的时间和嘴角的延展度。在人际交往中，当我们的目光与他人接触的瞬间，需要目视对方展开微笑。例如，与客户初次见面，我们可以采用一度微笑，持续7秒钟左右即可。

3. 微笑的"四不要"

一不要缺乏诚意，强装笑脸。所谓的"皮笑肉不笑"，即是缺乏诚意的微笑。这种勉强的笑容会让人有种不舒适之感。

二不要露出笑容后立即收起。微笑要发自内心，那种立即就能收起的笑容会让人有种不真诚之感。

三不要在目视对方后突然微笑。在与人交往的过程中，我们常常会在与他人目视时的第一时间就面带笑容，千万不要在目视对方后突然微笑，这往往带有讥讽之意。

四不要因为对象不同而区别对待。微笑是人们表达善意的方式,在日常的人际交往中时常保持微笑的人往往更容易赢得他人的信任和好感。在日常的工作和生活中,我们千万不要因为对方是不熟悉的人或者可能是自己不太喜欢的人而不愿露出笑容。

技能训练

1. 放松肌肉训练

(1) 哆来咪练习法:学生从"哆"开始到"咪"大声、清楚地唱出每个音符。教师要求学生一个音符一个音符地进行练习,连续练习3次。在练习时,学生要特别注意嘴型的变化,以此来进行肌肉拉伸训练。

(2) 嘴巴张闭练习法:学生张大嘴巴,使嘴巴周围的肌肉最大限度地伸张,并保持这种姿势10秒钟;然后再闭上张开的嘴巴,拉紧两侧的嘴角,并保持10秒钟。在两侧嘴角上拉的状态下,学生慢慢地聚拢嘴唇,并保持10秒钟。

2. 眼神训练

(1) 扫描法:学生在教室内两侧墙壁相同的高度上(以自己眼睛的高度为宜)各取一点,并做个记号。学生在这两点连线后面2~3米处站定,颈部轻轻地左右摆动,而目光要始终落在这两个点上。这是训练运动中眼神平视的简易方法。

(2) 靶环法:学生将一个靶环牌挂在墙上,身体距靶环牌2~3米,目光先投向靶环牌的外环,然后逐渐向内环移动,最后把目光集中在靶心的圆点上。这是训练目光集中的方法。

(3) 交谈法:学生每2人一组,彼此相距0.5米左右,一边交谈,一边相互注视对方的双眼以上、头顶以下的额头中部区域。双方要学会用眼神来进行交流,表达自己的感情。

3. 微笑训练

(1) 对镜练习法:学生可以对着镜子,心里想着让自己感到高兴的事情,双唇轻闭,使嘴角轻轻翘起,面部肌肉舒展开来,然后找出自己认为最满意的微笑。这样每天坚持练习10分钟,慢慢就会习惯这种微笑的方式。

(2) 口含筷子法:学生可以选用一根洁净、光滑的筷子横放在口中,然后用牙齿紧紧地咬住筷子,嘴角最大限度地上扬。保持这种姿势至少5分钟,然后拿下筷子,保持面部表情不变,记住嘴角上扬的位置,反复练习直至不用筷子学生也可以自然地将嘴角上扬至那个位置。

(3) 发声练习法:学生面对镜子深呼吸,然后慢慢地吐气,并将嘴角的两侧对称地往耳根部提拉,发出"一""七""叶"等声音,也可以发出"茄子""田七"等声音,还可以发出"Lucky""Cheese"等声音。人们在说这些字、词时形成的口型正是人们微笑时的最佳口型。

（4）综合训练法：学生用正确的站姿站好，面带微笑，迎接来宾，笑着说出"早上好""欢迎光临"等礼貌用语，并鞠躬致意。

知识拓展

人际交往的四种距离[①]

人与人之间是需要保持一定的空间距离的。一般来说，交往双方的人际关系以及所处情境决定了相互之间自我空间的范围。美国人类学家爱德华·霍尔博士为人际交往划分了四种距离。

一、亲密距离

亲密距离是指15～44厘米，这是人际交往中的最小距离。15厘米以内是人们最亲密的区间，彼此能感受到对方的体温、气息。15～44厘米，身体上的接触可能表现为挽臂执手或促膝谈心。这个距离对于异性来说，只限于恋人、夫妻等之间；在同性别的人之间往往只限于贴心朋友。

在人际交往中，如果两个人在社交场合如此贴近就不太雅观。

二、个人距离

个人距离是指46～122厘米，这是人际间隔上稍有分寸感的距离，正好能相互亲切地握手、友好地交谈。这也是我们与熟人交往的空间。陌生人进入这个距离会构成对别人的侵犯。

在人际交往中，亲密距离和个人距离通常都是在非正式社交场合使用，在正式的社交场合则常常使用社交距离。

三、社交距离

社交距离是指1.2～3.7米，这个距离体现出人际交往中一种社交性或礼节上比较正式的关系。

社交距离的近范围是1.2～2.1米，一般在工作环境和社交聚会上人们通常都保持这种距离。社交距离的远范围为2.1～3.7米，表现为一种更加正式的交往关系。比如，国家或企业的领导人之间的谈判，工作招聘时的面谈等，往往都要隔一张桌子或保持一定的距离，这样也增加了一种庄重的氛围。

在社交距离范围内，因为没有直接的身体接触，因此在说话时人们需要适当地提高音量，同时需要更充分的目光接触。

[①] 何瑛，张丽娟. 职业形象塑造[M]. 北京：科学出版社，2012：118-120. 有改动.

四、公众距离

公众距离是指3.7~7.6米，如在公开演说时演说者与听众之间就保持这个距离。这是一个开放的空间距离，人们完全可以对处于这个空间的其他人"视而不见"，不予交往。因此，这个空间中的交往大多是当众演讲或者领导作报告、开讲座等。如果讲台上的说话人试图与某个特定的听众谈话时，他应该走下讲台，使两个人之间的距离缩短为个人距离或社交距离，这样才能实现有效的沟通。

项目二　仪容塑造

---- 学习目标 ----

1. 了解面部保养及化妆的常识，能运用所学的知识并结合自身的特点进行面部保养和化妆。
2. 掌握女性化妆的要领，能够塑造自己的职业妆容。
3. 掌握男性面部修饰的常识，能结合男性的职业要求设计妆容。
4. 掌握仪容塑造的基本要求和基本原则，学会在不同的场合进行合适的妆扮。

任务1　男士的仪容塑造

热身活动

（1）教师请学生对着镜子检查一下自己在个人卫生方面还有哪些需要改进的地方。

（2）毕淑敏在《读书使人优美》一文中说："其实，有一个最简单的美容之法，却被人们忽视，那就是读书！"教师请学生谈谈对这句话的理解，并谈谈一个人的外在形象与内在修养之间有什么关系。

知识平台

仪容指人的容貌、面貌，主要是人的面部的样子，是个人形象的基本要素。仪容是由人的发式、面容以及人体所有未被服饰遮掩的肌肤所构成，是个人形象的基本要素。保持清洁是最基本、最简单、最普遍的仪容要求。在人际交往中，每个人的仪容都会引起交际对象的特别关注，并将影响对方对自己的整体评价。

男士的仪容要注意眼部、鼻腔、口腔、胡须、指甲等细部的整洁。在进行商务活动的时候，男士每天都需要剃须、修面，以保持面部的清洁。此外，由于男士在商务活动中经常会接触到香烟、酒等具有刺激性气味的物品，所以要注意随时保持口气的清新。

男士的仪容塑造的基本步骤如下：

一、刮脸

在刮脸前，男士可以先用热毛巾敷一下脸，在有胡须的地方涂抹上剃须膏，然后用剃须刷蘸取少量的温水在胡须处来回涂抹几下使剃须膏湿润并产生泡沫，最后用剃须刀刮胡须。刮脸完毕后，再用温水和热毛巾把泡沫清洗并擦拭干净。

二、洁面

在洁面前，男士应将清洁霜或洗面奶等加水揉出泡沫，然后均匀地涂抹于面部并轻轻地按摩30秒钟，最后用清水洗净。

三、护肤

在护肤时，男士可以将爽肤水或润肤露等涂抹于手掌中，然后轻轻地拍打或均匀地涂抹于面部，也可以再用指腹轻轻地按压面部以利于吸收。

四、底妆

通常，男士要选用与自己的肤色相近或稍深的粉底，大多数男士会选择棕色系的粉底，因为东方男士的肤色大多偏黄。干性皮肤的男士最好选用粉底液，而油性皮肤的男士则应选用清爽控油的粉底霜。男士擦粉底的手法一般是由内向外一边拍打，一边涂抹，只要薄薄的一层就好，主要目的是为了遮盖一些小瑕疵，使肤色更均匀。如果男士的面部有比较明显的痘痕、日晒斑等，可以在涂抹粉底之前先用专业的遮瑕产品进行局部遮瑕。遮瑕产品的涂抹一定要少量多次，使面部呈现出自然均匀的效果。

五、修眉

浓眉大眼是男士的特点，眉毛画得不好就会破坏整个妆容。男士的眉毛大多比较浓密，在画眉时多采用描画空隙的手法，这样可以让眉毛看起来均匀平整。例如，有的男士的眉毛长成"一字眉"，样子显得比较凶悍，这时可以适当地修掉眉间的眉毛，使眉头舒展，看起来不会显得那么凶悍。还有一些男士的眉毛倒挂，显得很没有精神，这时可以适当地修掉眉头上部和眉尾下部的眉毛，使整个眉毛趋于平衡，再用眉粉或眉笔添补眉头下部和眉尾上部来调整眉型，这样会让人看起来显得精神很多。

六、眼妆

眼部修饰是男士化妆的重头戏，原则是要让眼睛看起来显得炯炯有神。男士的睫毛要理顺，可以适当地使用睫毛膏来定型。此外，男士遮盖眼袋、黑眼圈也很重要，大多使用浅色的粉底来提亮肤色，以便从视觉上弱化黑眼圈或凸出的眼袋。

七、画唇

在化妆时,男士不能画唇线。如果男士的唇色不好,可以涂抹些自然色的唇膏,唇膏的颜色切忌太红和有亮度。嘴唇干裂的男士可以在涂抹唇膏之前先涂上一层润唇膏。

八、补妆

男士的皮肤比较容易出油、出汗,所以要及时补妆。特别是在一些重要场合,男士一定要先用吸油纸按压面部吸油,以免面部油光发亮。

技能训练

1. 教师请学生收集与男士的护肤品、化妆工具和化妆品相关的图片,了解它们的名称和用途。

2. 教师请学生围绕"面容美化主要是针对女性而言的,男性是无所谓的"这个话题分组展开讨论,每组选派一位代表进行课堂交流,有条件的班级可以开展一次小型的辩论会。

3. 教师结合"知识拓展"部分的内容,请学生试着说出12色相环中每个色相的名称,并在色相环中找出至少3组对比色。

知识拓展

关于色彩的基础理论知识

一、色彩的分类

按照不同的标准,色彩可以有不同的分类,这里介绍以下三种分类:

1. 三原色和混合色

不能用其他的色彩混合而成的色彩叫作原色。原色有两个系统:一是指光学方面,即光的三原色;另一种是指色彩或颜料方面,即颜料的三原色。光的三原色是红、绿、蓝,颜料的三原色是红、黄、蓝。

原色之间相混合时,可以得到新的色彩。这个新的混合色彩叫作间色,也叫二次色。如果把间色再次和其他的色彩相混合,得到新的混合色,这个色彩叫作复色或三次色。如果把复色再次和其他的色彩相混合,就可以得到二次复色、三次复色等。

三原色是色彩最基本的单位,颜料的三原色相互混合后分别会产生橙、绿、紫3

个二次色，三色等量混合后变成黑色。

2. 有彩色和无彩色

有彩色是指由红、橙、黄、绿、青、蓝、紫等相互混合而形成的所有色彩，包括它与黑、灰、白混合产生的所有色彩。

无彩色是指由黑、白、灰相互混合而形成的所有色彩。

3. 冷色、暖色和中性色

根据色彩给人以冷暖等不同的感受，色彩可以分为冷色、暖色和中性色。

冷色是指给人以清凉或冰冷感觉的色彩。冷色系会令人产生沉稳、稳重、消极等感觉。

暖色是指给人以温暖或火热感觉的色彩。暖色系会令人产生热情、明亮、活泼、温暖等感觉。

中性色也称无彩色，是指由黑、白、灰几种色彩相互混合而形成的色彩，常常在色彩的大家庭中起间隔和调和的作用。

二、色彩的三属性

自然界存在的所有色彩都可以用色相、明度和纯度这三个要素来分析，这三个要素被称为色彩的三属性。光的波长决定色相，光的强度决定明度，光的波长饱和度决定纯度。

1. 色相

色相是指反映色彩相貌的名称，如红、橙、黄、绿、青、蓝、紫等。色相按波长进行循环排列就形成了色相环。

2. 明度

明度是指色彩的明亮程度，就是色彩的深浅度。如白色比黑色浅，明度就高。在有彩色中，黄色的明度最高，紫色的明度最低。明度高的色彩会给人一种轻松、明快的感觉，明度低的色彩则会令人产生沉重、稳重的感觉。在同样体积的情况下，明度高的色彩较轻，有膨胀感；明度低的色彩较重，有收缩感。

3. 纯度

纯度也称饱和度，是指色彩的纯净程度。纯度高的色彩显得比较华丽，纯度低的色彩则给人一种柔和、雅致的感觉。无彩色是不分纯度的。

三、类似色和对比色

色彩根据色相环上相邻位置的不同，一般分为邻近色、类似色、中差色、对比色和互补色。在色彩的实际运用中，我们一般把它分成两大类：类似色和对比色，也就是将色相环中排列在60°之内的色彩统称为类似色，把成110°～180°的色彩统称为对比色。类似色的搭配有一种柔和、和谐的感觉，对比色的搭配具有强烈的视觉冲击力。类似色比较擅长制造一种柔和、温馨的感受，对比色则比较容易制造兴奋和刺激的感觉。

任务2　女士的仪容塑造

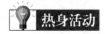 热身活动

教师对班级中的女学生开展互动式调查：
（1）你有没有化过妆？在化妆的过程中你遇到过什么问题？
（2）你喜欢化妆吗？为什么？
（3）请你列举出一些化妆品的名称与用途。
（4）判断一个妆容美或不美的标准是什么？

 知识平台

一、脸型的黄金比例

黄金比例是指达芬奇黄金比例，其比值为1∶0.618，即长段为全段的0.618。0.618被公认为是最具有审美意义的比例数字。人的脸型的黄金比例是：两个瞳孔之间的距离是左耳到右耳距离宽度的一半以下；眼睛和嘴的距离是额头发际线到下颌长度的1/3。如图2-1所示，标准的脸长与脸宽的比例即我们常说的"三庭五眼"。"三庭"即上庭、中庭和下庭，把脸在竖向上分成三等分：从发际线到眉骨为上庭；眉骨到鼻底为中庭，鼻底到下颌为下庭。"五眼"即眼角外侧到同侧的发际边缘、双眼之间，均为一个眼睛的长度，把脸在横向上分为五等分。

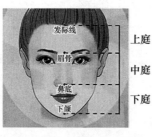　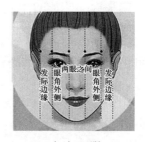

（a）三庭　　　　　　　（b）五眼

图2-1　脸型的黄金比例

"三庭五眼"是最基本的五官评判标准。每个人的五官分布都是千差万别的,化妆是通过提亮、收缩、对此等手法来弥补五官比例的缺憾,从而在面部制造出比较和谐、美好的视觉感受。

二、化妆的步骤

1. 洁面

在化妆前,女士要先用温水将面部打湿,接着取适量的洁面用品在手心充分揉搓至起泡沫,然后把泡沫涂抹在脸上,最好用中指和无名指轻轻地从下往上、从内往外按摩面部。最后用清水清洗掉洁面用品,要反复清洗几次以确保清洗干净,再用毛巾擦干面部。

2. 润肤

润肤的第一步是用化妆水为皮肤补充水分。女士要根据自身皮肤的特点和季节的变化选择适合自己的化妆水。在润肤时,女士可以用手直接取用化妆水后轻拍于面部,也可以用化妆棉蘸取化妆水后擦拭皮肤。

润肤的第二步是女士使用润肤品(如乳液、润肤露、润肤霜、精华素等)为皮肤补充水分和油分,以滋养肌肤。

3. 隔离、防晒

女士在化妆前要涂抹隔离霜。很多隔离霜具有调节肤色、方便上底妆和轻度防晒的作用。当紫外线强烈的时候,女士还需要涂抹防晒系数较高的防晒霜。由于防晒系数较高的防晒霜对皮肤的刺激性较大,所以一般用在隔离霜之后以增强防晒作用。

4. 修容

(1)局部遮瑕。

在化妆时,女士常常要针对黑眼圈、色斑、痘痘等小瑕疵使用专用的遮瑕液、遮瑕膏或遮瑕笔等进行局部涂抹以实现遮瑕的效果。在选择遮瑕产品的颜色时,女士一般要选择比自己的皮肤深一个色号的遮瑕产品。如果想要遮挡干纹或黑眼圈的话,女士最好选择橘粉色的遮瑕液或遮瑕膏;如果想要遮挡痘痘或痘印的话,女士最好选择绿色的遮瑕液或遮瑕膏。遮瑕液的质地水润,适合偏干性皮肤的女士,但与遮瑕膏相比,遮瑕液的遮瑕力度要差一些。遮瑕笔则常常用来针对小面积的遮瑕,比如少量的雀斑、痣一类的小瑕疵,女士可以使用遮瑕笔进行点涂状的遮瑕。

(2)涂抹粉底液。

乳液状的粉底液一般适合干性皮肤的女士,膏状粉底液适合油性皮肤的女士。因此,女士要根据自身的肤质来选择适合自己的粉底液。此外,粉底液的颜色的选择也很重要,正确的方法是先将粉底液涂在下颌骨上进行测试,与皮肤的颜色最接近的粉底液就是适合自己的。

（3）定妆。

为了防止脱妆，女士需要用定妆粉进行定妆。定妆粉俗称散粉、蜜粉（饼）。一般来说，女士可以用细腻的粉扑每次蘸取少量的定妆粉轻轻地按压到面部，一次不要蘸太多，按压的次数也可以多一些。如果不小心一次蘸取的定妆粉多了，女士可以用大号的散粉刷扫一下，以去除多余的浮粉。

5. 画眉

女士在画眉时首先要选择正确的眉型，除了根据脸型和个人的喜好以外，还要根据自身眉毛的生长条件来进行选择。为了使描画的眉型自然流畅，女士在画眉时最好在自身眉毛生长条件的基础上做一些小的调整和修饰。其次，眉毛的颜色的选择要与自己的发色、肤色、妆容相协调。在日常妆容中，女士比较常用的眉毛的颜色是深棕色和灰色。需要注意的是，女士在画眉时，眉峰的色调要深重一些，眉梢的色调要浅淡一些，眉毛的上边缘线的色调要浅于下边缘线的色调。女士常见的眉型种类如图2-2所示。

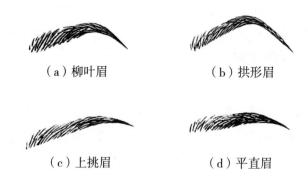

图2-2 女士常见的眉型种类

（1）柳叶眉。

柳叶眉是指眉头和眉尾基本上在同一条水平线上，眉峰在整条眉毛接近2/3处的眉型。这种眉型是比较常见的眉型，基本上对女士的年龄和脸型没有太多的要求，几乎适合所有的人。椭圆形脸的女士最适合柳叶眉。女士在画柳叶眉时要注意，眉尾一定不能低于眉头，否则就会变成无精打采的八字眉。

（2）拱形眉。

拱形眉是指眉头和眉尾基本在同一条水平线上，眉峰在整条眉毛接近1/2处的眉型。整条眉毛的形状弧度较大，成拱形。这种眉型比较适合菱形脸或者三角形脸的女士。女士在画拱形眉时要注意将眉头画得圆润一些。

（3）上挑眉。

上挑眉是指眉头低、眉尾高，眉头和眉尾不在同一条水平线上，眉峰在整条眉毛的2/3处或者是3/4处的眉型。这种眉型比较适合圆形脸或者是脸稍宽的女士，但不适合长形脸的女士。女士在画上挑眉时要先以眉峰的最高点为中心，轻扫出眉峰处的大致眉型，要注意眉头到眉峰的连接要平顺。

（4）平直眉。

平直眉是指眉头和眉尾在同一条水平线上，眉峰在整条眉毛的2/3处或者是3/4处的眉型。平直眉类似于柳叶眉，但又不同于柳叶眉，它的眉尾较短，眉峰处的弧度较之柳叶眉要小一些。这种眉型比较适合长形脸的女士，但不适合圆形脸的女士。女士在画平直眉时要注意整条眉毛的线条不能出现过大的弧度。

6. 眼妆

（1）美目贴。

美目贴是女士用来矫正眼睑的宽度及眼睛的形状的化妆品。单眼皮的女士贴上美目贴，可以变成双眼皮。此外，女士还可以用美目贴来矫正过于下垂的眼睛，具有调整眼型的作用。

（2）眼影。

眼影分为影色、亮色和强调色三种。影色是收敛色，女士可以将其涂抹在眼部希望显得凹或者狭窄的、应该有阴影的部位。亮色是突出色，女士可以将其涂抹在眼部希望显得凸或者宽阔的部位。强调色可以是任何颜色，它是眼影要表达的中心色，可以吸引人们的注意力。女士在选择强调色的眼影时还要考虑自己服饰的颜色和唇色，并与之相协调。

当女士涂抹单色眼影的时候，可以先用眼影棒蘸取少许的眼影粉，在手背上确认一下颜色（颜色不要太深），再将其涂满整个眼窝；然后用眼影棒多蘸取一些相同颜色的眼影粉，同样先在手背上进行确认，从眼头开始轻轻地扫到眉毛当中的位置，再蘸取眼影粉从眉尾开始扫到眉毛当中的位置，来回两三遍即可。眉尾地方的眼影，女士还要用手或者眼影棒再稍微抹开点，这样显得更自然些。最后，女士用眼影刷蘸取剩余的眼影粉，从眉尾开始轻轻扫到下眼皮的1/3处即可。

（3）眼线。

在画眼线时，女士可以用眼线笔沿着睫毛的根部开始画：上眼线要尽量贴近睫毛的根部，从内眼角至眼尾处描画，并且在眼尾拉长往上勾起；下眼线可以贴近睫毛的根部，从眼尾至眼角内侧先点上3个点，然后用眼线笔或指尖把这3个点延后相连成眼线。下眼线也可以用白色的眼线笔从外眼角开始向内画到1/2或1/3处，也就是说只画下眼睑后部的1/2处或1/3处即可。

（4）睫毛膏。

在涂抹睫毛膏之前，女士可以先用睫毛夹按照"先根部，再中部，后末梢"的次序分3次夹卷睫毛，边夹边轻轻地向上提拉，使睫毛的尾部向上翘起。用睫毛膏涂抹上睫毛时，女士可以将睫毛刷平放以"Z"字形的方式由睫毛的根部开始向上、向外少量、多次地重复涂刷，以便让睫毛变得更加丰盈；涂抹下睫毛时，女士可以将睫毛刷竖起，一根一根地梳理下睫毛，最后再用刷睫毛的小梳子梳掉结块的部分。

7. 唇妆

在化唇妆时，女士可以先用唇线笔画出自己想要的唇型，然后再涂抹点唇膏或口红，最后用唇刷蘸取适合自己肤色的唇彩涂抹在唇部中央，再轻轻地晕开至两侧。涂抹了唇彩之后，女士千万不要抿嘴唇。如果嘴唇比较干或者为了保护双唇，女士在化唇妆前可以先涂抹一层润唇膏。

8. 腮红

腮红既可以使女士的面部具有立体感，也可以使女士的妆容看起来更健康、更时尚。常见的画腮红的方法就是女士对着镜子微笑，在脸颊凸起的笑肌的位置以画圆的方式或斜向上轻扫腮红至均匀即可。在日常的妆容中，女士腮红的颜色不要太红，面积也不要涂抹得太大，隐约可见最好。女士在选择腮红的颜色时，既要考虑与服装的搭配与协调，也要兼顾自己的肤色。一般来说，肤色较暗的女士要尽量选择偏橙色的腮红；肤色较白皙的女士则可以根据妆容任意地选择颜色适合自己的腮红。

9. 检查

上述步骤完成以后，女士要检查整体妆容是否完美均匀，重点要关注并检查面部的边缘处、脖子、耳后等部位的肤色是否均匀。如果发现有不均匀之处，女士可以采用粉饼或定妆粉进一步涂抹，以便使肤色变得均匀。女士也可以用修容粉进行提亮，使面部变得更加立体。

技能训练

1. 教师请学生收集与女士的护肤品、化妆工具和化妆品相关的图片，了解它们的名称和用途。

2. 教师让学生用纸巾自测自己皮肤的肤质，每位学生要记录下自己的测试结果。

测试的具体方法如下：早晨起床后，学生在洗脸之前用3块吸水性强的纸巾分别擦拭自己的前额、鼻翼的两侧和脸颊。如果纸巾上有油光但并不多，说明肤质是中性的。如果每张纸巾都相对干爽，说明肤质是偏干性的。如果擦拭前额和鼻翼两侧的纸巾有油光而擦拭脸颊的纸巾相对干爽，说明肤质是混合性的。如果3块纸巾都有油光，说明肤质是油性的；如果其中有的纸巾变得有些透明，说明皮肤上的油脂分泌太多。

3. 学生给自己拍一张脸型轮廓图：把前额的头发撩起，露出发际线，用照相机或者手机给自己拍一张正面照，上传到计算机上后再用画图工具描出脸部的轮廓，这样脸型轮廓图就完成了。教师请学生对照如图2-3所示的脸型的分类，找出自己的脸型属于哪一种。

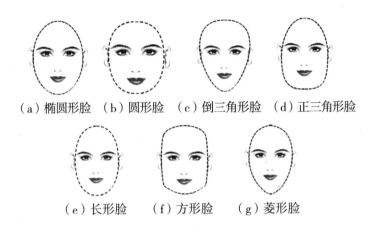

图2-3 脸型的分类

4. 按照女士化妆的步骤练习化职业妆。教师将全班的女学生分成每2人一组，相互练习化职业妆。

5. 学生根据自身的特点设计适合自己的妆容。每位学生都要试着找出自身脸部的优点以及对自身不满意之处，并进行重点修饰。

知识拓展

不同脸型的修饰方法

在现代社会中，职业女性通常需要化妆。在社交场合，女士适当地化妆既是一种礼貌，也是自尊的体现。女士最美的妆容是结合自己的脸型，扬长避短，从而达到一种视觉上的和谐、平衡。

一、椭圆形脸

椭圆形脸也称蛋形脸，椭圆形脸的人的特征是额头与颧骨基本一样宽，它们都比下颌稍宽一些，脸的宽度大约是脸的长度的2/3。在人们传统的审美眼光中，椭圆形脸是标准脸型，不需要进行太多的修饰就能给人带来舒适、典雅的美感。

二、圆形脸

圆形脸的特征是额头、颧骨和下颌部位的宽度基本相同。由于圆形脸的人的整个面部轮廓较为柔缓，所以有时候圆形脸也被称为娃娃脸。圆形脸的人修饰的重点是要加强脸部的立体感，增加一些棱角。其具体做法是用暗影色修容粉在脸颊及下颌角等部位进行晕染，用高光粉在额骨、眉骨、鼻骨、颧骨的上缘和下颏等部位进行提亮。眉头压低，眉尾略扬，画出眉峰，使眉毛挑起上扬而有棱角。在外眼角处加宽、加长眼线，使眼型拉长。由颧骨向内斜下方晕染，以使颧弓在视觉上下陷，增强面部的立体感。从额骨至鼻尖都打上高光粉，从眉头至鼻尖两翼可以加鼻影，增强鼻型的立体感。画唇部时，要强调唇峰，画出棱角，使下唇底部平直。

三、倒三角形脸

倒三角形脸又称"甲"字形脸或心形脸，倒三角形脸的人最明显的特征是额头处最宽，从额头往下慢慢变窄，下巴比较尖。倒三角形脸的人修饰的要点是使脸的上半部收缩一些，以增强脸部的丰润感。

四、正三角形脸

正三角形脸又称"由"字形脸或洋梨形脸，正三角形脸的人的特征是额头较窄，下颌最宽，从正面看上去很像一个正三角形。正三角形脸的人因为下颌较宽，使人看上去缺少柔美感，其修饰的重点是尽量"削"去脸型下部的宽角。

五、长形脸

长形脸的人的特征是脸型比较瘦长，额头、颧骨和下颌部位基本齐宽，最大的特点是脸的宽度小于脸的长度的2/3。在化妆时，长形脸的人不要刻意追求小脸型，要尽量使脸型显得饱满，这才是其修饰的重点。

六、方形脸

方形脸的人的特征和圆形脸的人一样，额头、颧骨和下颌部位的宽度基本相同，棱角分明，是各种脸型中最容易辨认的。方形脸的人修饰的重点是要加强脸部的柔和感，弱化一些棱角，即突出面部的中间部分，使面部看起来显得圆润、柔和。

七、菱形脸

菱形脸又称"申"字形脸或钻石形脸，菱形脸的人的特征是颧骨部位最宽，额头和下颌逐渐变窄。所以，菱形脸的人看上去会显得棱角分明，也比较有个性。菱形脸的人修饰的重点是要修饰掉"棱角"，以增加脸部的圆润感。菱形脸的人在化妆时可以采用的做法是先用眉笔描画圆润的拱形眉，涂眼影的部位应尽量向外晕染，以拓宽颞窝处的宽度，眼线最好适当拉长上挑；然后用阴影色修容粉修饰高颧骨和尖下巴，以削弱颧骨的高度和下巴的凌厉感；再在两额角和下颌两侧提亮，加宽鼻梁处的高光，使鼻梁变得挺阔；最后腮红应打得自然清淡，不宜突出，也可以不涂。

任务3　发型设计

 热身活动

弄巧成拙的发型

小兰是某高校的一位应届毕业生。一天，小兰突然接到某大型企业的面试通知，岗位是人事专员。想到以后能进入大型企业工作，小兰就兴奋不已。为了慎重地对待这次面试，小兰特意到理发店请美发师帮自己设计了一个看起来显得成熟一些的发型，还染了头发，这让她看起来既时尚又漂亮。小兰对自己的发型非常满意，于是信心满满地去参加了面试。面试后，小兰却没有被录取，她心有不甘，便追问面试官自己落选的原因，面试官笑着说："这位同学，你的发型应该去参加时尚宴会。"

教师请学生思考并讨论：人们在进行发型设计时要考虑哪些因素？

 知识平台

一、发质与发型

由于人体的健康状态、皮脂分泌状态以及头发保养状态等的不同，我们常常将头发的发质分为中性发质、油性发质、干性发质、受损发质和自然卷发质等五种。头发的发质也是我们选择发型的重要参考因素。

1. 中性发质

中性发质为标准发质。中性发质的人头发粗细适中，不软不硬，既不油腻也不干燥；头发有自然的光泽，易于梳理，可塑性大，且梳理后不易变形，因此是一种健康的发质。中性发质的这些特点使其适宜梳理成各种发型。

2. 油性发质

油性发质的人头发油脂多，易黏附污物，发丝平直且柔软。一般来说，细而密的头发由于皮脂腺密度大，常为油性发质。此外，人的精神紧张或用脑过度也会导致头油过多。油性发质的人由于头发易脏、头皮屑多，因此需要经常清洗。另外，油性发质的人留长发清洗起来会比较麻烦，因此宜选择短发，女士也可以选择中长发。

3. 干性发质

干性发质的人头发缺油干枯、暗淡无光泽、柔韧性差且易于断裂、分叉。干性发质通常是由于护发不当所致，所以干性发质的人应该选择不需要进行热处理的发

型，比如将头发修剪成短发或超短发型，以避免高温、化学药剂等对头发的伤害，否则会使头发更加干枯。

4. 受伤发质

受伤发质主要是指干枯、分叉、脆断、变色或鳞状角质受损所导致的头发内层组织解体，从而容易使头发脱落。受伤发质的人对头发应该精心护理、保养，不宜经常烫发、染发、吹热风，因为高温和化学药剂等会损伤头发的生理构造，从而使受伤发质恶化。受伤发质的人应经常修剪头发，去除开杈的发梢，并用护发用品清洗和护理头发，这样可以使受伤发质逐渐得到改善。此外，受伤发质的人最好选择束发的发型。

5. 自然卷发质

自然卷发质的人头发本身细软弯曲，有自然卷花状态，因此俗称"自来卷"。自然卷的人烫发不容易保持住发型，因此可以不用烫发，只要利用好卷发的自然属性就可以做出各种漂亮的发型。自然卷发质的人如果将头发剪短，卷曲度就会不太明显。女士可以留长发，这样会显示出其自然的卷曲美。

二、男士的发型

对于职场男士来说，经过修饰之后的头发必须以庄重、简约、典雅、大方的风格为主导。一般来说，男士的发型既不宜理成光头，也不宜将头发留得过长，且不宜使用任何发饰。男士的发型统一的标准就是干净、整洁，并且要经常地进行修剪。在商务场合对男士头发的长度要求是"前不过眉，后不及领，鬓不盖耳"。也就是说，男士前面的头发不要遮住自己的额头，特别是不要遮住自己的眉毛；后面的头发不要长过自己衣服领子的上部；两侧的头发不要盖住自己的耳朵，同时不要留过厚或者过长的鬓角。这是对男士发型的统一要求。

三、女士的发型

对于职场女士来说，不要在头发上乱加装饰之物，不宜使用彩色的发胶、发膏。女士在有必要使用发卡、发带、发绳或发箍等发饰时，应尽量选择成熟庄重的款式，不宜佩戴色彩艳丽或带有卡通人物、动物等图案的发饰。

一般来说，女士的发型一般可以分为以下三种：

1. 直发类发型

直发类发型是指未经过卷烫，只是经剪修而形成的发型样式。直发类发型基本上保持了头发的自然生长状态，其造型特点是发丝自然流畅、悬垂感强，尤其适合青年女性梳理，可以给人以青春、纯真、飘逸的美感。

2. 卷发类发型

卷发类发型是指经过卷烫梳理而形成的发型样式。卷发类发型的特点是发丝柔和卷曲、变化较多，头发的卷曲度有大有小，可以给人以成熟、时尚的美感。

3. 束发类发型

束发类发型是指在直发或卷发的基础上通过造型形成的发型样式。束发类发型的特点是适应面广、可繁可简、变化较多。

技能训练

1. 学生每2人一组，相互分析各自的头型和脸型，练习设计适合自己的发型。
2. 学生根据发质的分类，进行发型设计练习。
3. 学生根据脸型的分类，进行发型设计练习。
4. 教师将全班学生分成若干组，每组根据不同的场合和环境分别设计不同的发型。
5. 学生查找资料，选取1~2位名人，结合他们的脸型、体型等特点分析其在不同场合的发型设计情况。

知识拓展

影响发型设计的因素

发型不仅反映了一个人的修养与品位，而且还是个人形象的核心组成部分。在设计发型的时候，我们除了要考虑个人品位和流行时尚的因素以外，还应该考虑头型、身材和脸型等因素。

一、头型与发型

头型大的人，不宜烫发，最好剪成中长或长的直发，也可以将头发剪出层次。刘海不宜梳得过高，最好能盖住一部分前额。

头型小的人，不适合太服帖的发型，应将两边的头发吹得蓬松些，头顶部不要吹得过高，应使发型显得发量丰盈、有蓬松感。

头型尖的人，由于头型上部窄、下部宽，所以不宜剪平头、剪短发或烫卷，可以将顶部压平一点，两侧的头发打理得蓬松一些，发尾可以呈卷曲状，使头部呈现出椭圆形。

头型圆的人，刘海处可以吹得高一点，将两侧的头发向前面吹，但不要遮住面部。

二、身材与发型

身材瘦长的人，一般颈部较长，应采用两侧蓬松的发型（如大波浪）。

身材肥胖的人，一般颈部较短，因此头发不宜留长，最好采用短发式样，两鬓要服帖，后发际线应修剪得略尖。

身材矮小的人，适合留短发，女士若留长发则应在头顶部扎成马尾或是梳成发髻，要尽可能把视觉重心向上移。

身材高大的人，不宜留短发，女士可以根据个人的脸型或喜好选择中长发，男士不宜留板寸头。

三、脸型与发型

圆形脸的人在设计发型时要注意运用衬托法和遮盖法：一方面，要设法将头顶部位的头发梳高，避免头发遮住额头，使脸部拉长；另一方面，应巧妙地利用头发遮住脸颊，使脸颊的宽度变小。圆形脸的女士可以选择垂直向下的发型，并进行侧分，不宜留刘海，以不对称的发量与形状来减弱脸型扁平的特点，脸颊两侧的头发不宜蓬松。对于圆形脸的男士来说，宜选择短小型斜刘海儿的发型，也可以将鬓角的头发修剪成方形，头顶部位选择平面造型的寸发。

方形脸的人在设计发型时应侧重于切角成圆，以圆盖方。方形脸的人如果选择短发，应尽量增加发型的柔和感。比如，可以选择卷发，也可以采用不对称的发缝、翻翘的刘海儿来增加发型的变化。

长形脸的人在设计发型时应重在抑"长"，可以适当地保留发量，在两侧增多发量，修剪出发型的层次感，且头顶的头发不可高隆、垂发不宜笔直。

正三角形脸的人在设计发型时应力求上厚下薄、顶发丰隆。双耳以上的头发可以令其宽厚，双耳以下的头发则要限制其发量，且前额不宜裸露在外。另外，正三角形脸的人可以采用中分或侧分的发式，头发蓬松向左或向右分披，以强化侧部头发的量感，并以发梢微遮脸颊。

倒三角形脸的人在设计发型时要确保用头发盖住尖尖的下巴，重点注意修饰额头与下巴，刘海儿可以齐一些。女士头发的长度以超过下巴2厘米为宜，并向内卷曲，以增加下巴的宽度。这种脸型的人可以选择短发，女士可以选择中长发式，上部剪成贴伏的发型，两侧的头发长至下颌处或是下颌之下，下部蓬起。发线宜采用直线中分式或不对称式。

菱形脸的人在设计发型时应避免采用直发式，要注意遮盖颧骨突出的地方。女士适合选择蓬松的大波浪发型来增加侧面头发的发量，以增加脸型的柔性；如果留短发，则要强化头发的柔美，并挡住太阳穴。男士的发型不适宜过短，两侧的轮廓宜有弧度并显得丰满，前额最好采用侧分的发型，以便掩饰偏宽的颧骨部位。另外，菱形脸的人不适合留中长发型。

椭圆形脸的人适合的发型比较多，无论是短发、中长发还是长发，无论是直发还是卷发，都比较适合椭圆形脸的人。

项目三 仪表塑造

---学习目标---

1. 掌握色彩的基础理论知识,能够运用四季色彩理论对自己的肤色和身材进行基本的判定。
2. 男生能得体地穿着西装,女生能正确地进行职业着装的选择和搭配。
3. 具有在不同的场合根据自己的体貌特征进行正确地服饰穿搭的能力。
4. 掌握如何选用配饰。
5. 男生掌握领带的系法,女生掌握不同丝巾的系法和搭配。

任务1 男士职业着装

有趣的调查[①]

多年前,广东的一位记者曾经做过这样一次有趣的调查:

一天上午9时许,他赶到广州市越秀区淘金北路某商场附近的街头守候"西装男士",重点观察其西装袖口上的商标有没有剪掉。该路段附近有写字楼、餐馆、商场以及居民区,人员层次复杂,便于进行观察。

在一个小时内,这位记者发现共有32名"西装男士"经过该路段,其中8个人的西装袖口上的商标没有剪掉。在现场采访中有不少男士坦称自己从来没有留意过这方面的细节。

"不会吧,这是商标?"在淘金北路某店打工的王某表示,要不是记者提醒,他还从来没有留意到自己西装袖口上的小布条原来是个商标,他一直以为这是用来进行装饰的,而且他经常看到别人也是这么穿的,所以自己从来不曾在意。

[①] 杨友苏,石达平. 品礼:中外礼仪故事选评[M]. 上海:学林出版社,2008:15-16. 有改动。

路过该路段的某公司职员陈先生身着一套黑色西装,脚穿白色袜子配黑色皮鞋,并且西装袖口上的商标也没有剪掉。当记者告诉陈先生西装袖口上的商标要剪掉、白色袜子不要配黑色皮鞋穿时,陈先生半信半疑,仔细询问了记者好几遍后颇为尴尬地匆匆离开。

由于不方便将路人的裤脚拉起来查看其穿了什么颜色的袜子,记者只能在采访中随机提问,对于白色袜子不能配黑色皮鞋,10名接受采访的市民中有7名感到诧异,因为他们一向认为浅色袜子搭配黑色皮鞋才是庄重的表现。

教师请学生思考并讨论:男士的西装穿着有哪些规范和禁忌?

仪表是指人的外表,即通过人的服饰来表现的外部形象。服饰在人的外部形象中是占面积最大的部分,最能直观地体现一个人仪表的特征。

西装既是西方国家的传统服装,也是世界公认的正规服装,是目前男士(尤其是男性商务人员)在正式场合着装的优先选择。广义的西装是指西式服装,是相对于中式服装而言的欧系服装。狭义的西装是指西式上装或西式套装。

一、男士穿着西装的基本原则

1. 三色原则

三色原则是指男士在穿着西装时,全身服饰的颜色不能多于3种。也就是说,包括上衣、裤子、衬衫、领带、袜子和鞋子等在内,全身的颜色应该被限定在3种之内。这是因为从视觉上来讲,一旦全身服饰的颜色超过3种,就会显得杂乱无章。

2. 三一定律

三一定律是指男士在穿着西装时,鞋子、腰带和公文包应为同一种颜色,并且首选黑色。这是为了保证全身服饰的协调统一,从而给人一种美观和稳重的感觉。

3. 三大禁忌

男士在穿着西装时有三大禁忌:一忌西装袖口上的商标不拆除。二忌西装口袋里乱装东西。尤其是西装上衣两侧的口袋只能作装饰用,不可用来装物品。西装上衣左上方的口袋只能放装饰用的手帕,西装上衣内侧的口袋只能放少许的名片,其余均不可装任何物品,否则会使西装走样、变形。三忌穿白色袜子。男士常穿的袜子一般分为两大类,一类是深色的西装袜,另一类是浅色的纯棉休闲袜子。白色袜子只能用来搭配休闲服和便鞋,千万不能用来搭配西装和皮鞋。男士标准西装袜的颜色多是黑色、褐色、灰色及藏蓝色的,并以单色和简单的提花为主。

二、男士西装的分类与选择

1. 西装的分类

（1）礼服、正装西装和便装西装。

按照穿着的场合进行分类，西装可以分为礼服、正装西装和便装西装。

① 礼服。

礼服也叫社交服，是指男士参加典礼、婚礼等郑重或隆重的仪式时所穿着的服饰。礼服分为晨礼服和晚礼服。晨礼服主要是指男士在白天穿着的正式礼服，其正式穿法为外套、衬衫、长裤搭配背心和领结。晚礼服是指男士在晚上8点以后穿着的正式礼服。晚礼服又分为小晚礼服和大晚礼服。小晚礼服的上装与一般西装的款式相同，但颜色只有黑、白两色，两襟均为同色缎面设计。大晚礼服又称燕尾服，特点是前短后长，前身长于腰际，后摆拉长，一般搭配白色领结。

② 正装西装。

男士在商务场合穿着的西装就是正装西装。男士的正装西装都是上下装同色、同质的套装；大多为单色、深色的。正装西装一般都是纯羊毛面料或者是含羊毛比例较高的混纺面料。

③ 便装西装。

便装西装即休闲西装，一般为单件上装，色彩和面料比较多样：可以是单色的，也可以是多色的；可以是棉麻的，也可以是羊毛的。

（2）单件西装、二件套西装和三件套西装。

按照西装的件数进行分类，西装可以分为单件西装、二件套西装和三件套西装。

西装套装是指上衣与裤子成套，且面料、色彩和款式一致，风格相互呼应的西装。通常，西装套装有二件套与三件套之分。二件套西装包括一件上衣和一条裤子，三件套西装则包括一件上衣、一条裤子和一件背心。按照人们的传统看法，三件套西装比两件套西装显得更正规一些。

男士在正式的商务场合所穿着的西装必须是二件套西装，在参与高层次的商务活动时以穿着三件套西装为佳。

（3）单排扣西装和双排扣西装。

按照西装上衣的纽扣排列进行分类，西装可以分为单排扣西装和双排扣西装。

① 单排扣西装。

单排扣西装最常见的有一粒扣、两粒扣和三粒扣三种。一粒扣和三粒扣的单排扣西装穿起来比较时髦，而两粒扣的单排扣西装则显得更为正规一些。男士经常穿着的单排扣西装的款式以两粒扣、平驳领、圆角下摆款为主。

② 双排扣西装。

双排扣西装最常见的有两粒扣、四粒扣和六粒扣三种。两粒扣和六粒扣的双排扣西装属于流行的款式，而四粒扣的双排扣西装则明显具有传统风格。男士经常穿着的双排扣西装以六粒扣、枪驳领、方角下摆款为主。

西装后片的开衩分为单开衩、双开衩和不开衩，单排扣西装适合这三种开衩方式中的任何一种，而双排扣西装则只适合双开衩或不开衩。另外，男士在穿着单排扣西装时，应该扎窄一些的皮带；而在穿着双排扣西装时，则要扎稍宽一些的皮带。

（4）欧版西装、英版西装、美版西装、日版西装和韩版西装。

所谓版型，是指西装的外观轮廓。一般来说，按照版型进行分类，西装有以下五种基本版型：

① 欧版西装。

欧版西装是指在欧洲大陆（以意大利、法国为代表）流行的西装。欧版西装的特点是呈倒梯形，也就是宽肩收腰。另外，欧版西装一般都有比较夸张的垫肩，以双排扣和枪驳领为主，裤子常常是卷边的。此款西装比较适合身材高大的男士穿着。

② 英版西装。

英版西装是欧版西装的一个变种。英版西装多以单排扣为主，衣领比较狭长，腰部略收，垫肩较薄，后摆两侧开衩。此款西装比较适合身材比较瘦高的男士穿着。

③ 美版西装。

美版西装就是美国版的西装，基本轮廓特点是O形的，宽松肥大，适合男士在休闲场合穿着。美版西装的造型风格自然、舒适、线条流畅，追求自然肩型、无垫肩，翻领宽一些，兜上带兜盖，后中线单开衩。美版西装往往以单件者居多，一般都是休闲风格的。

④ 日版西装。

日版西装的基本轮廓特点是H形的，没有宽肩，也没有细腰，适合亚洲男士的身材。一般来说，它多是单排扣式的，领型简单，衣后不开衩，口袋为无兜盖的开缝型。

⑤ 韩版西装。

韩版西装是指具有韩国时尚元素的西装。其基本特点是修身、时尚、样式多样，注重收腰，衣领较窄。此款西装比较适合身材较瘦小的亚洲男士穿着。

（5）平驳领西装、枪驳领西装和青果领西装。

驳头是西装领子的专业术语，即领子里襟上部向外翻折的部位。按照领型进行分类，西装可以分为平驳领西装、枪驳领西装和青果领西装（如图3-1所示）。

① 平驳领西装。

平驳领是西装的标准领型，是指上翻领与下驳领呈现70°～90°的领型。其驳头的形状为菱形，是最正统的形状。平驳领西装是一种穿着场合比较广的西装类型，当男士不清楚要选择哪种领型时，平驳领是最普遍、最舒适的选择。同时，男士在商务活动、婚礼或者休闲场合都可以穿着这种西装，实用性非常高。

② 枪驳领西装。

枪驳领是指上窄下宽、下领片的领角向上呈锐角突起的一种领型。枪驳领西装比较特别，它既有平驳领西装的稳重、经典，也有礼服的精致、儒雅，适合男士在商务活动、婚礼等重要场合穿着。包绢的枪驳领（即在领边加了一层包边）西装会给人一种高贵的视觉效果，而小枪驳领西装则更适合年轻人，用小枪驳领来混搭可以穿出不同的风格。

③ 青果领西装。

青果领又名大刀领，因领面形似青果的形状而得名，是指驳头及领面与衣身相连的领型。青果领西装适合男士在隆重的场合穿着，如结婚、重大仪式等。但是，经过改良的青果领西装也适合男士在平时休闲的时候穿着，因此受到现代年轻男士的喜爱和追捧。

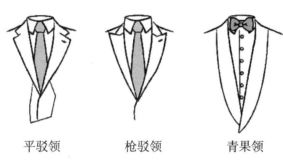

平驳领　　　　枪驳领　　　　青果领

图3-1　西装的三种领型

2. 西装的选择

男士在选择西装时要注意以下四个方面：

（1）袖长。

男士西装的袖子合适的长度是双手自然下垂，袖口距离虎口2厘米左右，既不能达到虎口，也不能露出手腕。此外，西装外套的袖子要比衬衣的袖子短1厘米左右，既不能太长也不能太短。

（2）衣服的宽度。

在选择西装时，男士一定要选择合身的衣服，首先就是西装外套的肩部要与肩膀完全贴合。男士穿上西装后，如果扣上西装外套的纽扣，要可以从衣领处放入一个拳头；再将双手握拳放于胸前，双肘可以轻松地举至水平状，同时感受到一定的拉力，但并不是十分紧绷，这就说明西装的宽度是合适的。

（3）西装的长度。

西装合适的长度包括上衣的长度和裤子的长度。男士穿上西装后，双手自然下垂，衣长以刚好到臀部的下缘为宜。适宜的裤长是裤脚正好盖到鞋面。如果裤子太长，那么整个人看起来会显得松松垮垮、不修边幅；如果裤子太短，那么就会露出袜口，显得很不美观。

三、男士衬衫的款式与选择

1. 男士衬衫的款式

（1）休闲衬衫和正装衬衫。

按照穿着场合和用途的不同进行分类，男士衬衫可以分为休闲衬衫和正装衬衫（如图3-2和图3-3所示）。

图3-2 休闲衬衫

图3-3 正装衬衫

休闲衬衫穿着的场合比较随意，面料以全棉为主，款式和面料上的花型较为丰富，适合于年轻男士。

正装衬衫适合男士搭配西装在一些比较正式的场合穿着。其款式和面料上的花型比较传统和保守，颜色一般以白色、深色或中性的单一色调为主。正装衬衫的面料通常由纱织更高的棉线精纺而成，即精纺面料，常见的花纹有斜纹、人字纹等。

（2）标准领衬衫、敞角领衬衫、长尖领衬衫、纽扣领衬衫、暗扣领衬衫、翼领衬衫、异色领衬衫和立领衬衫。

根据衬衫领子形状的不同进行分类，男士衬衫可以分为标准领衬衫、敞角领衬衫、长尖领衬衫、纽扣领衬衫、暗扣领衬衫、翼领衬衫、异色领衬衫和立领衬衫。

① 标准领衬衫。

标准领衬衫领尖的长度适中，左右领尖敞开的角度平缓，一般从领口到领尖的长度为85～95毫米，左右领尖的夹角在75°～90°，领座高为35～40毫米。这种领型的衬衫常适合男士在商务活动中穿着，是最常见也是最容易搭配的衬衫款式。

② 敞角领衬衫。

敞角领衬衫也叫宽角领衬衫或温莎领衬衫，左右领尖敞开的角度比标准领衬衫的大，一般在120°～180°，其领座也略高于标准领衬衫。这种领型的衬衫适合男士系温莎结的领带，并且与英版西装最搭配。

③长尖领衬衫。

长尖领衬衫的领子比标准领衬衫的领子更尖，夹角更小。这种领型的衬衫时尚感要强一些，男士在穿着时适合系平结的领带，并且与三粒扣的单排扣西装最搭配。

④纽扣领衬衫。

纽扣领衬衫的领尖上开有扣洞，衬衫的相应位置上有纽扣可以扣在领子上。这种领型的衬衫属于美式休闲款式，多用于男士在非正式的场合穿着。

⑤暗扣领衬衫。

暗扣领衬衫的左右领尖缝有暗扣，是比较正式的衬衫款式。这种领型的衬衫适合搭配带圆点、条纹等传统保守花型，且领带结系得小且紧密一些的领带。

⑥翼领衬衫。

翼领衬衫又叫礼服领衬衫，其领口垂竖立起，立领的前领尖处向外折翻成小领页，因形似鸟翼而得名。这种领型的衬衫通常与燕尾服、晨礼服等礼服相搭配，一般系领结而不系普通领带。

⑦异色领衬衫。

异色领衬衫又叫拼色领衬衫，其领子的颜色和花型与衬衫的颜色和花型都不一样。这种衬衫的领型多为标准领或敞角领，其中以白领子配素色条纹最为常见，有的异色领衬衫的袖口也常相应地做成白色的。

⑧立领衬衫。

立领衬衫又叫中式领衬衫，其只有领座部分而没有领页，且领座直接立起。男士穿着这种领型的衬衫时一般不系领带，多用于搭配轻松活泼的休闲款西装。

2. 男士衬衫的选择

（1）尺寸的选择。

男士衬衫的尺寸是否合身的关键在于领口和袖口两个部位，此外还要注意胸围的宽窄度和衣长。

领子是一件衬衫的"咽喉"，衬衫的关键部位在领子。在选择衬衫时，男士要特别注意领口的尺寸，即领围。衬衫的领围是指衬衫最上面一粒纽扣的中心锁眼线至扣眼中心的长度。一般来说，合适的衬衫的领口比脖子的实际尺寸长2厘米左右。男士在试穿衬衫时扣上第一粒纽扣后还能将食指和中指的指头插进领口，就说明这件衬衫的领口是合适的。

衬衫的袖子既不能过长也不能过短。如果袖子过长，男士行动起来会觉得拖沓、不利索，穿着也不方便；如果袖子过短，不仅会暴露出手腕，而且也容易弄脏西装的袖口。对男士衬衫袖长的要求是手臂垂下，袖口刚好在手腕处最为理想。

胸围也是衡量男士衬衫的尺寸是否合适的重要因素。如果男士扣上衬衫的纽扣后觉得胸前紧绷或者胸前皱成一团都是不合适的；相反，如果胸围的尺寸合适，衬衫就会使男士显得特别挺拔。因此，男士在选择衬衫之前对胸围的度量要合适。

由于男式衬衫通常都是束在裤子里面穿着的，所以衬衫要有足够的长度，以便活动时衬衫不致从裤腰里面被拉出来。

（2）做工的选择。

男士在选择衬衫时除了要注意尺寸以外，还要仔细观察衬衫的做工，比如：

①查看衬衫的裁剪及针脚缝纫的质量；

②查看领子、门襟、袖口等处的针脚有无歪扭，若针脚歪扭的话，一经下水这个部位就容易变形；

③比一比左右领子是否对称，这是衡量一件衬衫好坏最基本的标准；

④查看纽扣钉得如何，若纽扣钉得不够平整或纽扣有损裂，就表明这件衬衫的做工比较粗糙；

⑤检查衣料上有无机器纺织时留下的疵痕，牛津布衣料的疵痕尤其显眼，男士在选择时应多加注意。

（3）面料的选择。

男士衬衫的面料多种多样，比较常见的主要有纯棉面料、混纺面料、化纤面料、亚麻面料、羊毛面料和真丝面料等。好的面料不仅是高品质衬衫的重要标准，而且也是对穿着者身体健康的重要保证。

①纯棉面料。

纯棉面料是由棉花加工制作而成的纺织品。这种面料的衬衫穿着舒适、柔软，一般是男士衬衫的首选。当然，同样是纯棉，还有很多的考量指标，比如面料支数、面料克重、面料织法、面料的颜色和花型等。男士的正装衬衫一般选择支数在80～120支、斜纹织法、素色的面料较好一些。如果是白色的男士衬衫，可以选择平纹织法，这样会显得更加正式。男士休闲衬衫可以选择经纬异色织法以及条纹或格纹的花型。高棉、全棉免烫衬衫是目前国内外流行的一种新型面料的衬衫，由于衬衫经过了免烫整理，因此也是现代男士较好的一个选择。

②混纺面料。

混纺面料是由棉毛和化纤等按照一定的比例混合编织而成的纺织品。这种面料的男士衬衫不易变形、不易皱、不易染色和变色，是市面上最常见的男士衬衫。男士在选择这类衬衫时要尽量选择含棉量在90%以上的面料。

③化纤面料。

化纤面料是利用高分子化合物为原料制作而成的纺织品。这种面料的男士衬衫色彩鲜艳、挺括有型，但透气性差，容易产生静电。男士在需要有特殊用途的衬衫时，如有光泽的演出服、需要防水的户外服等，可以选择这种面料的衬衫。

④ 亚麻面料。

亚麻面料是由亚麻纤维加工制作而成的纺织品，是一种很好的衬衫面料。这种面料的男士衬衫穿着舒适、柔软、吸汗，但极易皱、易变形、易染色或变色。男士在夏季穿着的休闲衬衫可以选择这种面料。

⑤ 羊毛面料。

羊毛面料是由纯羊毛精纺而来的纺织品。男士在秋冬季穿着这种面料的衬衫时保暖舒适，但是易皱、易变形、易虫蛀、易缩水，打理起来比较麻烦。男士在冬季穿着的休闲衬衫可以选择这种面料。

⑥ 真丝面料。

真丝面料是由纯桑蚕丝制作而成的丝织物，是最华贵的衬衫面料。这种面料的男士衬衫有自然的光泽，穿着起来显得优雅、高贵，但打理和保养起来比较烦琐。男士在春季和夏季穿着的休闲衬衫可以选择这种面料。

（4）颜色的选择。

男士衬衫的颜色不应太花哨，白色和浅蓝色的衬衫是男士穿着正装时的首选。因为男士穿着在正式西装里面的衬衫如果颜色太花哨，就可能会与领带的颜色起冲突，所以一般应以单色调为主。

3. 西装纽扣的扣法

（1）单排扣西装的扣法。

男士穿着单排扣西装时：如果西装有一粒纽扣，那么扣与不扣均可，男士可以在站立时系上、坐下时解开；如果西装有两粒纽扣，可以只系上边那粒纽扣，也可以两粒纽扣都不系；如果西装有三粒纽扣，那么可以系上边两粒纽扣或只系中间那粒纽扣。

（2）双排扣西装的扣法。

男士穿着双排扣西装时，一般来说纽扣都要系上，只有在坐下时才将最下边的那粒纽扣解开，以防西装扭曲变形。

西装马甲无论是单独穿着还是同西装配套穿着，男士都必须认真地系上每粒纽扣。

技能训练

1. 认识男士西装

（1）根据"知识平台"中的相关内容，教师请学生说出图3-4中不同领型的名称和它们各自的特点。

（2）根据"知识平台"中关于男士西装的分类，教师请学生上网查找关于晨礼服、小晚礼服、大晚礼服和正装西装、便装西装的图片，了解它们各自不同的特征和适用的场合。

图3-4 西装的三种不同领型

（3）通过市场调查，教师请学生拍摄一组关于男士西装的图片，要求图片中包括单排扣（一粒扣、两粒扣、三粒扣）西装和双排扣（两粒扣、四粒扣和六粒扣）西装，还有单开衩、双开衩和不开衩等不同款式，试着总结纽扣的数量与开衩情况的组合规律。

2. 认识男士衬衫

（1）根据"知识平台"中的相关内容，教师请学生试着比较一下男士衬衫不同领型的特点及搭配技巧，并上网查找其他领型的衬衫（除了教材中介绍的8种领型的衬衫以外）的名称与特点。

（2）教师请学生上网查找不同面料、不同颜色、不同图案的男士衬衫的图片，并了解它们的搭配规律和搭配技巧。

3. 练习穿着西装

（1）教师可以请有西装的学生穿着西装来上课，也可以在实训室准备几套西装，挑选身材合适的学生穿着并进行展示。教师挑选1～2位学生进行西装穿着的讲解示范。

（2）教师请学生模拟一些西装不得体的穿法，并让学生指出其中的不正确之处。

知识拓展

服饰穿搭的基本原则[①]

一、国际通行的TPO原则

"TPO"是英语"Time""Place"和"Object"这三个单词的首字母的缩写。TPO原则的基本含义是，人们在服装穿着和饰品搭配等方面都必须适应不同的时间、地点和目的的要求。

---

① 吴雨潼. 职业形象设计与训练[M]. 4版. 大连：大连理工大学出版社，2012：55. 有改动.

其中,"Time"有三层含义:一是指早晚性;二是指季节性;三是指时代性。所谓早晚性,是指服饰的穿搭应根据每天早、中、晚的气温、光线等的变化而有所调整。所以,一天之中一般有日装和晚装之分。所谓季节性,是指服饰的穿搭应考虑四季的气候环境的变化。所谓时代性,是指服饰的穿搭应顺应时代发展的潮流,既不能泥古不化,也不要刻意猎奇、过于超前。

"Place"主要是指具体的场所,服饰的穿搭要与所处的地点、场合和环境相协调。比如,工作环境下尽量要穿职业装,外出旅游时要穿休闲装,做户外运动时要穿运动装,在家休息时可以选择家居服等。

"Object"主要是指服饰的穿搭应该考虑活动的目的、自己的交际对象以及想要传达的信息。也就是说,服饰的穿搭既要适合自己,也要与交际对象保持协调一致,使对方易于接受,从而能够便于自己达成目标。

服饰要美,必须要与时间、地点及目的等相符合,正如18世纪法国美学家狄德罗所说"美是关系",服装的美离不开社会关系这个总的尺度。

二、整体协调原则

正如培根所说"美不在部分而在整体",服饰的整体美包括人的肤色、形体、内在气质和服装的款式、质地、色彩、面料等诸多因素,服饰的整体协调就是指这些因素的和谐统一形成的整体之美。我们在着装时要注意:

(1)服饰本身各要素的协调,如色彩、面料、风格等;

(2)服饰要与人的形体、肤色、脸型、年龄等相协调;

(3)服饰要与人的身份、角色、地位等相协调。

任务2 女士职业着装

都是皮裙惹的祸

一个外商考察团要来A企业进行考察并商讨有关投资的事宜。为了表达己方的诚意和对此次考察活动的重视,A企业的领导特别挑选了几位年轻漂亮的女士做接待工作。外商考察团到达以后,发现接待他们的这些女士全部上身穿着紧身的上衣,下身穿着黑色的皮裙。见此情形,这些外商还没有开始商谈就找了个理由离开了。A企业的工作人员感到莫名其妙,不知道他们哪里做错了。

教师请学生思考并讨论以下问题:

(1)A企业的接待工作出现了什么问题?

(2)女士在正式场合的着装有哪些禁忌?

一、女士职业着装的类型

1. 西装套裙

在穿着西装套裙时，女士需要注意以下七个方面：

（1）颜色要淡雅。

女士西装套裙的颜色要与穿着者所处的环境相协调，力求淡雅、庄重。女士的西装套裙在颜色的选择上应以冷色、素色为主，比如藏青色、灰褐色、蓝灰色、紫红色等都是女士西装套裙颜色的较好选择。色彩过于鲜艳的西装套裙不适合女士在商务场合穿着。在非常正式的场合，女士最好选择穿着深色的西装套裙，这样显得端庄、稳重。在一般的工作场合，女士也可以穿着带有精致的方格、印花、圆点或条纹图案的西装套裙。

（2）长短要适度。

西装套裙的款式：一种是配套的，即上衣与裙子的颜色和质地是相同的；另一种是不配套的，即上衣与裙子的颜色和质地是不相同的，需要女士在穿着时搭配协调。西装套裙的衣长分为长款、中长款和短款等。一般来说，西装套裙的上衣不宜过长，如果过长会显得拖沓；上衣也不宜过短，最短只能齐腰，绝对不能露腰、露腹，这样显得极不雅观。在西装套裙中，裙子的式样较多，有西装裙、一步裙、围裹裙、筒式裙等。无论是哪种式样的裙子，其长度都不宜过短，裙子的长度最少要及膝；裙子的长度也不宜过长，最好不要超过小腿的中部。

（3）衣扣到位。

西装套裙纽扣的样式和花样较多，既有单排扣式样，也有双排扣式样；既有明扣，也有暗扣；有的只有1粒纽扣，有的则多达10粒纽扣。女士在穿着西装套裙时，单排扣上衣可以不系纽扣，双排扣上衣则应一直系着所有的纽扣，这样才会显示出女性的端庄和典雅。

（4）穿好内衣和衬裙。

女士穿着西装套裙，多数时候应穿着衬裙，以免内衣外现，有失雅观。在款式上，衬裙要线条简单、穿着合身；在颜色上，应以白色、肉色为主；在长度上，应长短合适，且不长于外裙。另外，女士在穿着西装套裙时内衣要合身，既要穿着合适，也不能露出肩带；同时内衣的颜色要合适，千万不能将内衣的颜色透出来。

（5）穿好衬衫。

女士西装套裙上衣的领型比较多样，有"V"字领、枪驳领、平驳领、青果领、披肩领等。因此，女士在穿着西装套裙时要搭配适宜的衬衫。在款式上，女士可以选择领口带有飘带或花边的衬衫。衬衫的颜色以素雅为佳，如白色、米色、淡黄色、淡蓝色等。衬衫的面料最好是丝绸或纯棉的，且必须熨烫平整。衬衫要掖入裙腰，且不宜直接外穿。衬衫的领口和袖口一定要洁净，否则会影响自己的形象。

（6）穿好丝袜或连裤袜。

女士在穿着西装套裙时必须搭配透明的长筒丝袜或连裤袜，颜色以肉色、近肤色为宜，且一定不能搭配带有图案的袜子。此外，袜子一定要大小适宜，并且无破损。需要注意的是，女士在穿着长筒丝袜时，袜口不能露在裙摆的外边。另外，女士应随身携带一双备用的长筒丝袜或连裤袜，以防袜子拉丝或跳丝，并且注意不要在公共场合整理自己的袜子。

（7）搭配好鞋子。

传统的无带、浅口皮鞋是女士穿着西装套裙的最佳搭配。女士在正式场合穿着西装套裙时不能搭配凉鞋、系带子的女鞋或露脚趾的鞋子。鞋子的颜色应当与衣服下摆的颜色一致或再深一些，通常以黑色最为常见。另外，鞋跟的高度建议在3～8厘米。

2. 礼服

礼服是指在某些重大场合人们所穿着的庄重而又正式的服装。根据穿着场合和款式的不同，女士礼服可以分为以下三种：

（1）西式晚礼服。

女士的西式晚礼服一般适用于女士参加晚间正式的聚会、正式的仪式或盛大典礼等活动时穿着。西式晚礼服的裙长长及脚背，裙摆越大、越长就显得越隆重；女士在穿着西式晚礼服时多会佩戴一些珠宝首饰，并搭配晚礼服高跟皮鞋、晚礼服手包、长手套等，并配以相应的晚妆。

（2）西式小礼服。

女士的西式小礼服一般适用于女士在小型宴会、鸡尾酒会等社交场合穿着。西式小礼服的款式多变，可短可长，相对没有那么隆重，常见的裙长一般在膝盖上下5厘米。女士在穿着西式小礼服时要搭配相应的首饰、妆容和高跟皮鞋。

（3）中式传统礼服。

女士的中式传统礼服一般适用于女士在小型宴会、正式的仪式或庆典等涉外社交场合穿着。这种礼服以旗袍为主，颜色和花色众多，款式也变化多样。女士在正式场合穿着的旗袍，开衩不宜太高，以到膝关节上方3～7厘米为佳。另外，女士在穿着旗袍时最好搭配同色系的高跟皮鞋。

3. 连衣裙

尽管连衣裙没有西装套裙那么正式，但也适合女士在一些正式场合穿着。女士连衣裙的款式和颜色多种多样，在商务场合穿着的连衣裙以大方、典雅为宜。在正式场合，女士可以选择穿着灰色、藏青色、暗红色、米色、驼色等颜色的连衣裙，并可以带有简洁的印花或图案，切记不要选择过于鲜艳或花哨的颜色。

二、女士职业着装的禁忌

1. 忌过分随意

女士的职业着装应按照规范的要求穿着，不能为了追求时髦而随意混搭、不守章法。在商务场合，女士绝对不可以穿着黑色皮裙、运动装、休闲装等类型的衣服。因为这些服装或过于性感，或适合在运动场合穿着，或过于休闲，均不适合商务场合。

2. 忌过分暴露

无论在什么季节，女士在商务场合绝对不能穿着吊带衫、露背装或带有透视感的衣服，过分暴露的穿着会给人以不稳重的感觉。对于职场女性来说，过分暴露的穿着往往隐藏着需要被吸引或被关注的心理，而这样的心理往往是不自信的表现。女士暴露的着装不仅会降低领导和同事对自己的信任度，而且还不利于工作的开展，给同事造成尴尬，并影响工作氛围。与此同时，女士太过暴露的衣着还会为自己带来某些不安全因素，增加不必要的麻烦。

3. 忌过分可爱

女士的职业着装应遵循成熟、大方的原则，在商务场合不能为了个人的偏好选择穿着一些颜色过于鲜艳亮丽、款式可爱（如宝宝装、卡通装等）的服装，否则会给人一种幼稚、不成熟的感觉。女士在商务场合穿着过于甜美可爱的服装，会降低同事或交际对象对自己的信任感，丧失了职场女士应有的专业感。

4. 忌过分紧身或短小

女士的职业着装要庄重、典雅，不能为了凸显自己的身材而选择穿着过于紧身或短小的服装。在办公室等工作场合，女士不能穿着过分紧身或短小的服装，像超短裙、短裤、小背心、露脐装等千万不能穿，因为这样会给人一种格格不入的感觉。女士穿着这样的服装不仅会给同事或交际对象留下不庄重的印象，而且还很容易让对方对自己的工作能力和工作态度产生质疑。

三、女士的体型与服饰的搭配

1. 女士常见的体型

（1）T形体型。

拥有T形体型的女士上身宽大，肩部较宽，胸部丰满，臀部和腿部相对较瘦，呈倒三角形。对于拥有这种体型的女士来说，上衣可以选择适当修身和带有"V"字领的设计，以及明度较低的色彩和相对柔软的面料；下装可以选择阔腿裤、伞裙、蓬蓬裙、喇叭裤等，颜色可以多样一些，也可以加入一些图案。

（2）A形体型。

拥有A形体型的女士肩部窄小、腰身小巧、臀部较大、腹部突出、大腿粗壮，相比之下，上身略显单薄瘦小。对于拥有这种体型的女士来说，上衣可以选择适当收腰的样式，以及明度较高的色彩、带花纹的图案和相对挺括的面料；下装宜选择面料挺括的A字裙、直筒裤，裁剪要简单，颜色要深一些、暗一些。另外，还可以通过佩戴合适的项链、耳环等来增加上身的量感，以达到整体的均衡和协调。

（3）H形体型。

拥有H形体型的女士上下平直，腰身和三围的宽度基本一致，这种体型看起来比较匀称，但缺乏线条感。对于拥有这种体型的女士来说，在服饰的选择上不宜选择过于紧身的款式和面料，应选择偏宽松或质地相对硬挺的面料，以及适当收腰的款式。

（4）O形体型。

拥有O形体型的女士的腹部、腰部、大腿从纵向来看相对突出，大部分体重集中在胯部、腰部和大腿上面，给人形成了上下两端窄、中间宽的视觉印象。对于拥有这种体型的女士来说，不宜选择过于突出腰部、胯部的曲线设计的服装，不宜选择弹性很大的贴身面料，可以选择自然下垂、有一定宽松度的剪裁和相对硬挺的面料，上衣要能遮盖住半个臀部，且不宜穿瘦腿裤。另外，还可以通过选择大"V"字领或"U"形领的上衣或佩戴长围巾来拉长上身线条的比例，以达到整体的均衡和协调。

（5）X形体型。

拥有X形体型的女士胸部和臀部较丰满，腰部纤细，上下比例协调，不胖不瘦，是一种标准的体型。对于拥有这种体型的女士来说，对服饰的选择面比较宽，几乎没有太多的限制，只要和自身的肤色、身高、风格、气质等相符即可。

2. 常见体型缺陷的弥补

以上是对女士几种常见体型的介绍，而在现实生活中，更多的女士是属于两种甚至三种体型的结合体，或者不属于以上任何一种体型，而只是某些部位的缺陷表现得比较明显。我们可以在色彩、图案、款式等方面选择适合自己的服饰，以遮盖或弥补自身在体型方面存在的缺陷。

（1）身材偏瘦。

身材偏瘦的女士在服装主色调的选择上应尽量选择有膨胀感的浅色、暖色、亮色，还可以选择用两种强对比的色调来增强身材的量感；在图案上，比较适合横、宽条纹或带有繁花纹样；在面料上，可以选择粗纹理、蓬松、针织或闪光材质；在款式上，可以选择相对宽松、多装饰的设计，要尽量避免穿着上下都非常紧致的深色、单色设计的服饰。

（2）身材偏胖。

身材偏胖的女士在服装主色调的选择上应尽量选择黑色、深蓝色、蓝灰色、墨绿色等深色、暗色、浊色，但最好要有小面积的亮色做点缀；在图案上，比较适合单色、竖条纹或碎花的图案；在面料上，应尽量选择柔软适度、相对挺括的面料；在款式上，以合体为佳，过于宽松或紧身的服饰都是应该避免的，上装可以适当收腰，并长过半个臀部。

（3）个子较矮。

个子较矮的女士在服装主色调的选择上应尽量选择浅色、暖色，以增加身材的量感；在图案上，应尽量选择小图案或单色的短裙或长裤；在款式上，应尽量穿着短上衣或高腰的上衣，既不适宜穿着特别长的上衣或长裙，也不适宜穿着过于紧身或过于松垮的服装。

（4）肩部有缺憾。

女士的肩部以宽窄适度且有圆润的弧线为美，有缺憾的肩通常分为削肩和宽肩两种。削肩的女士可以选择一字领、带泡泡袖或垫肩、肩章形饰物的服饰，不宜穿着无袖或露肩的服饰。肩宽的女士可以选择带有"V"字领、荷叶边或连帽的服饰，无垫肩的西装也是肩宽的女士的最佳选择。此外，肩宽的女士应尽量避免穿着带垫肩或圆领耸肩的衣服。

技能训练

1. 认识女士的职业套装

（1）学生至少拍摄5张关于女士职业套装的图片，要求包括不同的款式、不同的颜色和不同的图案，并试着分析这些职业套装的差别以及适合穿着的场合。

（2）学生上网查找有关女士的西式晚礼服、西式小礼服和中式传统礼服的图片各一张，并试着分析它们需要搭配的妆容、饰物、鞋子，以及分别适合穿着的场合。

（3）教师请学生根据职业套装的款式、颜色和图案，搭配合适的衬衫和鞋子，并进行拍照。

2. 四季色彩测试

教师选1~2位学生利用测试色布等色彩测试工具演示测试四季色彩季型的过程，并讲解相关的注意事项。

学生分组进行测试，每组选出一位同学进行重点测试并进行分析。

在课余时间，学生可以利用色彩测试工具进行四季色彩季型的测试。

3. 教师要求每位女学生选择一套最适合自己在正式场合穿着的西装套裙到课堂上，结合图3-5所示的内容请每位女学生对着镜子进行着装整理，然后分组相互点评、分析服饰搭配情况以及适合的场合，最后每组推荐一位穿着最佳的女同学上台进行展示并做讲解。

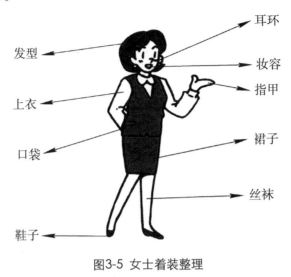

图3-5 女士着装整理

知识拓展

四季色彩理论

四季色彩理论是由美国的卡洛尔·杰克逊女士发明的，后由佐藤泰子女士引入日本，研制成适合亚洲人的色彩群理论体系。1998年，色彩顾问于西蔓女士将其引入中国，并针对中国人的体色特征进行了相应的改造。四季色彩理论给世界各国女性的着装带来了巨大的影响，同时也推动了各行各业在色彩应用技术方面的巨大进步。

四季色彩理论是指把人与生俱来的肤色、发色、眼珠色等人体色特征与宇宙间纷繁的色彩科学相对应，进行分析和分类，形成和谐搭配的理论。

四季色彩理论中最重要的内容就是把生活中的常用色按照基调的不同进行冷暖划分及明度、纯度划分，进而形成与一年四季相对应的春、夏、秋、冬四大色彩群。

一、春季型：明亮鲜艳的颜色群——用黄基调扮出明亮、可爱的形象

春季型的人给人的整体印象是年轻、生动、有朝气。

春季型的人的人体色特征是：肤色为高明度、中明度，无低明度；皮肤白皙、细腻；肤质不厚重；脸颊最容易出现桃粉色或珊瑚粉色的红晕；眼睛轻盈好动；眼珠一般呈现出棕色或棕黄色；眼白呈现出湖蓝色；头发较为柔软，发质较细，呈现柔和的黄色、浅棕色或明亮的茶色。

春季型的人使用范围最广的颜色是黄色，且要明亮才好。他们适合浅淡、鲜明、生动、活泼的暖基调色彩群。对于春季型的人来说，黑色不是其明智的选择。过深、过重的颜色与春季型的人白色的肌肤、飘逸的黄发是不和谐的。春季型的人适合

的白色是淡黄色调的象牙白。在选择灰色时，春季型的人应选择光泽明亮的银灰色和由低明度至中明度的暖灰色；让银灰色和暖灰色与桃粉色、浅水蓝色、奶黄色相配会体现出最佳效果。

二、夏季型：柔和淡雅的颜色群——用蓝基调扮出温柔、雅致的形象

夏季型的人给人的整体印象是温柔、亲切。

夏季型的人的人体色特征是：肤色高明度、中明度、低明度均有，肤质轻薄；肤色表象为乳白色、米白色、发灰的驼色、健康的小麦色；脸颊易出现水粉色的红晕；眼睛或轻柔，或明亮；眼珠一般呈现出玫瑰棕色、灰黑色或深棕色；眼白呈现出柔白色；头发以灰黑色为主。

夏季型的人适合清新、浅淡、恬静安详的冷基调色彩群。夏季型的人适合穿着深浅不同的各种粉色、蓝色和紫色，以及有朦胧感色调的服装。在色彩搭配上，夏季型的人最好避免反差大的色调，适合在同一色相里进行浓淡搭配，或者在蓝灰色、蓝绿色、蓝紫色等相邻色相里进行浓淡搭配。

夏季型的人在选择职业套装时不适合黑色和藏蓝色，可以选择一些浅淡的灰蓝色、蓝灰色、紫色等来代替黑色和藏蓝色。浅淡的蓝色系是夏季型的人非常适合的色彩，以蓝灰色为主色调，运用浅淡渐进和相邻色搭配的原则，可以搭配出非常适合夏季型的人穿着的服饰。

三、秋季型：浓郁、浑厚的颜色群——用金色调扮出成熟、高贵的形象

秋季型的人给人的整体印象是成熟、稳重。

秋季型的人的人体色特征是：肤色中明度、高明度、低明度均有，肤质厚重；肤色表象为不同明度的象牙白、褐色；脸颊不易出现红晕；眼神沉稳；眼珠一般呈现出焦茶色或深棕色；眼白呈现出湖蓝色；头发以深棕色、黑色为主。

秋季型的人适合浓郁、浑厚的暖基调色彩群，最适合以金色调为底调的色彩。棕色、金色和苔绿色是秋季型的人的代表色。在服装的色彩搭配上，秋季型的人不太适合强烈的对比色，只有在相同的色相或相邻色相的浓淡搭配中才能突出华丽感。秋季型的人不适合黑色、藏蓝色和纯白色，可以用秋季色彩群中的咖啡色、深棕色、沙青色和橄榄绿色来替代黑色和藏蓝色，用灰白色或淡白色来替代纯白色。灰色与秋季型的人的肤色排斥感较强，如果穿用，一定要挑选偏黄色或偏咖啡色的灰色，同时还要注意用适合的颜色进行过渡搭配。

四、冬季型：冷峻、冷艳的颜色群——用原色调扮出冷峻、惊艳的形象

冬季型的人给人的整体印象是个性分明、与众不同。

冬季型的人的人体色特征是：肤色高明度、中明度、低明度均有，肤色厚重；肤色表象一般为青白色，偏白的黄褐色、黄褐色；脸颊不易出现红晕；眼神犀利无比，穿透

感很强；眼珠呈现出深棕色或黑色；眼白为冷白色；头发为灰黑或黑色。

冬季型的人适合大胆、强烈、纯正、饱和的冷基调色彩群和无彩色。在四种季型中，只有冬季型的人最适合黑色、白色和灰色这三种颜色，也只有在冬季型的人身上黑色、白色和灰色这三个大众常用色才能得到最好的演绎，真正发挥出无彩色的鲜明个性。但是，需要注意的是，冬季型的人穿着颜色深重的服装时一定要有对比色出现。冬季型的人适合纯白色。藏蓝色也是冬季型的人的专利色，适合做套装、毛衣、衬衫、大衣的用色。冬季型的人应尽量避免棕色。

任务3　配饰搭配

一次尴尬的谈判

小王刚从大学毕业，现在一家公司担任销售顾问，平时就很讲究穿着打扮。一次，小王去本市一家大型国有企业洽谈业务。这次业务对小王所在的公司非常重要，为了给对方留下美好的印象，小王精心打扮了一番：她穿了一套流行的韩式服装；左右手各戴着一只造型独特的戒指；右手的手腕上戴着一只时尚的手镯；脖子上戴着一条亮闪闪的白金项链；耳朵上戴着一副新潮的耳坠。随着小王的走动，耳坠还会发出清脆悦耳的声音。接待小王的是一位50岁左右的中年男士和一位20来岁的年轻小伙子。在洽谈的过程中，年轻小伙子不时地盯着小王看，这让小王觉得很不自在。当小王站起来将公司的相关材料递给对方时，她的戒指不小心划破了对方的手指，使得双方都觉得非常尴尬。结果，在洽谈中小王频频出错，洽谈的结果很不理想。

教师请学生思考并讨论以下问题：

（1）小王参加洽谈结果不理想的主要原因是什么？

（2）男士和女士在配饰搭配上分别应注意哪些问题？

一、配饰搭配的原则

配饰是指人们为了与服装相搭配而佩戴的饰品的总称，比如包、手表、帽子、围巾、首饰等。由于现在的配饰材质多样、种类繁多，所以我们在选择配饰时要注意以下六个原则：

1. 适应场合

配饰应该与佩戴者所出席的场合相得益彰：黄（白）金首饰、手表、公文包等配饰比较适合商务场合；珍珠、宝石等高档配饰比较适合社交场合；木质、骨质等具有个性化、民族风格的配饰更适合休闲场合。在商务场合，职场人士选择的配饰要简单大方，款式要简洁，色彩要淡雅，做工要精细，并且以不妨碍工作为原则。

2. 适合身份

配饰要与佩戴者的性别、年龄、职业等相适应。女士的配饰种类繁多，选择范围较广；而男士的配饰相对较少，一般只能佩戴戒指、领饰、袖饰等配饰。有些职业对配饰的选择有一定的制约作用，如医务工作者在工作时几乎不能佩戴首饰，尤其是手链、戒指等，因为这些配饰不利于其开展工作。平时工作需要穿着制服的公务人员一般也不能佩戴配饰。公司白领等职场人士在商务场合不宜佩戴过于耀眼或过于昂贵的配饰。

3. 量少为佳

配饰的选择应以精美简约为原则。通常，一个人身上的配饰不要超过3种，每种不多于3件，否则就会显得过于繁杂。男性最常用也最实用的配饰有手表、皮包、袖扣等，对于职场男士来说，结婚戒指是其唯一可以在商务场合佩戴的首饰。女性最常用的配饰有皮包、胸针、项链、手镯等。职场女士佩戴的首饰以不超过3件为宜，如果可以成套地佩戴则效果更佳。

4. 同质同色

如果佩戴者需要同时佩戴2件或2件以上配饰，尤其是珠宝首饰时，应尽量使其色彩一致、质地相同、风格统一，至少其主色调应保持一致，总体上要协调统一，切忌出现色彩斑斓、五花八门的现象。

5. 扬长避短

佩戴者在佩戴配饰时要考虑自己的脸型、身材、肤色、服装款式等因素，要扬长避短。如体型较胖、脖子较短的人应佩戴长而细的项链，而身材苗条、脖子细长的人则最好佩戴粗一些的项链。

6. 佩戴得法

佩戴者在佩戴配饰时要了解并尊重一些地方的风俗习惯。如女士佩戴项链一般只戴一条，而耳环则讲究成对佩戴，且不宜在一只耳朵上戴多只耳环。在国外，男性也有戴耳环的习惯，其做法是在左耳上戴一只，右耳不戴。在职业场合，佩戴者不能佩戴发光、发声、造型夸张、质地低劣的耳环。在工作场所，女士应尽量佩戴耳钉。手镯只有女士才会佩戴，而手链则男女均可佩戴，但仅限佩戴一只且佩戴在左手腕上。男士的胸针通常别在西装左侧的领上或胸前。女士胸针的佩戴则有较大的随意性，可以偏于左侧，也可以偏于右侧；可以别在西装式衣领上，也可以别在胸前的口袋处。

二、男士的配饰

1. 领带

领带是西装的灵魂。凡是在正式场合，男士穿着西装都必须佩戴领带。领带的颜色和图纹要根据西装的颜色来搭配，以达到和谐统一。领带的长度和宽度要适中：领带的长度一般为130～150厘米，系好领带后以其大箭头正好垂到皮带扣中间处为标准；领带的宽度应与西装翻领的最宽处相匹配。此外，领带结要饱满，与衬衫的领口要吻合、紧凑。

2. 领带夹

领带夹一般是用来固定领带的，或用来夹上衣领子。男士在系西装纽扣时，领带夹应夹在衬衫第二粒纽扣和第三粒纽扣之间；西装敞开时，领带夹应夹在衬衫第四粒纽扣和第五粒纽扣之间。扣上西装外套时，以从外面看不到领带夹或领带夹稍许外露为宜。

3. 袖扣

男士袖扣的造型各异，有方形、圆形、菱形、花瓣形等传统造型。有些服装品牌还会不定期地推出与其服饰相匹配的袖扣和特别版的袖扣，既具有观赏性又具有收藏价值。如果男士具有一定的身份和地位，佩戴一枚合适的袖扣则会锦上添花。

袖扣的搭配是有讲究的，一般要挑选与皮带扣或是与领带夹同色的袖扣；讲究一些的男士则会购买著名品牌的皮带扣、领带夹、袖扣的套装商品。袖扣的颜色搭配的一般规律是：透明的冰晶玻璃袖扣常搭配白色的衬衫，会给人留下一种简洁、干练的感觉；金色袖扣搭配亮色的衬衫，会给人一种华丽、时髦的感觉；银色袖扣常搭配黑色、白色、灰色的衬衫，会给人一种沉稳、高贵的感觉。

4. 手帕

男士手帕又叫西装口袋巾，就是在西装左上胸的口袋里插放的做装饰用的手帕。此类手帕一般不宜用来擦手或抹嘴。在选择手帕时，男士需要综合考虑它的材质、颜色、图案等因素，同时还要注意与领带、西装的搭配问题。白色的亚麻手帕是最基础的一款手帕，比较适合男士在正式场合搭配礼服和白衬衫。西装手帕不要同领带的颜色和材质完全一致，可以同领带中的某一个颜色相呼应，或者使用互补色形成反差。男士在将手帕放进西装的上衣口袋时，不要刻意显得很对称或很规整，自然一些最好，露出上衣口袋的部分一定不要太多。

5. 腰带

腰带具有装饰和美化的作用，是男士矫正体型、协调上下身比例的重要物件。男士用来搭配西装的正式的皮带的宽度一般为2.5～3.5厘米，颜色以深色（如咖啡色或黑色）为主，并且要和皮鞋的颜色一致。正式的皮带的扣环应尽量简约、小巧而且有光泽，在皮带的带子部分男士可以选择一些低调的变化，如小小的压纹或雕花。在正式场合，男士系好后的皮带尾端应介于第一个和第二个裤袢之间。

6. 手表

在正规的社交场合，手表往往被视同为首饰。在职业场合，男士所佩戴的手表往往是其地位、身份和时尚的象征，通常意味着其时间观念强、作风严谨。

7. 公文包

男士的西装上衣和裤子的口袋里不适宜放东西，因此在商务活动中，男士应随身携带一只公文包。公文包最好是皮质的，还要与皮鞋和皮带的颜色保持一致，尤以黑色为最佳。男士不要使用发光、发亮或布满图案及广告的公文包。此外，男士的公文包一般应拎在手里，也可以握在手里或夹在腋下，但不要选择肩挎或斜挎的公文包。

三、女士的配饰

1. 胸针

女士的胸针常用于宴会、典礼等正式场合。在选择胸针时，女士要重视胸针的式样与其服装颜色的搭配。如果女士穿着颜色鲜艳的服装时，宜选择色彩朴实的胸针；如果女士穿着纯色的服装时，宜选择色彩鲜艳的胸针。女士穿着西装时，胸针应佩戴于左侧上衣的衣领上，也常佩戴于羊毛衫、衬衫或裙装上。此外，胸针应佩戴在与第一粒纽扣和第二粒纽扣平行位置上，且一般佩戴在左侧。如果女士的发型向左侧，那么胸针也可以佩戴在右侧。

2. 项链

女士项链的品种繁多，是首饰中的主要品种，大致分为金属项链和珠宝项链两大类。在佩戴项链时，女士应注意项链要与自己的年龄、身材、服装的颜色、肤色、脖子的长度等相协调。其中，项链的颜色应与服装的颜色、肤色有较大的对比度。如果女士的服装轻柔飘逸，那么项链应玲珑精致；如果服装的面料厚实，那么项链要粗大些。如果服装的颜色单一或素雅，那么女士可以选择颜色鲜艳、醒目的项链；如果服装的颜色艳丽，那么女士可以选择色泽古朴、典雅的项链。

3. 戒指

职场女士在商务场合佩戴戒指时不宜超过一个，一般大多为表示订婚或已婚的戒指。按照我国的习惯，婚戒往往戴在左手的无名指上。在工作场合，女士不适宜佩戴镶嵌有大颗宝石的戒指，因为镶嵌的宝石容易勾拉物品，会妨碍工作。同时，女士佩戴太具关注度的戒指容易引起周围人的关注，会影响整体的工作氛围。

4. 耳环

一般来说，女士佩戴耳环讲究对称性，即每只耳朵上佩戴一只耳环，不宜在一只耳朵上佩戴多只耳环。女士佩戴耳环应考虑自己的脸型，脸型和耳环的形状要成反比：圆形脸的女士适合佩戴链式耳环；方形脸的女士适合佩戴小耳环；长形脸的女士适合佩戴宽大的耳环；瘦小脸型的女士则适合佩戴大而圆的耳环或珠式耳环。耳环的颜色与肤色也要形成对比关系：肤色深的女士适合佩戴浅色耳环；肤色浅的女士适合佩戴深色耳环；皮肤白的女士适合佩戴颜色鲜艳的耳环；皮肤黑的女士适合佩戴淡雅、柔和的白色、蓝色、浅粉色的耳环。

5. 手镯和手链

一般情况下，女士通常在左手手腕上佩戴一只手镯或手链，而女士的双手同时佩戴手链和手镯是不合适的，手表与手链、手镯也不适合佩戴在同一只手上。从事现代服务业的人员，尤其是在窗口行业（如餐饮业、售票处等工作场合）工作的女士是不适宜佩戴手镯或手链的。

6. 围巾类饰物

围巾类饰物包括丝巾、秋冬围巾与披肩等。女士在选择围巾时不仅要适合自己的肤色，而且还要与服装进行整合，最好围巾或服装中有一种颜色与对方相同或相近，这样显得更加协调。例如，女士穿着暗色的服装时宜选用颜色鲜艳的围巾；女士穿着颜色鲜艳的服装时则围巾的颜色应素雅些，否则会让人感觉有些杂乱。

7. 手提包

现在，女士手提包的款式多种多样。在商务场合，女士应选择线条简明的长形或方形手提包，大小以可以放入一本书为宜。在正式场合，女士使用的手提包应当采用品质较高的皮质，如小牛皮、小羊皮等，但鳄鱼皮、鸵鸟皮等不太适宜商务场合。女士手提包的颜色可以随着季节及服装的变化而变化，在商务场合女士手提包的颜色多以黑色、白色、棕色等色调为主，并可以与身上服装的颜色相呼应。

技能训练

1. 教师请学生提前准备好自己现有的配饰，以小组为单位，在组内分析各自的配饰比较适合搭配的服装与佩戴的场合。每组选出一位同学展示本组服饰与配饰的最佳搭配，各组相互评比，最后全班评选出搭配最佳的一组。

2. 学生以小组为单位，每组分别按照工作场合、社交场合和休闲场合设计着装和配饰，并分组进行展示，最后全班评选出设计最佳的一组。

3. 学生以小组为单位，根据组内每位同学的体型、脸型等情况，为其设计最为合适的服装款式和配饰搭配方案。

4. 教师检查男学生对男士系领带的掌握情况，要求其至少熟练地掌握3种领带的系法。

5. 教师请女学生上网查找关于围巾和丝巾的系法，要求其至少熟练地掌握2种冬季围巾的系法和3种丝巾的系法，以及相应的搭配方法。

知识拓展

一、男士领带的九种系法

1. 平结

平结又称四手结，是最为简单、便捷的领带系法，几乎适合于各种材质的领带，比较适合宽度窄的领带和窄领衬衫。这种领带系法的关键在于下方所形成的凹洞要让领带的两边均匀且对称，其系法步骤如图3-6所示。

图3-6 平结的系法步骤

2. 温莎结

温莎结是因温莎公爵而得名的领带结，是最正统的领带系法。根据这种系法打出的领带结呈正三角形，形状对称且尺寸较大，适合搭配宽领型的衬衫，用于出席正式场合。温莎结应多往横向发展，这样显得好看、饱满。但是，这种系法不适合质地过厚的领带，领结也不能打得过大，其系法步骤如图3-7所示。

图3-7 温莎结的系法步骤

3. 半温莎结

半温莎结是温莎结的改良版，系法比温莎结更为便捷，适合较细的领带，搭配小尖领与标准领型的衬衫，但同样不适合质地较厚的领带，其系法步骤如图3-8所示。

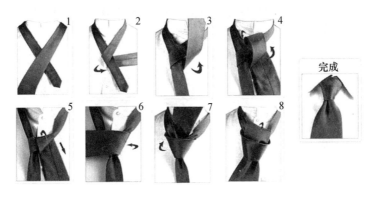

图3-8 半温莎结的系法步骤

4. 交叉结

单色素雅的丝质领带或一般较薄的领带适合选用交叉结。喜欢展现流行感的男士可以使用交叉结。交叉结的特点是系出的领带结有一道分割线，其系法步骤如图3-9所示。

图3-9 交叉结的系法步骤

5. 双环结

一般来说，质地细致的领带比较适合使用双环结，这种系法比较有时尚感，适合年轻的上班族。双环结的特点就是领带要系两圈然后打上结，在完成领带结的时候领带结的第一圈面料稍露出于第二圈之外，不要完全覆盖，其系法步骤如图3-10所示。

图3-10 双环结的系法步骤

6. 双交叉结

由于进行了两次交叉与环绕，因此双交叉结系出来显得十分紧致厚实，最好搭配质地厚实的正式衬衫。双交叉结很容易让人产生一种高雅且隆重的感觉，所以适合男士在正式场合选用。双交叉结多运用在素色的丝质领带上，比较适合搭配大翻领的衬衫，其系法步骤如图3-11所示。

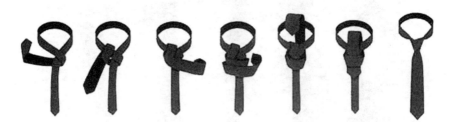

图3-11 双交叉结的系法步骤

7. 亚伯特王子结

男士系亚伯特王子结最好选用质地柔软的细款领带，搭配扣领或尖领系列的衬衫。其系法的关键在于要在领带的宽边先预留出较长的空间。由于要绕3圈，因此切勿选择质地较厚的领带，其系法步骤如图3-12所示。

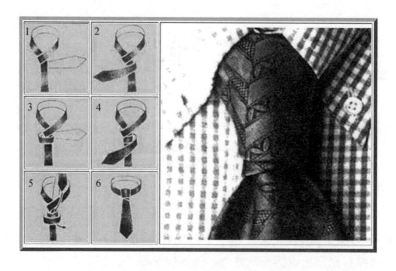

图3-12 亚伯特王子结的系法步骤

8. 浪漫结

浪漫结比较适合搭配尖领衬衫和休闲西装。这种系法的关键在于将领结下方的宽边压出皱摺，将窄边左右移动使其小部分出现于领带宽边旁，其系法步骤如图3-13所示。

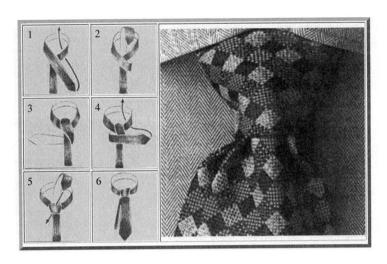

图3-13 浪漫结的系法步骤

9.简式结（马车夫结）

简式结（马车夫结）适用于质料较厚的领带，最适合打在标准式及扣式领口的衬衫上。这种系法的关键在于将领带的宽边以180°由上往下翻转，并将折叠处隐藏于后方，其系法步骤如图3-14所示。

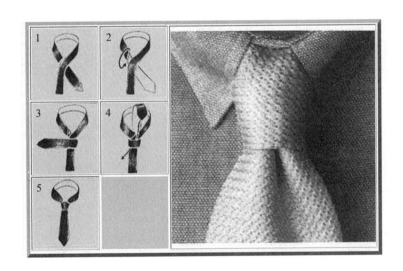

图3-14 马车夫结的系法步骤

二、男士手帕的四种叠法

男士手帕的四种叠法有二角折、三角折、长方折和自然折。

1. 二角折

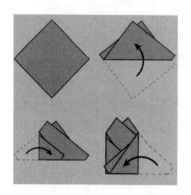

2. 三角折

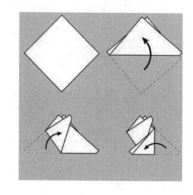

3. 长方折

4. 自然折

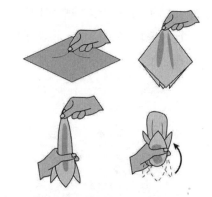

礼仪篇

项目四 校园礼仪

学习目标

1. 了解学生在校园应遵守的各种礼仪常识，在校期间养成良好的礼仪习惯。
2. 规范学生在校园内各个公共场所的言行举止，培养学生遵守规范的意识。
3. 学会与老师、同学和平相处，树立自尊和尊重他人的良好观念。

任务1 课堂礼仪

不合时宜的课堂表现

一天下午，第一节课上课的铃声刚刚响过，一名男生气喘吁吁地推门跑进教室，他径直走向座位，然后"哐当"一声坐了下来。此时，老师和同学们的目光都聚焦到了他的身上。

随着老师讲课内容的深入，有的同学在聚精会神地听老师讲课，有的同学在一丝不苟地记着笔记。这时，坐在教室最后一排的一名男生却显得很轻松，只见他用头枕在椅背上，脚都伸到了前排同学的座位下。一会儿，他伸了伸懒腰；一会儿，他又打了个哈欠。忽然，这名男生精神一振，端正身子坐好，手伸向上衣的兜内掏出手机，接着马上低头开始接电话……原来是有"热线"打进来了！

除了上述案例中描述的现象以外，教师请学生列举一下自己还见过哪些不合时宜的课堂表现。

一、学生的课堂礼仪

遵守课堂纪律是学生最基本的礼貌。上课铃声一响，学生就应端坐在教室里，等候教师来上课。当教师宣布上课时，全体学生应迅速起立，向教师问好，待教师答礼后方可坐下。学生应当准时到校上课，若因特殊情况迟到时，应向老师致歉并在得到老师的允许后方可进入教室。

在课堂上，学生要集中注意力，认真听讲，并独立思考、做好笔记。当教师提问时，学生应该先举手，待教师点到名字时才可站起来回答。在发言时，学生的身体要立正，声音要响亮，态度要大方，并且应使用普通话来回答问题。当教师布置课堂任务时，学生应认真思考、积极配合，尽快按照教师的要求完成任务。当教师布置作业时，学生应做好记录，如有疑问要及时地向教师进行提问。

下课铃响时，若教师还未宣布下课，此时学生仍应当安心听讲，不要忙着收拾书本或发出不应有的声音（如把桌椅弄得乒乓作响）。下课时，全体学生仍需起立，与教师互道"再见"，待教师离开教室后学生方可离开。

二、教师的课堂礼仪

作为课堂教学的组织者和具体实施者，教师也应遵守课堂礼仪。在高度信息化和价值多元化的现代社会，教师需要进一步调整心态，始终坚持以学生为本，严于律己、宽以待人、以身作则。

第一，教师的仪态应该优雅得体。若无特殊情况，教师在上课时应尽量保持站立姿势。教师站着讲课，既是对学生的尊重，也有利于用身体语言来强化教学效果。在站着讲课时，教师应站稳站直，胸膛要自然挺起。需要在讲台上走动时，教师的步幅不宜过大过急。在讲课时，教师一般都需要配以适度的手势来强化教学效果，因此教师的手势要得体、自然、恰如其分，要随着相关内容进行变换。教师不能敲击讲台或做出其他不合时宜的动作，要避免不雅举止。当教师向学生提问时，要用礼貌用语和表示尊敬的手势，不要用食指指向学生。

第二，教师的仪表应该端庄大方。在上课时，教师的穿着要大方得体、干净整洁，如无特殊需要，最好不要穿着运动装和休闲装。女教师可以化淡妆，男教师不要留长发和胡须，以示对学生的尊重。在讲课时，教师要面带微笑，并且目光要柔和、亲切、有神，给学生以平和、易接近的感觉。

第三，教师的语言应该准确规范。教师应用普通话进行教学，在讲授课程时要严格遵守学科的教学要求，表达要准确，不可庸俗化。教师的音量要适当，声音不宜过大，否则会让学生有声嘶力竭之感；声音也不宜太低，否则会影响教学效果。教师的语言要精练，讲课要抓住教学重点和教学难点，不说废话和多余的话，以便提高课堂效率。教师在向学生提问时，要认真、耐心地倾听学生的发言，中途不要打断学生。教师在批评犯错误的学生时，语气、语调要尽量友好、冷静、诚恳，对学生不使用蔑视、讥笑、讨厌、憎恶的语气，更不能对学生粗暴地大喊大叫。

技能训练

1. 结合下面的材料，教师请学生分组讨论：（1）你能容忍以下这些行为吗？为什么？（2）我们应该如何避免或制止这些行为的出现？

自习课上的几组镜头

［镜头一］ 一天，一名漂亮的女生穿着吊带背心、时尚的欧款凉皮拖走进自习室，凉皮拖发出了清脆的"嗒嗒"声，吸引了不少同学的注意。当她走到教室一角的同时，"爱情话剧"也开始上演了。这名女生坐在一名男生的腿上，一边磕着瓜子，一边亲昵地说着属于他们的悄悄话。周围的同学只能无奈地陆续离开这个特殊的角落。

［镜头二］ 在自习室里，一名女生正在聚精会神地做着高数作业，只见她笔尖疾驰，正在桌面上进行着快速的演算。难道她连一张演算纸都没有吗？

［镜头三］ 晚自习就要结束了，忽然一阵香气扑鼻而来，原来是一名打扮时髦的女生从化妆包中取出了自己的化妆盒，美美地化起妆来。此时，周围的几名男生捏着鼻子，无奈地摇了摇头。

2. 教师请学生围绕以下问题开展讨论：（1）你能接受在上课时将手机放入课桌里的要求吗？（2）学生应该如何解决好玩手机与认真上课之间的矛盾。

学生分组进行讨论，然后在全班分享讨论结果。

3. 学生在班级内开展以下调查：教师的哪些行为是你不能容忍的？教师请每位学生按照自己不能容忍的程度的大小列举3项（列举的行为最好是具体的，既可以是很小的一个举动，也可以是一个行为习惯等）。教师对调查结果进行汇总和分析，并在班级内公布相关结果，看看这些行为是否合乎礼仪。

知识拓展

知识拓展1　教师节的由来

尊师重教是我国的传统，早在公元前11世纪的西周时期，姜太公就提出"弟子事师，敬同于父"。

1985年，第六届全国人民代表大会常务委员会第九次会议通过了国务院关于建立教师节的议案，会议决定将每年的9月10日定为教师节。1985年9月10日是我国的第一个教师节。世界各国、各地区的教师节的日期不同：1994年，联合国教科文组织确定每年的10月5日为国际教师节。葡萄牙是世界上最早确定教师节的国家（始于1890年），每年的5月18日是葡萄牙的教师节。韩国的教师节是每年的5月15日，从2006年开始，韩国的老师们在教师节可以放假一天。印度的教师节是每年的9月5日，源自印度前总统萨瓦帕利·拉达克里希南的生日。在印度，教师受到社会的广泛尊重并享有崇高的荣誉。泰国将每年的1月16日定为教师节。这天，泰国全国的学校放假，并举行隆重的庆祝仪式。德国将每年的6月12日定为教师节，这一天全国各地均开展尊师敬师活动。俄罗斯的教师节是每年的10月5日，按照传统，这一天许多中小学、职业院校及高等院校的学生们将以各种形式为教师们祝贺节日，如赠送鲜花、组织晚会、表演戏剧等。在美国，教师节被定在每年5月第一个整周（5月第一个有完整7天的一周），被称为"谢师周"。

知识拓展2　××××职业技术学院关于进一步规范课堂教学行为的通知

各部门、各学院：

为了加强课堂教学管理，保证课堂教学有序高效运行，不断提高课堂教学质量，经学校研究决定，现就课堂教学过程中教师和学生的教与学行为等有关事项进一步提出明确要求。

一、课堂教学过程中对任课教师的要求

1. 教师是课堂教学的组织者和具体实施者，应对课堂教学的全过程负责。

2. 教师应严格遵守学校的教学规章制度，须提前5分钟到教室做好上课的准备工作，不得迟到、拖堂或提前下课。

3. 教师应着装得体，不得穿拖鞋、背心等不庄重的服饰进入课堂。

4. 课堂上教师应关闭手机等移动通信工具，鼓励教师带头将手机放入手机袋中，教学有特殊需要的除外。

5. 教师上课应富有激情，如无身体不适或课程特殊要求，应站立授课。

6. 教师须用标准化语言授课。课堂教学须目标明确、方法得当，杜绝出现教学资料不齐备上课的现象。

7. 教师应采用灵活、高效的方式严格考勤，有效管理课堂，认真填写《教室日志》，对违反课堂纪律的学生给予批评教育。

8. 教师应主动关心学生的身心健康，做学生的良师益友。如遇突发事件，教师应及时妥善处理。

二、课堂教学过程中对学生的要求

1. 学生应认真做好上课的准备工作，携带与课堂教学相关的书籍、资料、笔记本及必备的学习用具。

2. 学生应衣着整洁，不得穿拖鞋、背心等不庄重的服饰进入课堂。

3. 学生须提前5分钟进入教室，不得迟到、早退、旷课。学生干部要认真做好考勤工作，如实填写《教室日志》，并按照要求将课堂违纪情况上报辅导员。

4. 课堂上，学生应关闭手机等移动通信工具，鼓励学生按照教师的要求将手机放入手机袋中。

5. 学生要遵守课堂纪律，服从教师的管理，认真听课，不得随意交头接耳，不得随意出入教室。

6. 课堂上，学生应保持饱满的精神状态，积极参与课堂讨论，认真完成学习任务。

7. 禁止学生将各类食品带入课堂。学生应保持教室整洁，不得随地吐痰，不得乱扔杂物。

8. 学生应爱护公共财物，不得在门窗、桌椅、墙壁上涂写和随意张贴，未经允许不得私自使用计算机、投影仪、实验实训仪器等各类教学设备。

优良的教风和学风是学校教育教学质量的保证。希望你们高度重视学校各类课程的课堂教学，充分发挥教师的主导作用，突出学生的主体地位。希望广大师生严格遵守课堂教学规范和课堂教学纪律，努力营造良好的课堂教学氛围，为全面提高教育教学质量做出更大的贡献。

××××职业技术学院
××××年××月××日

任务2　校内公共场所礼仪

睡前的"卧谈会"

晚上，学生宿舍熄灯后，从一扇开着的窗户里传出了嘻嘻哈哈的笑声。

"老三，今天开班会时班主任怎么对你那么凶，你不就是做早操时迟到了吗，她至于发那么大的脾气吗，我看她是不是和老公吵架了……"

"算了算了，别提这倒霉的事儿，明天上午没有课，老大，你起得早，帮我在图书馆占个座。"

"老三，你什么时候那么爱看书了，上次老大帮你占好了座位，结果一个上午你也没有出现，老大挨了多少白眼。老大，别理他，你说今天那场球输得多窝囊，都怪杨子没有守好门，下次咱们换了他……"

这样的睡前"卧谈会"比较普遍地存在于现在的大学生宿舍中。

教师请学生思考并讨论以下问题：

（1）你觉得这种做法是否妥当？

（2）如果你觉得这种做法不妥当，那么从校内公共场所礼仪的要求来看，有哪些值得我们注意的地方？

 知识平台

校园是公共场所,是社会的一个小缩影。如果每位学生都学会了遵守校内公共场所礼仪,那么他们在进入社会后也一定会自觉地遵守各种公共场所的礼仪。

校内公共场所是学生们生活和学习的地方,每位学生都有责任维护它的秩序。为此,每位学生应遵守以下礼仪规范:

一、集会的礼仪

在学校里,集会是经常举行的活动。一般来说,集会大都在操场或礼堂举行,由于参加者人数众多,又是在正规场合,因此学生要格外注意集会中的礼仪。

在举行升旗仪式时,学生集合列队要做到快、静、齐,并提前进入升旗场地,在指定位置站好,静候仪式开始。参加仪式的每位学生都要衣着整洁,系好衣扣和裤扣,如果学校有要求时,每位学生都应按照要求统一穿着校服。当升国旗、奏国歌时,所有的学生都要立正、脱帽,面向国旗行注目礼,直至升旗完毕。在仪式进行过程中,所有的学生应静心倾听发言人的讲话,讲话结束后要鼓掌。升国旗是一项庄重、严肃的活动,因此学生一定要保持安静,不能随意交谈、走动,更不能嬉戏打闹、东张西望。

参加开学典礼或毕业典礼等大型集会时,学生要准时参加,要有集体观念,听从辅导员老师等组织者的指挥,服从安排;进场要有秩序,进入会场后应保持安静,按照指定位置就座;参会期间,手机应该保持关闭或静音状态。如无特殊情况,会议中途不可以随意走动或离开。会议结束后,全体学生也应安静有序地离场,不要拥挤,更不应大声喧哗或嬉戏。

二、食堂的礼仪

在食堂用餐时,学生要排队、要相互礼让,不乱拥挤;不要变相插队,不争抢座位;要爱惜粮食,不乱倒剩菜剩饭。在与食堂工作人员沟通时,要根据对方的年龄等实际情况正确地称呼对方,如"叔叔""阿姨",并且多用礼貌用语"请""谢谢"等。在就餐过程中,不要大声喧哗或嬉戏打闹,同伴之间谈话应尽量放低声音。用餐完毕,学生要把餐具送至指定位置。另外,也不要把食物带至教室食用。

三、宿舍的礼仪

宿舍是学生进行集体生活的地方,只有彼此相互理解、相互帮助才能和睦相处。在宿舍里,每个人都应该考虑他人的作息时间,不要在他人休息的时候开灯或者发出大的声音;要注意保持宿舍的整洁和卫生,大家轮流值日;要相互关心但不要干预别人的私事,不可以乱翻乱看别人的日记,不可以打探别人的隐私;不要随意带外人进入宿舍,如果有朋友来访,需要提前和其他的同学商量一下,得到其他同学的允

许后才可以让朋友进来；宿舍内既严禁出现抽烟、酿酒和赌博等不良行为，也严禁使用违章电器，要注意消防安全。

四、与老师相处的礼仪

在校园内与老师相遇时，学生应主动向老师行礼问好。行礼时，学生对老师要有正确、礼貌的称呼，不能直呼老师的姓名。到老师的办公室时，学生应先敲门，得到老师的允许后方可进入。在老师工作、生活的场所，学生不能随便翻动老师的物品。遇到老师进出房门时，学生应主动开门侧立，让老师先行。此外，学生对老师的相貌和衣着不应指指点点、评头论足，要尊重老师的习惯和人格。

五、与同学相处的礼仪

注意同学之间相处的礼仪是获得良好同学关系的基本要求。同学之间可以彼此直呼其名，但不能用"喂""哎"等不礼貌用语称呼对方，也不能给同学起带有侮辱性的绰号。在希望获得其他同学的帮助时，必须使用"请""谢谢""麻烦你"等礼貌用语。在向同学借用学习用品或生活用品时，应先征得对方的同意后再拿取，且用后要及时地归还并向对方致谢。

同学之间说话的态度要诚恳、谦虚，语调要平和，不可装腔作势；在交谈中，语言要文明，要注意场合和分寸。听同学说话时态度要认真，不要轻易打断别人的讲话，要插话或提问时应选择适当的时机。若同学说的话欠妥或说错时，应在不伤害同学自尊心的情况下恳切、委婉地指出。要尊重同学的人格，对于同学遭遇的不幸、困难、失败，或者一些生理缺陷等，不应嘲笑、歧视，更不能辱骂同学。同学之间开玩笑时，应特别注意不要触及同学的忌讳。男女同学在交往过程中应言语得当、举止有度。

技能训练

1. 学生在班级内开展以下调查：同学的哪些行为是你不能容忍的？教师请每位学生按照自己不能容忍的程度大小列举3项（列举的行为最好是具体的，既可以是很小的一个举动，也可以是一个行为习惯等）。教师对调查结果进行汇总和分析，并在班级内公布相关结果，鼓励学生对存在的问题进行改进。

2. 教师一边播放一段音乐，一边采用"击鼓传花"的形式在学生中传递一个毛绒玩具，音乐停止后毛绒玩具落在谁的手里，谁就上来讲述一个关于校园礼仪的故事，如自习教室礼仪、图书馆礼仪、实训室礼仪等。最后进行评比，看哪位同学讲得最好。

3. 教师请学生思考以下问题，并分小组进行讨论：我是一个受大家欢迎的人吗？为什么？在平时与同学的交往过程中，我注意过礼仪的问题吗？针对同学们提出的问题，以后我应该如何做？

4. 在校园里，随地吐痰、乱丢垃圾的行为时常会发生，对此你有什么看法？从我做起，从现在做起，不随地吐痰、乱丢垃圾，大家能做到吗？围绕此话题，教师请学生策划一个活动，并分小组写出策划书，然后在班级内进行评比，最后评选出一份最佳策划书，根据这份策划书实施活动。

知识拓展

洗手间礼仪

洗手间是每个人都要使用的公共场所之一，是否了解和讲究洗手间礼仪，可以从一个侧面反映出一个人的文明素质。

一、洗手间的标志

国际上最通用的洗手间标志是"WC"。另外，洗手间常用的标志还有Toilet（盥洗室）、Lavatory（厕所）、Washroom（洗手间）、Rest Room（休息室）、Bathroom（浴室）和Comfort Station（休息室）。男洗手间的标志有Men's Room、Gentlemen、Gent's、Men等。女洗手间的标志有Ladies's Room、Women、Powder Room（化妆室）等。

除了文字以外，洗手间还有图画标志。通常，男洗手间和女洗手间以男士和女士的头像分别作为标志。此外，男洗手间的标志还有帽子、烟斗、长裤、领带等；女洗手间的标志还有裙子、皮包、丝巾、高跟鞋等。若以颜色来区别的话，蓝色的为男士洗手间，红色的为女士洗手间。

二、洗手间排队

不论是男士还是女士，如果在洗手间均被占用的情况下，后来者必须排队使用，而排队的方法应该是在洗手间最靠外处排成一排，一旦其中有某一间空出来时，排在第一位的人拥有优先使用权。

三、洗手间的使用

洗手间最忌讳肮脏，所以，每个人在使用洗手间时都应自觉地保持清洁卫生，若自己在使用时不小心弄脏了应尽可能地加以清洁。

用过的纸应扔进纸篓中，不要在洗手间内乱扔东西，更不要将其扔入马桶中，以免造成马桶堵塞。在使用卫生间时，蹲在马桶上或大量浪费卫生纸以致后来者无纸可用等都是相当不妥的行为。另外，在洗手间里的时间不应太长，也不应在洗手间里信笔涂鸦。

在火车、飞机和轮船上，洗手间是男女共用的。使用前，应先看清门上的标志显示的是有人还是没人，不要贸然进去。出入洗手间时不要用力过猛，将门拉得大开或

职业形象塑造

者撞得直响。若在无人排队的情况下,出来后不必把洗手间的门关好,可以留下一条缝隙,让后来者不需猜疑就可以知道其中是否有人。

使用洗手间后,一定要及时冲洗,并关好水龙头;要注意保持洗脸池的清洁,不留脏水和污物;不要随手拿走洗手间里备用的卫生纸或乱拉、乱用卫生纸。走出洗手间之前,应把衣饰整理好,不要一边系着裤扣或者整理着衣服一边往外走,这样显得很不雅观。

四、洗手间的停用

有时候,清洁工人会对卫生间进行清洁而暂停别人使用卫生间。如果遇到卫生间暂停使用的情况,不可坚持使用以免影响清洁工人的正常工作,但可以向其询问最近的洗手间在何处。

项目五　求职礼仪

---| 学习目标 |---

1. 了解求职前应做好的各项准备工作，学会分析自身与求职岗位的匹配度。
2. 了解面试过程中的应对方法和礼仪要求。
3. 掌握实习过程中的礼仪要求。

任务1　面试礼仪

 热身活动

一张信笺纸[①]

小王是上海某高校的一位应届毕业生，他应聘了一家外资企业，一路过关斩将，顺利地进入最后一道程序。这时候，轮到公司的人力资源总监进行面试了。小王踌躇满志、充满自信，准备好好地发挥一下自己的口才。然而，还没等小王好好地施展自己的才华，情况就急转直下。原来，面试一开始，人力资源总监就一眼瞥见小王手里的一张信笺纸，上面印着"××有限公司"的字样。人力资源总监当即发问："你用的是谁的信笺纸？""是我的，我在那里找过工作……"小王的话刚说到一半就觉得不对劲，但改口已经来不及了。结果自然可想而知。

教师请学生思考并讨论：以上案例给了我们什么样的启示？

知识平台

对于每个学生来说，求职都是一种严峻的考验，也是每个学生步入社会的必经环节。在如今人才竞争日益激烈的环境下，学生掌握一些面试的方法和技巧，注意求职过程中的礼仪要求显得至关重要。

[①] 杨友苏，石达平. 品礼：中外礼仪故事选评[M]. 上海：学林出版社，2008：174. 有改动。

一、面试前的准备

1. 心理准备

每位求职者在求职前都要认真地了解自己，给自己一个准确的定位。正确地评价自己是每位求职者在面试前需要认真思考的问题。例如，求职者可以坐下来，拿出一张纸，写出自己的5个优点、5个缺点以及自己现在所具有的5项技能或特长。在此基础上，求职者制订出自己未来的职业发展计划。

在面试前，求职者对用人单位及相关的职位有所了解也是非常重要的。求职者可以通过各种渠道（比如网络、人际关系等）尽可能多地了解用人单位的基本概况，尤其是拟应聘的职位对求职者的职责、能力的要求等，认真地思考自己的优势与职位要求的匹配度，努力寻找自己现有的能力或潜力与职位所要求能力的契合点。只有这样，求职者才能做到知己知彼，也才能带着足够的自信心和勇气去迎接挑战。

2. 资料准备

（1）求职简历。

第一，求职简历要具有针对性。求职者要想求职成功，首先要拥有一份格式简明且内容丰富的求职简历。在求职简历中，求职者要有一个比较明确的求职目标，最好能具体到某个职位。一份好的求职简历需要求职者针对拟应聘的职位，突出职位需求与自身能力的匹配度与契合点。简单地说，求职者拟应聘的职位需要其具备什么样的素质和能力，求职者就要在求职简历中体现出这方面的素质和能力。另外，求职简历最好用表格的样式来呈现，内容包括求职者的基本信息、相关的学习经历或工作经历、学习成绩、具备的能力等。恰如其分地展现求职者自己是求职简历的第一要务。

第二，求职简历应该简洁明了、主次分明。求职简历的内容不宜过多，以不超过两页纸为佳。求职者的基本信息（如姓名、身高、出生年月、联系方式等）要放在一起。此外，求职者展现学习成绩、体现工作经历、证明工作能力等的信息需要具体呈现，要针对拟应聘职位的需求有选择性地进行介绍。若求职者还有其他特别的优势和专长，一定也要重点进行呈现。

第三，求职简历的内容应该真实可靠、详略得当。求职简历的内容真实是对求职者人品的基本要求。一旦用人单位发现求职者弄虚作假，就一定不会录用求职者，甚至有可能会被用人单位记入行业的黑名单，从而影响求职者未来的职业生涯。因此，对于可能会遭受到用人单位质疑的内容，求职者在撰写求职简历时一定要谨慎。除了内容应该真实以外，求职简历中也不宜出现一些空话、套话，求职者应该把这些话转化成具体的内容并有条理地放在求职简历中。

第四，求职简历应该正确无误、美观规范。求职简历上不应出现低级错误，如错别字、多字漏字等，包括标点符号在内的所有内容求职者都应仔细斟酌并认真检查。此外，求职简历的设计要美观，排版要规范。求职简历上的细节常常是用人单位在招聘时最关注的，也是其用来筛选人才的一个重要指标。

第五，求职简历上最好附上照片。求职简历上的照片要正规，以证件照为佳，求职者也可以化淡妆后拍照。求职简历附上照片，表达了求职者对这份工作诚恳、认真、积极的态度，这样可以给用人单位留下比较好的第一印象。

（2）求职信。

一般来说，求职信应包括求职者的基本信息、求职目标和求职理由等内容。其中，求职理由是求职信的核心内容。求职信的内容要简洁明了，最好控制在一页纸之内。要想写出一封好的求职信，求职者应精心策划、不落俗套、立意新颖，以独特的语言和多元化的思考方式，以期能给用人单位留下深刻的印象。

求职信的格式与一般书信的格式基本一致，主要包括称呼、正文、结尾、署名和日期五个方面的内容。

① 称呼。

与一般的书信相比，求职信中的称呼要更加正式，如"尊敬的××董事长""尊敬的××经理""尊敬的××先生（女士）"等。称呼要在标题下方第一行顶格书写，并加上问候语"您好"等，以示尊敬和礼貌。

② 正文。

求职信的正文形式多种多样，但其内容都要求求职者说明求职信息的来源，拟应聘的职位，个人的基本情况、学习经历或工作经历等。求职信的核心是求职者要说明自己拟应聘某个职位的理由和自己能胜任这个职位的条件与能力。求职者在介绍个人特长时，一定要突出与拟应聘职位有关联的内容，但无须面面俱到。在求职信的正文中，求职者还要展现出对用人单位的具体认知，以期获得用人单位的好感。

③ 结尾。

在求职信的结尾，求职者一般会表示希望能够尽快得到用人单位的答复，并盼望能得到参加面试的机会。在结束语之后，求职者一般会写上表示敬意的话，如"敬礼""顺祝愉快安康""祝贵公司事业蒸蒸日上"等祝福的话语。需要注意的是，求职者一定要在求职信的结尾写明自己的通信地址、联系电话等重要信息，以方便用人单位与自己取得联系。

④ 署名。

如果求职者采用的是电子打印稿形式的求职信，那么在署名栏最好是求职者本人的亲笔签名，以示对用人单位的尊重。如果求职者能写一手漂亮的好字，那么一个手写的签名会为自己的求职信加分不少。

⑤ 日期。

在求职信中，日期一般要写在署名的下方，用阿拉伯数字把年、月、日全部都写上。

（3）其他的求职材料。

其他的求职材料大体分为三类：第一类是求职者说明自身情况的客观材料；第二类是求职者证明自身能力的材料；第三类是求职者说明自身见解的材料等。一般来说，求职者可能只有前两类材料，而第三类材料可能是求职者在应聘较高职位时需要提供的。对于应届大学毕业生来说，这些求职材料主要有毕业生就业推荐表、成绩单、学历和学位证书、各类获奖证书、各种资格证书（等级证书）、已发表的文章及取得的成果等。

其中，毕业生就业推荐表是反映毕业生综合情况并附有学校书面意见的推荐表，一般还会附上学校教务部门出具的成绩单。表中的综合评定及推荐意见具有较高的权威性和可靠性，所以，大多数用人单位把毕业生就业推荐表作为接收毕业生的主要依据。正式的毕业生就业推荐表只有一份，一般只有在签订正式的就业协议时毕业生才会将其原件提交给用人单位。

关于社会工作情况、生产实习情况和勤工助学经历等，求职者可以用表格统计、单位证明和相关图片等形式来呈现。求职者的科研成果、已发表的文章以及所获得的专利等能够展示自身专业能力的资料是求职者在求职时重要的证明材料，一般需要以复印件的形式提交给用人单位。

3. 形象准备

一个人对另一个人的印象在初次见面时的几分钟内就已经形成。在面试时，求职者的外在形象会影响面试官对求职者的第一印象。求职者要通过大方得体的外部修饰来展示出自己最精神、最职业、最令人赏心悦目的形象，同时也要用自己的诚意表示对用人单位及面试官的尊重和重视。

在面试时，求职者要根据拟应聘职位的要求选择与其相匹配的服装。另外，求职者不宜佩戴太多的饰物，这样比较容易分散面试官的注意力，同时也容易给对方留下不够成熟和稳重的印象。女性面试者在面试时最好化淡妆，如果妆容能够与用人单位的职业特征巧妙地结合起来，则更能体现出自己的机智与灵活。

4. 信息准备

信息准备主要是指就业信息的准备，既包括国家当前的就业政策、经济发展形势和趋势等宏观信息，也包括用人单位的基本情况、岗位需求和能力要求等中观信息，还包括用人单位周边的环境和情况、怎样可以到达等微观、具体的信息。求职者在进行信息准备时要一边收集一边进行整理，还需要进行认真的甄别和分析。求职者要不断地拓宽收集信息的渠道，除了网络、报纸等大众传媒以外，还要善于利用人才市场、各级就业主管部门及其组织的招聘会、亲朋好友及他们的社会关系等来获取更具体的就业信息。

二、面试中的应对

在面试过程中的每个环节，求职者都要好好表现，不可掉以轻心，更不能敷衍了事。俗话说："细节决定成败"，求职者在面试时不仅要好好地展现自己的才能，而且还要注意每个细节问题。

1. 要遵时守信

求职者最好提前10～20分钟到达面试地点，这样一方面可以先熟悉一下环境，另一方面也可以稍事休息，调整一下状态，平复一下心情。在面试时，求职者千万不能迟到，否则会给自己的面试成绩减分。如果求职者因特殊情况不能按时到场，最好先打电话告知用人单位的相关负责人，并诚恳地说明原因，不要让对方久等。面试开始前，求职者要先向面试官诚恳地致歉，并简明扼要地说明原因。

2. 要放松心情

如何克服紧张的情绪是求职者在面试时遇到的最大难题。求职者在平时就应该多说多练，在面试前求职者也可以尝试用深呼吸、自我安慰等方法来平复自己紧张的情绪。适当地放松心情有利于求职者更好地在面试官的面前展现自己的才能和自信。

3. 要以礼相待

求职者进入面试场所前应先轻轻地敲门，听到回复后再进入。进门后，求职者要轻轻地把门关好，尽量不要发出其他的声响。见到面试官后，求职者应面带微笑主动地向对方问好。在问候面试官时，求职者应正视对方，不要回避对方的视线，要展现出自己的大方与自信。

如果面试官允许求职者入座，求职者应表示谢意，然后坐在对方指定的位置上。入座时，求职者的动作要轻而缓，不可发出很大的声音。落座后，求职者应采用一种正确的坐姿。未经允许，求职者不可随便坐下，应采用正确的站姿来回答面试官的问题。

如果面试官需要求职者提供个人简历、各种证书等求职材料时，求职者应迅速地取出相关资料，不可反复翻找，这样会显得求职者没有准备或准备得不够充分。同时，求职者要用双手将这些资料递送给面试官，以示谦逊。

面试结束离开时，求职者应将椅子放还原位，并向面试官行礼以示谢意。若是面试官主动伸手，求职者应谦逊、热情地与其握手。若非面试官主动伸手，求职者切勿贸然伸手与对方握手。

需要注意的是，在面试时求职者随身携带的物品（如公文包等）最好不要放置于面试官的办公桌上，也不要挂在椅背上，求职者可以将它们放置于自己座椅右边的地面上或者自己座位旁边的空置椅子上。

4. 要应答流畅

一般来说，在面试之初求职者都需要进行一下自我介绍，此时求职者只需将重点内容概括说明即可。求职者应该提前认真地准备好自我介绍的相关内容，需要做到重点突出、简洁有力。集中注意力认真地听清楚面试官的问题和要求是求职者在面试时要特别注意的问题。只有这样，求职者才能在有限的时间内针对问题的核心和重点进行正确的回答。此外，在面试的过程中，求职者要具备一定的应变能力。如果遇到了一些自己不熟悉或根本不懂的问题，求职者要坦率承认，并要表现出积极学习的态度。在回答问题时，求职者的口齿要清楚、吐字要清晰、语速要适中，并且还要具有一定的条理性。总之，在面试的时候，求职者要充分地展现出自己对用人单位的尊重及冷静、诚恳与谦虚的品质。

三、面试后的整理

1. 整理心情

面试结束后，求职者需要对面试过程进行一些总结和反思，如自己还有哪些地方准备得不够充分，自己在面试过程中的表现是否有可以改进的地方等。如果求职者同时应聘了几家用人单位，则必须调整心情、总结经验、吸取教训，全身心地投入到其他用人单位的面试准备工作中。

2. 打电话或发送电子邮件表示感谢

面试后，求职者向面试官表示感谢是十分必要的，这不仅展现了求职者的修养，而且也会给面试官留下深刻的印象。求职者可以在面试结束后的一两天之内给面试官打个电话表示感谢。打电话时，求职者不要询问面试结果，且打电话的时间最好不要超过3分钟。

如果在平时求职者是通过电子邮件与用人单位进行联系的话，那么在面试结束后，求职者也可以发送一封感谢信表示谢意。感谢信的内容要简洁，最好具有一定的说服力和感染力。在感谢信的开头部分，求职者要提及自己的姓名及简要情况，然后提及面试时间，并向面试官表示感谢；中间部分要重申自己对用人单位、拟应聘职位的兴趣，对用人单位企业文化的认同和喜爱，面试的感受和收获等；结尾部分求职者可以再次表示自己是能够胜任用人单位的工作的。

3. 询问面试结果

一般来说，在面试结束后两周内或是在面试官承诺的通知时间内，如果求职者还没有收到用人单位的答复，那么就可以发送电子邮件或打电话询问面试结果。在打电话时，求职者不要选择用人单位休息或用餐的时间，在这些时间打电话是失礼的行为。求职者也尽量不要在周一的上午或是每天刚上班的时候打电话，这段时间对方可能会比较忙乱。求职者最好在周二至周五的上午10：00左右打电话进行询问。

无论面试的结果是成功还是失败，求职者都应该保持一种平和的心态，诚恳地向用人单位表示谢意，感谢用人单位为自己提供了一个面试和锻炼的机会。如果面试成功了,求职者还可以在电话中表露一下自己激动的心情,同时可以多问一些具体的问题,以便提前做好上岗的准备。

技能训练

1. 自我认识训练:教师请每位学生拿出一张纸,在上面写下自己的5个优点和5个缺点。学生以小组为单位,组内同学相互点评各自的优点和缺点,写得不全面的可以进行补充,认识不一致的可以进行讨论。

2. 求职信和求职简历的拟写训练:教师请每位学生设定一个求职目标,然后让学生针对自己设定的求职目标拟写求职信和求职简历。教师挑选写得好的求职信和求职简历进行展示,并针对学生在写作过程中出现的问题进行纠正和讲解。

3. 应急反应训练:某公司通知你参加应聘复试。在约定的时间之前,你坐在该公司办公室的外面,按次序等候复试。时间到了,秘书叫你的名字,你还没有来得及回答,坐在最后一排的一位面试者却抢先走到你的前面,向秘书说自己有急事希望先进行复试后便径直走进办公室。在这种情况下,你应该怎么办?

4. 情景模拟训练:学生以小组为单位,设计职业场景,模拟求职面试的过程。各小组先制作策划方案,经教师审定后,各小组准备场地、物品、材料等进行现场模拟。各小组互评,最后由教师进行点评。大家共同评选出最佳求职者1人、最佳面试官1人、最佳策划方案1个。

知识拓展

一、求职信例文

求职信

尊敬的领导:

您好!我叫××,男,21岁,河北××人,是××建筑职业技术学院建筑工程技术专业20××级学生,我的求职岗位是贵公司的施工员。

因为本人从小就特别喜爱建筑,所以希望毕业后可以在这方面有所发展。自入学以来,本人积极学习相关知识。在校学习期间,通过不断积累,我掌握了CAD、BIM、BIM算量、钢筋混凝土结构工程施工、基础工程施工、建筑结构、建筑识图绘图、建筑工程施工测量、建筑测量、装饰装修等专业课知识,成绩均为良好以上,并且可以熟练地操作水准仪、经纬仪、全站仪三大测量仪器以及CAD、BIM、鲁班大学等绘图工具。

暑假期间,我在河北××建筑公司实习,担任施工员助理,参与地基的选址与开挖,协助施工员放线定位。实习经历让我熟悉了工程前期的选址准备和需要的各种运输工具,同时也让我学到了在工地上经纬仪的测量操作及应用。在实习期间,我识图、绘图及对各种工具使用的技能也得到了明显的提升。

在校期间,我担任了校外联部部长、专利研究社社长等职务,积累了丰富的组织管理和团队合作经验,多次被评为"校优秀学生干部""建筑专利发明达人"。这些学习经历和社会实践不仅锻炼了我的组织协调能力,而且还帮助我培养了强烈的责任感和公共意识,学会了做事要细致严谨,树立了诚信做人的观念。

此外,在大学期间我主持研发了多项实用新型和发明专利,参与团体创新并荣获"第××届大学生创新创业大赛一等奖""第××届全国高职院校'发明杯'大学生创新创业大赛三等奖""××建筑职业技术学院大学生科学技术协会成员""建筑专利发明达人"的荣誉。在积累专业知识的同时,我还阅读了很多历史类的书籍,提高了自己的人文素养。

本人很欣赏贵公司的企业文化。贵公司一贯视质量为企业的生命,坚持"客户至上,服务第一"的原则,为全国的建筑行业贡献资源和力量。

最后,我真诚地希望能加入贵公司!祝贵公司的效益蒸蒸日上!若能有幸加入贵公司,我愿为贵公司鞠躬尽瘁,贡献自己的一份力量,和公司共同成长。

此致

敬礼!

求职人:××
20××年××月××日

二、求职者在面试时经常被问到的10个问题和回答提示

1. 请你自我介绍一下

[回答提示]一般的求职者在回答这个问题时答案常常显得过于平常,只说姓名、年龄、爱好、工作经验等,这些内容在求职简历上都有。其实,用人单位最希望知道的是求职者能否胜任工作,包括求职者最强的技能、最深入研究的知识领域、个性中最积极的部分、做过的最成功的事、主要的成就等。求职者在进行自我介绍时要突出自己积极的个性和做事的能力,要说得合情合理。

2. 说说你最大的缺点是什么

[回答提示]这个问题考查的是求职者对自己的认知能力和表达能力。如果求职者说自己脾气急躁、工作效率低等,用人单位肯定不会予以录用。此外,求职者也不要自作聪明地回答"我最大的缺点是过于追求完美",有的求职者以为这样回答会显得自己比较出色,但事实上这个答案很容易让面试官产生反感。用人单位喜欢求职者

从自己的优点说起，中间加上一些小缺点，最后再把问题转回到优点上来，并突出优点的部分，这才是用人单位喜欢的聪明的求职者。

3. 谈谈你对加班的看法

［回答提示］面试官向求职者询问这个问题是想以此来测试一下求职者是否有奉献精神。求职者一般要做肯定的回答，以证明自己可以全身心地投入到工作中。但同时求职者也可以从提高工作效率的角度来谈谈如何可以减少不必要的加班。

4. 你对薪资的要求是怎样的

［回答提示］在面试之前，求职者一定要根据用人单位的情况调查好薪资水平，准备好一个自己期望的工资数。在回答这个问题时，求职者可以先不急于做出正面回答，比如可以这样回答："我相信贵公司一定有自己的薪酬规定，我也愿意遵守公司的规定。我能了解一下贵公司对这个岗位的薪酬安排是什么样的吗？"如果对方坚持让求职者回答这个问题的话，求职者可以在自己期望的工资上增加20%～30%。

5. 请谈谈你在5年时间内的职业规划

［回答提示］这是求职者常常会遇到的问题，很多求职者给出的答案是希望自己在未来能走上管理岗位，成为一名管理者。面试官总是喜欢有进取心的求职者，此时如果求职者说"不知道"或"不清楚"，或许就会丧失一个好机会。

6. 你还有什么问题要问吗

［回答提示］面试官的这个问题看上去可有可无，其实很关键，面试官不喜欢回答说"没有问题"的求职者，因为这个问题的潜台词其实是"你有多想在我们公司工作"和"关于这项工作还想了解什么"。面试官不喜欢求职者提问有关个人福利待遇之类的问题，但是如果有的求职者这样问："贵公司对新入职的员工有没有什么培训项目？我可以参加吗""贵公司的晋升机制是什么样的"等，面试官将很欢迎，因为这体现出求职者的学习热情、上进心和对用人单位的忠诚度。

7. 在完成某项工作时，你认为领导要求的方法不是最好的，自己还有更好的方法，你应该怎么做

［回答提示］首先，求职者要向面试官表示自己会尊重和服从领导的工作安排，会按照领导的要求认真地完成工作，与此同时，求职者可以寻找机会婉转地向领导表达自己的想法，力求说服领导。

8. 谈谈你对跳槽的看法

［回答提示］针对这个问题，求职者可以从两个方面进行分析：一方面，正常的"跳槽"能促进人才合理流动，应该支持；另一方面，求职者应指出频繁的跳槽对用人单位和求职者个人来说都是不利的，应该反对。

9. 你对于我们公司了解多少

[回答提示] 在去用人单位面试前，求职者要通过网络等途径尽可能多地了解用人单位的主营业务等基本信息，并重点关注其发展历史、发展方向、发展规划和重大发展战略调整等信息。这样，求职者既可以向面试官充分地证明自己对用人单位的重视，同时也可以证明自己是一个有心人。

10. 最能概括你自己的三个词是什么

[回答提示] 求职者需要对自己进行充分的认知，总结出自己的优势。在回答这个问题时，求职者可以选择的词语有很多，但这三个词语之间最好具有一定的关联性，同时还可以再结合一些具体的例子进一步向面试官进行说明。

任务2　实习礼仪

管好自己的"一亩三分地"

即将大学毕业的小许应聘进入一家大公司开始顶岗实习，公司里的快节奏让她有些应接不暇。没过多久，小许的个人办公区域就出现了诸多不和谐的音符：办公桌上，杂乱无章地堆放着各类物品——有刚用过的办公用品，打开的文件夹，还有喝过咖啡的杯子，吃到一半的话梅袋、饼干袋，小镜子，中午休息时看过的杂志……桌子靠墙的位置摆放着小许从家里带来的各种卡通饰品，计算机上则已积满了灰尘；她在办公桌旁边的墙上贴着某位女明星的照片。更让同事难以忍受的是，每天早上小许总是把早点带到办公室里来吃，吃完后她又总是把空牛奶袋子往办公桌下的废纸篓里一扔了事，几天都想不起来把它清理一下。坐在小许旁边的同事老王实在看不下去，他受不了变质牛奶发出的阵阵难闻的气味，已经悄悄地为她倒过两次垃圾，并婉转地向小许提出了一些意见，然而小许却始终不放在心上，依然我行我素。

这天，恰逢公司相关部门突击检查卫生工作，小许因为个人区域卫生状况太差一下子被扣掉了20分。她所在的办公室也因此被取消了半年的卫生奖。

教师请学生思考并讨论以下问题：

（1）你们对小许的行为如何评价？在你们的周围是否存在这样的人？

（2）假如小许是你的同学或同事，你们应该怎么办？

现在,越来越多的大学生在毕业之前都会去实习单位进行实习。在实习期间,大学生经常会感觉到迷茫、无助、束手无策。面对这样的情况,大学生只有遵守礼仪规范,严格要求自己,才更容易获得同事的帮助和认可,才能尽快地融入实习单位中。每天保持良好的个人形象,与人打交道时彬彬有礼,少说、多听、多问、多学,这是大学生化被动为主动的前提条件。实习期是大学生向社会人转变的过渡期和缓冲期,大学生应努力做到以下七个方面:

一、保持良好的个人形象

在实习期间,大学生的仪容要整洁得体,服装要简洁大方。如果实习单位要求实习生穿着工作服,那么大学生一定要正确穿着。女学生可以化淡妆,但不要在办公室等公共场所内当众化妆、补妆,如确实需要化妆的话可以到洗手间、化妆室等进行。此外,大学生的举止要庄重优雅,说话要文明有度,音量要适中,在办公室内要尽量避免做出一些不雅观的动作,如抠鼻子、挠痒痒、擤鼻涕等。大学生要礼貌地对待领导、同事,见面时要主动问好,细心地听取他人的意见和建议,主动为他人提供力所能及的帮助,与他人协同合作完成工作任务。另外,实习生还要遵守实习单位的规章制度,准时上下班是最基本的要求。

二、保持办公室的整洁有序

主动地打扫卫生,保持办公室的整洁、有序是大学生作为实习生的必修功课。大学生首先应确保自己的办公桌干净、整洁,物品摆放合理有序。为了展现自己积极的工作态度,大学生最好每天提前10分钟到达办公室,认真细致地打扫办公室,并开窗进行通风,以确保办公室的地面清洁、空气清新。对于其他同事的办公桌或公共区域,经过允许后大学生可以帮助其进行整理,并清除桌面的灰尘。另外,大学生要尽量避免在办公室内用餐或吃一些小零食,更不能在办公室内吃一些气味较大的水果或食物。

三、保持办公室的安静

大学生不能在办公室内大声喧哗,不能在办公室内吸烟,也不能因为移动物品等在办公室内随意发出大的声响,从而影响了他人的正常工作。上班期间,大学生不能利用实习单位的电话接打私人电话,这样做不仅占用了工作时间,影响了工作效率,而且还会浪费实习单位的资源,给实习单位或其他的同事留下不好的印象。

四、尊重别人的私人空间

在办公室里,私人空间是很宝贵的,大学生要学会尊重别人的私人空间。当大学生向别人询求帮助或不得不打断别人的工作时一定要使用礼貌用语。此外,大学生要先敲门才能进入别人的办公室,不能私自阅读别人办公桌上的信件或文件,未经许可不能翻阅别人的名片盒或其他物品。

五、要珍惜时间

虚耗时间是大学生在实习时经常会出现的问题。由于大学生对实习单位的情况还不太熟悉,领导一般不会向大学生交办重要事项,因此大学生常常会在实习期间觉得无事可做,不少大学生选择了用被动等待的方式来消磨时光。其实,大学生可以多听、多看、多学,主动帮助同事做一些自己力所能及的事情,以便尽快融入实习单位的工作中。大学生也可以结合自己未来的发展规划,利用空闲时间多读书、多思考、多实践,不断地总结自己在实习中的经验和教训,主动学习,虚心求教,从而尽快地实现角色转换。

六、要尊重领导

大学生与领导相处时要心存敬意,要善于维护领导的形象。在领导的面前,大学生应该态度谦虚,不要当面顶撞领导。对于领导在工作方面的安排,大学生必须服从。作为一名实习生,大学生应该努力地完成本职工作,不要对领导提出的要求发牢骚。另外,大学生对领导要使用正式的称呼,不要随便地与领导开玩笑。

七、要与同事友好相处

相互尊重是人与人相处的基本原则,在实习期间大学生要与同事友好相处。如果同事遇到困难,大学生应主动表示关心,并在自己力所能及的情况下给予帮助。同时,大学生应该培养自己的团队精神和集体荣誉感,在工作中同事之间的团结协作与相互配合是必不可少的。此外,大学生要与实习单位的同事平等相处,既不心存自卑,也不盲目自大;要把握好与同事交往的尺度,不要和异性同事开过分的玩笑,更不要在办公室里争论是非;不要在背后议论别人,也不要偷听别人讲话。

1. 案例分析

不受欢迎的同事

在公交车上,几位刚上车的女白领旁若无人地开始议论起单位的某位同事来:"你说小张这个孩子怎么这么讨厌?一个实习生怎么那么不懂事,今天又跑来问我借计算器,每次借东西从来不知道主动还回来,还要我去催,真烦人。""他也问你借东西了吗?平时他总是到我那里借这借那的,为什么自己不准备好?""这个人就是这样,一点规矩也不懂,到别人的办公室里翻这翻那,又喜欢东拉西扯的,耽误别人的时间。""他是这样的人呀，那以后我也得小心点。有机会和领导说说，可千万不要把这样的人留在公司里。""是的，不能留呀……"很快，车到站了，这几位女白领一窝蜂地下车了。

阅读以上案例，教师请学生谈一谈自己有什么感受。

2. 情景描述

毕业生小李被推荐到某个公司实习。在处理一份出口单据时，小李与他的实习指导老师产生了分歧。小李认为实习指导老师的处理方式和自己在书本上所学到的不一致，而实习指导老师则坚持自己的做法，最后小李和实习指导老师吵了起来。

问题：（1）小李的做法有无不妥之处？

（2）如果你是小李，你将如何处理这种情况？

3. 情景模拟

学生以小组为单位，对高年级的学生进行采访，了解他们的实习情况，收集他们在实习期间发生的故事，并以此为基础设计场景，自导自演实习生的故事，要求故事要体现出实习礼仪。

知识拓展

企业需要什么样的实习生

近日，某招聘网站举行了"实习，我挑我的"专题沙龙活动，许多久经职场的白领们就"企业需要怎样的实习生"这个问题发表了自己的观点，希望可以给广大正在或将要进行实习的学生们一点启示。

一、态度要认真诚恳

陈先生（经理助理）：从小事做起

实习生一没有工作经验，二缺少人脉关系，要想获得公司的认可，除了认真、主动地做事以外没有其他的方法。公司没有给你分配工作，那你就要学会自己去找事情做，如果对送快递、发邮件这样的小事都能认真对待，完成得很好的话，势必会给公司留下良好的印象。基本上来说公司并不指望实习生能创造什么价值，更多的时候对实习生处于一种观察的状态，观察他们的态度、潜力和发展性。而这些就在点点滴滴的小事中体现出来了。

顾小姐（策划文案）：要有责任感

我们公司是做广告的，一旦有项目就会变得非常繁忙，加班是家常便饭。虽然我们会尽量不让实习生加班，但有的时候不得已需要他们延长工作时间，我们也会提前通知。大部分实习生的态度还是比较好的，对加班没有什么怨言。但也有些实习生在经历了一两次加班之后觉得太辛苦，只说一句"事情太多撑不住"，把担子一扔就走人了，这种不负责任的行为让我们非常反感。

陈小姐（销售主管）：不要找借口

现在有不少实习生的能力相当不错，平时工作态度也很认真，但有一点让人非常不喜欢，那就是犯错的时候首先想到的是找借口推卸责任，而不是检讨自己的过失。我们部门曾经有一位实习生能力很强，已经可以和正式员工做相同的工作，而我也准备留用她了。可是，有一次我让她寄一份快递，她写错了地址，导致快递被退回，客户没有及时收到。本来这件事她认个错就行了，谁都会偶尔出错的，可她却找了诸多借口，一会儿说自己的事情太多，一会儿又说是快递员的错，这让我对她的印象一下子变差了，最终实习期结束后我没有继续留用她。

孙先生（人事专员）：先奉献再考虑报酬

我经常会遇到这样的情况，有些大学生想来我们公司实习，见面的第一句话就问：实习期有工资吗？这样的大学生通常我不会接受他们。其实，我们公司是没有实习工资的，但一个没有经验的大学生什么都没有开始做就想着报酬的问题，我觉得这并不是一个正确的态度。在索取之前要先奉献，真正做了事之后自然会有人把你的努力看在眼里，你也能得到自己应该得到的。

二、工作要积极主动

黄小姐（人事外包）：先要有工作意识

我觉得一个实习生必须先明确自己到公司实习是来工作、来实践的，要先明确自己的目标，知道自己要做什么、该做什么。去年，我们公司来了一位实习生，平时没有什么工作给他做，他也不会主动地去询问、帮助别人，也没有想过看一看公司的资料，只是每天自己带来一本课本读书。当我问他为什么要来实习的时候，他说是学校的要求，如果没有实习证明就拿不到相应的学分。这类学生根本没有实习工作的意识，企业肯定是不需要的。

马先生（市场推广）：主动找活干

公司不是学校，没有人会主动把知识塞给你，但在公司里确实可以比学校学习到更多的知识，关键在于实习生自己愿不愿意去学。工作是一定会有的，或大或小而已，退一步来说就算实在没有事情做，那么也可以看看别人是怎么做事的，多观察也会有许多的收获。机会是要实习生自己去寻找的，不要把别人不给你事情做当作借口，要知道在实习期你已经步入社会，一切只能靠自己。

贾小姐（项目经理）：主动去思考

在进入公司的时候，大学生应该有这样的心理准备，那就是大学生学习的知识要全部归零。因为在学校里大学生学习的都是理论知识，而在实际工作中会遇到各种各样的问题，大学的书本是不会给你提供答案的，需要你自己去解答。这就要求大学生要养成积极思考的好习惯，要在实践中不断地学习，以弥补自己操作能力的空缺。同时，因为没有经验，所以大学生一定会经历挫折和失败，这种时候大学生不能消极，要学会进行总结和自我调适，积极主动地面对工作，这是最重要的。

方小姐（客户代表）：主动提问

很多实习生都不喜欢提问，好像这样很丢脸似的。可是，作为实习生，你既不知道公司的工作流程，也不知道具体的操作方法，甚至连公司里你要找的人坐在哪里都不知道，不提问怎么行？我希望现在的实习生能更加主动地把自己不懂或不知道的问题提出来，这和面子什么的完全没有关系。没有人是一开始都懂的，只能是在一边学一边问的过程中成熟起来。相反，如果大学生把什么都闷在心里，那么没有人会知道你究竟在想什么，你自己也不会进步。

项目六　交往礼仪

---- 学习目标 ----

1. 学会在不同的场合使用不同的称呼。
2. 掌握握手、介绍等见面礼的礼仪规范。
3. 了解名片的文化价值，掌握递接名片的礼仪规范。
4. 能够恰当地选择礼品，掌握馈赠礼品、接收礼品或拒绝礼品的礼仪规范。

任务1　称呼礼仪

热身活动

是小姐还是太太[①]

周先生想为自己的外国朋友定做生日蛋糕。他来到一家酒店的餐厅，对女服务员说："服务员，您好，我要为一位外国朋友定做一个生日蛋糕，同时送一份贺卡，您看可以吗？"女服务员接过订单后看了看，忙说："对不起，请问您的朋友是小姐还是太太？"周先生也不清楚自己的这位外国朋友是否结婚，他从来没有打听过。他为难地抓了抓后脑勺想了想，说："小姐？太太？一大把年纪了，应该是太太。"生日蛋糕做好后，女服务员按照地址去送生日蛋糕。敲门后，一位女士开了门，女服务员有礼貌地说："请问您是怀特太太吗？"这位女士愣了一下，不高兴地说："错了！"女服务员丈二和尚摸不着头脑，她抬头看看门牌号，然后打电话问周先生，房间的门牌号确实没错。女服务员再敲一次门，门开后她对那位女士说："没错，怀特太太，这是您的蛋糕。"那位女士大声地说："告诉你错了，这里只有怀特小姐，没有怀特太太！"门再一次被用力地关上了。

教师请学生思考并讨论以下问题：

（1）周先生的做法为何使外国朋友感到不满？
（2）我们在称呼他人时有哪些禁忌？

---

① 黄漫宇. 沟通与礼仪[M]. 北京：北京大学出版社，2014：143. 有改动。

知识平台

称呼是人与人之间交往的起点，它是指人们在日常交往中所采用的彼此之间的称谓语。在人际交往中，人们选择正确、适当、合宜的称呼，可以反映出自身的修养和对交际对象的尊重。

在日常交往中，人们在不同的场合常常根据交际对象的年龄、职业、地位、辈分以及与自己关系的亲疏、感情的深浅来选择恰当的称呼。

一、职业性称呼

职业性称呼是指人们根据与交际对象职业相关的特征采用的称谓语。职业性称呼主要在工作场合使用，在一些社交场合也会使用。在工作场合，人们彼此之间的称呼要求正式、规范且庄重。根据交际对象所处的行业以及工作岗位等的不同，职业性称呼分为职务性称呼、职称性称呼、学衔性称呼、行业性称呼、泛尊称和姓名性称呼。

1. 职务性称呼

在日常工作中，我们可以以交际对象的职务相称，以示身份有别、敬意有加，这是一种很常见的称呼方式。常见的职务性称呼有以下三种情况：

第一，仅以职务相称，如"部长""经理""主任"等。

第二，在职务之前加上姓氏，如"周总理""李处长""张院长"等。

第三，在职务之前加上姓名，但这样的称呼形式使用于极其正式的场合，如"张××主席""王××市长"等。

2. 职称性称呼

对于具有职称（尤其是中、高级职称）的交际对象，我们可以在日常工作中直接以职称称呼对方。常见的职称性称呼有以下三种情况：

第一，仅以职称相称，如"教授""工程师""会计"等。

第二，在职称之前加上姓氏。这样的称呼形式相对比较常用，如"赵编辑""龚研究员""王工程师"等。有时，这样的称呼形式也可以约定俗成地进行简化，如将"吴工程师"简称为"吴工"。但是，我们对于这种简化称呼形式的使用要特别注意，应确保不会发生误会、产生歧义。

第三，在职称之前加上姓名。这样的称呼形式适用于极其正式的场合，如"安××教授""杜××主任医师"等。

3. 学衔性称呼

学衔主要是指高等学校授予毕业生的学位，包括学士、硕士、博士等。在日常工作中，针对高等院校的教师或科研单位的工作人员，我们常常以学衔作为称呼，这样

不仅可以在一定程度上增加其权威性,而且还可以体现其学术地位。常见的学衔性称呼有以下四种情况:

第一,仅以学衔相称,如"博士"。一般来说,人们对学士、硕士不称呼其学衔。

第二,在学衔之前加上姓氏,如"高博士"。

第三,在学衔之前加上姓名,如"周××博士"。这样的称呼形式通常适用于极其正式的场合。在出席会议、商务洽谈等场合需要居间进行介绍时我们通常会使用这样的称呼形式。

第四,将学衔具体化,说明其所属学科,并在最后加上姓名,如"史学博士张××""工学硕士郑××"等。这样的称呼形式最为正式。

4. 行业性称呼

对于从事某些特定行业的交际对象,我们可以直接称呼对方的职业。常见的行业性称呼有以下两种情况:

第一,直接以交际对象的职业作为称呼,如"老师""教练""警官""医生"等。

第二,在行业性称呼之前加上姓氏或姓名,如"张老师""王大夫""李××警官"等。

5. 泛尊称

泛尊称是指在社会交往中通用的称谓,一般约定俗成地按照性别的不同分别称呼交际对象为"小姐""女士""太太""先生""同志"等。在现代社会,对于初次见面的人或在社交场合,这种称呼极其通行。在泛尊称之前,我们也可以加上交际对象的姓氏或姓名。

在国际交往中,我们一般对男子称"先生",对已婚女子称"夫人",对未婚女子称"小姐"。对于女士,若不了解对方的婚姻状况,我们可以称其为"女士"。这是目前国际上常用的泛尊称。

在工作场合或社交场合,我们多使用代词"您"来称呼对方,如"请问您……""麻烦您……"等。这也是泛尊称的一种形式。

6. 姓名性称呼

姓名性称呼就是直呼姓名,这种称呼一般仅限于平辈的朋友、熟人、同事、同学之间。常见的姓名性称呼有以下三种情况:

第一,直呼姓名,如"吴超""张新秀""赵雪燕"等。

第二,只呼其姓,不称其名,但是要在姓之前加上"老""大""小"等尊称,这样可以增加亲切感。如对于年长于自己的交际对象,我们可以称呼对方为"老李""老张";对于年幼于自己的交际对象,我们可以称呼对方为"小吴""小马"。这样的称呼形式一般常用于同事和朋友之间。

第三，只称其名，不呼其姓。这样的称呼形式通常仅限于同性之间，尤其是上司称呼下级、长辈称呼晚辈时。

二、亲属性称呼

亲属是指与本人有直接或间接血缘关系的人。在日常生活中，对于亲属的称呼已经人所共知。在外人的面前，我们对于亲属的称呼应视情况选择敬称或谦称。

1. 对自己的亲属应该采用谦称

第一，对于辈分或年龄高于自己的亲属，我们可以在称呼之前加上"家"字，如"家父""家兄""家慈""家叔"等。

第二，对于辈分或年龄低于自己的亲属，我们可以在称呼之前加上"舍"字，如"舍弟""舍侄""舍亲"等。

第三，对于自己的子女，我们可以在称呼之前加上"小"字，如"小儿""小女""小婿"等。有时也称自己的儿子为"犬子""小犬"等，称自己的女儿为"息女"等。

2. 对他人的亲属应采用敬称

第一，对于他人的长辈，我们可以在称呼之前加上"尊"字，如"尊母""尊兄"等。

第二，对于他人的平辈或晚辈，我们可以在称呼之前加上"贤"字，如"贤妹""贤侄"等。

第三，若在称呼之前加上"令"字，一般可以不分辈分或长幼，如"令堂""令爱""令郎"等。

三、称呼的注意事项

1. 要区分不同的对象和场合

在使用称呼时，我们要注意区分不同的对象和场合。如对于同学或同事的父母就不能称呼对方的职务，而要称呼对方为"伯父""伯母"或"叔叔""阿姨"；在公开场合，恋人、夫妻之间不宜出现亲昵的称呼。另外，我们还要注意区分正式场合和一般场合、书面语和口头语，特别是对领导、尊者的称呼在正式场合和书面文件上要规范，一般常常使用姓名加职务或职称的形式。而在一般场合和口头语上，现代人往往使用姓氏加职务或职称的形式。对于令人敏感的姓氏谐音，如"郑××""傅××"，我们就要特别注意不要引起误会，避免尴尬，即使在一般场合，我们也应该说出其"姓名＋职位"的全称，如"……副校长郑××教授（先生）""……校长傅××教授（先生）"。

2. 在多人交谈的场合，要顾及主从关系

一般情况下，如果我们需要同时与多人打招呼时，应遵循"先上后下、先长后幼、先近后远、先女后男、先疏后亲"的原则。在商务场合，我们应该先与职务、职称等身份、地位高的人打招呼。如果对方的身份、地位相当，我们应该先与年长者打招呼。如果我们不清楚对方的身份、地位时，可以从距离自己最近的人开始依次打招呼。在社交场合，我们应该先与年长者或女士打招呼。在熟悉的人与不熟悉的人之间，我们要先与不熟悉的人打招呼，千万不能只与熟悉的人说说笑笑而冷落了不熟悉的人。

3. 要考虑风俗习惯

在我国，很多地方有自己特有的称呼习惯。外来人员在与当地人交往的过程中，要学会入乡随俗，要了解并尊重当地的风俗习惯。比如，在北京等北方地区，人们习惯将厨师、司机等人尊称为"师傅"；而在福建的一些沿海城市，"师傅"这个称呼却专指和尚、尼姑等"出家人"；在江苏的徐州地区，不管年龄大小，人们都将"大姐"作为女子的地方性泛尊称。

4. 称呼的语言要文明

选择正确的称呼是我们为了表达对交际对象的尊敬，所以语言的文明是基本的要求。首先，我们不可以用"喂""哎"等词语开头与交际对象打招呼，更不能用带有侮辱性的语言称呼对方。其次，我们要学会对交际对象用敬称，对自己用谦称。如在称呼交际对象的父母时，我们可以用"令尊""令堂"，而称呼自己的父母时用"家父""家母"，称呼自己的弟弟为"舍弟"等。

5. 不使用不恰当的称呼

在社交场合，不恰当的称呼一般包括错误的称呼、不通行的称呼、庸俗的称呼、绰号类称呼等几种情况。我们尽量不要使用地方性称呼，如称呼别人为"伙计"或"师傅"，这样的称呼具有一定的地域性，在全国不通行，有时还会引起误会。在社交场合也不适宜使用"老大""哥们"等称呼，更不能使用"宝贝""亲爱的""哥""姐"等昵称，这样显得幼稚、不成熟。

技能训练

1. 案例分析

张小兰来到一家新单位，领导带她熟悉周围的环境，并把她介绍给部门的其他同事认识。她非常恭敬地称呼同事为老师，大多数同事都欣然接受。

当领导把她带到一位男同事的面前，并告诉张小兰以后就跟着这位男同事学习，有什么不懂的地方就向他请教时，张小兰更加恭敬地称呼对方为老师。这位男同

事连忙摇头说:"大家都是同事,别那么客气,直接叫我的名字就好了。"张小兰仔细想了想,觉得叫老师显得双方太生疏了,但是直接叫男同事的名字又显得很不尊重对方。她不知道应该怎么称呼对方才对。

问题:(1)你们遇到过类似张小兰这样的困惑吗?

(2)我们到底应该如何得体地称呼对方呢?

2. 教师请学生通过到图书馆查阅资料、上网搜索等形式,收集并整理我国的传统称呼,包括对他人的敬称和对自己亲属的谦称。

3. 教师请学生思考并分组讨论以下两个问题:

(1)在社会交往中,大家用过或听到过哪些称呼?请你试着分析一下这些称呼的使用场合和使用对象。

(2)当代社会最流行的称呼是什么?这样的称呼说明了什么?

知识拓展

知识拓展1 世界各国的姓名问题

姓名是一个人不可或缺的社会标识,美国著名人际关系学大师卡耐基曾经说过,一个人的姓名是他最熟悉、最甜美、最妙不可言的一种声音。姓名是称呼的主要组成部分,但是由于世界各国的文化历史不同,风俗习惯各异,所以姓名的组成和顺序也有所区别。世界各国的姓名组成大致有以下两种情况:

一、前姓后名

在许多的亚洲国家,人的姓名是姓在前、名在后,如中国、日本、韩国、越南、柬埔寨、新加坡等,欧洲的匈牙利人的姓名也是如此。

在中国的港、澳、台地区,女性在结婚后其姓往往是双份的。如华××小姐嫁给钱××先生后,她的姓名即为钱华××,这时人们应当称呼她为钱太太。

日本人的姓有一部分与一定的地区、地理环境有关,如田中、山口等。对于日本人,我们一般可以只称呼其姓,熟人之间也可以只称呼其名,对男士表示尊重可以在其姓后加上"君"字,如"山口君"。

二、前名后姓

在一些说英语的国家,如英国、美国、澳大利亚等,人的姓名一般也是由姓和名组成的,但通常是名在前、姓在后,如威廉·肯尼迪,威廉是他的名,肯尼迪是他的姓。对于女性而言,通常都是在婚前使用自己的姓名,在婚后则在自己的名后加上丈夫的姓。我们口头称呼英美国家的人,一般只称呼其姓,亲密的朋友之间可以只称呼名。

法国人的姓名一般由两节或三节组成，第一节、第二节为名，最后一节为姓。西班牙人的姓名通常由三节或四节组成，第一节、第二节为本人的名，第三节为父姓，最后一节为母姓。在俄罗斯，人的姓名一般由三节组成，姓名的排列顺序通常是本人的名字、父亲的名字、家族的姓，如伊万·伊万诺伊奇·伊万诺夫。而未婚女性用父姓，已婚女性则用夫姓，本人和父亲的名字不变，口头称呼一般可以只称呼姓或只称呼名。

知识拓展2　我国称谓语的语用变迁

称谓语是指人们由于身份、职业、性别等而得来的，反映了人们的社会关系的一套名称。中国人的称谓语，实质上就是一部中国文化的发展史，其中蕴含着中华民族悠久的文化历史的沉淀与变迁。

汉语的称谓语可以分为两个系统，一个是亲属称谓语，主要在具有亲属关系的人中间使用；另一个是社会称谓语，主要在社会交际中使用。

一、亲属称谓语

在我国古代社会，一般将血缘相近的同姓本族和异姓外族都称作亲属，具体称谓如下：

高祖父（母）：曾祖之父（母）。

曾祖父（母）：祖父之父（母）。

祖父（母）：父之父（母）。

父母：父，母。

己身：自己本代。

子：子。

孙：子之子。

曾孙：孙之子。

玄孙：曾孙之子。

来孙：玄孙之子。

世父（伯父）：父之兄。

叔父：父之弟。

世母（伯母）：世父之妻。

叔母（婶）：叔父之妻。

姑（姑母）：父之姊妹。

姑父：姑之夫。

舅（舅父）：母之兄弟。

舅母（妗子）：舅之妻。

姨母（从母、姨）：母之姊妹。

姨父：姨母之夫。

中表（姨表）：姨母之子女。

在称呼自己的亲属时，我们常会听到或见到"家""舍""先""亡""犬""小"这几个字，这些往往是谦称。

家：是用来称呼比自己辈分高或年长的、活着的亲人，含有谦恭之意。如称呼自己的父亲为家父、家严，母亲为家母、家慈，丈人为家岳，祖父为家祖，以及家兄、家嫂等。

舍：是用来谦称比自己年幼的亲属，如舍弟、舍妹、舍侄、舍亲，但不能说舍儿、舍女。

先：含有怀念、哀痛之情，是对已离世的长者的尊称，如对已离世的父亲称先父、先人、先严、先考，对已离世的母亲称先母、先妣、先慈，对已离世的祖父称先祖等。

亡：用于对已死年幼者的称呼，如亡妹、亡儿。对已故的丈夫、妻子、挚友也可称亡夫、亡妻、亡友。

犬：旧时谦称自己年幼、涉世不深的子女，如犬子、犬女等。

小：对人常用来称呼己方的谦词，如称自己的儿女为小儿、小女等。

二、社会称谓语

汉语的社会称谓语比较复杂和讲究，年龄、辈分、地位、职业、亲疏关系和交际场合等都是需要考虑的因素。按照适合范围的不同，我们可以将社会称谓语分为通称、职业称、特征称和专称。通称是指一般不严格区分被称呼者的年龄、职业、身份等，在社会上广泛使用的称谓语，如女士、先生等。职业称是指与被称呼者的职业有关联的称谓语，如医生、记者等。特征称是指反映了某类人共同特点的称谓语，如空姐、阿姨（指职业家政服务人员）。专称是指专门用于某个特定人物的称谓语，如某人的昵称、绰号等。

任务2　握手礼仪

小周该不该先伸手

小米是A公司的年轻员工，他为人热情、大方，和同事们相处得也很不错。有一天，小米在搭乘电梯时遇到了A公司的李总经理，小米主动地向李总经理伸出了手，想和李总经理握手。李总经理迟疑了一下，还是和小米握了握手。事后，小米感觉到自己的做法似乎有些不妥，他想找人问问自己的做法对不对，见到领导自己应不应该先伸手和对方握手呢？

教师请学生思考并讨论：小米见到领导应不应该先伸手和对方握手？

关于握手礼的起源众说纷纭，其中，最常见的一种说法是：当时，人们用来防身和狩猎的主要武器就是棍棒和石块。由于环境险恶，在与人交往中人们的手上也经常带有棍棒和石块等武器，以此用来防身。如果交往的双方都无恶意，为了表示友好，他们会放下手中的东西，伸开双手让对方抚摸自己的掌心。后来，这种表达亲善、友好的方式就逐渐演变成今天的握手礼。

美国著名盲聋女作家海伦·凯勒曾写道，握手，无言胜有言。有的人拒人千里，握着冰冷冷的手指，就像和凛冽的北风握手。有些人的手却充满阳光，握住它使你感到温暖。事实也确实如此，因为握手是一种语言，通过握手我们可以向交际对象表达欢迎、友好、祝贺、感谢、尊重、致歉、慰问、惜别等多种复杂的情感。通过握手，也可以反映出一个人的内在修养和气质。

一、握手的要点

握手是现在社会大多数国家的人在相见时最常使用的礼节，握手的具体方式是有讲究的，我们应该注意以下四个方面：

1. 神态

在与他人握手时，我们应当神情专注，态度认真、热情、友好。在一般情况下，我们在握手时应目视交际对象的双眼，面带笑容，并且同时问候交际对象，切忌漫不经心、敷衍了事。

2. 姿势

一般来说，在与他人握手时，我们均应起身站立，面向对方，距离对方大约1米，上身略向前倾，伸出右手，四指并拢，握住对方的右手手掌，稍微上下晃动一两下，并且令双方的手掌垂直于地面，随即松开并恢复原状。

3. 力度

握手的时候，我们用力既不可以过轻，也不可以过重，应该做到力度适中、不轻不重、恰到好处。若我们用力过轻，会给交际对象以勉强应付的感觉，有怠慢对方之嫌；若用力过重，则会使交际对象觉得难以接受而心生反感。

4. 时间

一般来说，在普通场合，我们与交际对象握手时所用的时间以3秒钟左右为宜；在公共场合，握手的时间可以短些，一般控制在1～3秒钟。但是，如果我们偶遇亲密的好友，与亲朋好友离别，向他人表达爱慕、敬仰或由衷地感谢他人时，握手的时间可以稍长些。所以，握手的时间长短通常视交际双方的亲密程度而定。

二、伸手的顺序

在握手时，交际双方伸手的先后顺序很有讲究。一般情况下，讲究的是"尊者居前"，即通常应由交际双方中的身份较高者首先伸出手来，反之则是失礼的。

1. 上下级之间握手

上下级之间握手，应该由上级先伸手。但是，如果上下级之间同时存在宾主关系，则可以不考虑上下级关系，由主人先伸手。如上级单位的领导来到下级单位指导工作时，下级单位的领导作为主人可以先伸手表示欢迎。

2. 宾主之间握手

宾主之间握手，应该由主人先伸手。当客人抵达之时，不论对方是男士还是女士，女主人都应该主动先伸手。若主人是男士，客人是女士，则为了表示欢迎，男主人也可以先伸手。宾主双方告别时，应该由客人先伸手。

3. 男女之间握手

男女之间握手，应该由女士先伸手。对于男女初次见面的情况，女士可以不与男士握手，点头致意即可。在男女握手时，男士若戴有手套或帽子，应该脱下后再与女士握手；对于女士而言，除非对方是长辈或上司，否则可以不脱帽子。此外，女士在社交场合可以戴着薄纱手套与人握手。

4. 长幼之间握手

长幼之间握手，应该由年长者先伸手。在与长辈握手时，不论对方是男士还是女士，年幼者都应该起立并向前伸手，以示对长辈的尊敬。

5. 一个人与多个人握手

在商务场合，若我们一个人需要与多个人握手时，可以根据职务的高低、年龄的大小依次进行，也可以采用顺时针方向或由近至远地逐个进行。

需要注意的是，在商务场合，握手的先后顺序主要取决于职务、身份的高低和宾主的身份；在休闲社交场合，握手的先后顺序则主要取决于性别、年龄、婚否等。

三、握手的方式

握手看似简单，实则有很多讲究。在不同的场合，由于人与人之间的身份和地位、熟识程度等的不同，人们有时会采用不同的握手方式。握手的方式主要分为单手相握和双手相握两类。

1. 单手相握

单手相握是指握手者用右手与交际对象相握，左手自然垂放于体侧的一种握手方式。根据握手时右手手位的不同，单手相握又包括以下四种握手方式：

（1）平等式握手。

平等式握手是指握手者在与交际对象握手时，右手与地面垂直，指尖向下，并向侧下方伸出与交际对象的手掌合握的握手方式。这是最常用的握手方式，表达了握手者与交际对象彼此地位的平等和不卑不亢的态度。

（2）友善式握手。

友善式握手是指握手者在与交际对象握手时，右手掌心向上伸出的握手方式。这种握手方式表达了握手者谦恭、谨慎的态度。

（3）控制式握手。

控制式握手是指握手者在与交际对象握手时，右手掌心向下伸出的握手方式。这种握手方式反映出握手者的优势、主动和支配地位，一般适用于具有竞争关系等的对立双方之间。

（4）捏手指式握手。

捏手指式握手是指握手者在与交际对象握手时，只捏住对方的几个手指或手指尖部的握手方式。这种握手方式通常见于女士与男士握手，女士为了显示自己的矜持，常常会采用捏手指式握手。

2. 双手相握

双手相握又称手套式握手，是指握手者用右手握住交际对象的右手后，再用左手握住交际对象右手的手背、小臂、上臂或肩部的一种握手方式。这种握手方式适用于上级对下级、长辈对晚辈等熟悉的人之间，用以表达彼此深厚的情谊；不适用于初识者或异性之间，那样会被误解为讨好对方或显得有些失态。

四、握手的禁忌

在与交际对象握手时，我们应该做到要合乎礼仪规范，要避免出现以下八种情形：

1. 用左手与人握手

我们在与交际对象握手时宜用右手，用左手与人握手被普遍认为是一种失礼之举。尤其是在一些东南亚国家（如印度等），人们不用左手与他人接触，因为他们认为左手是不洁净的。因此，在国际交往中，我们用左手与交际对象握手可能会引起很大的麻烦，这会被看作是粗鲁的行为，甚至被认为是在侮辱对方。

2. 戴手套与人握手

我们在与交际对象握手前，必须要脱下手套，否则会被交际对象认为缺乏诚意，是不礼貌的。只有女士在社交场合戴着薄纱手套与人握手才是被允许的。

3. 戴墨镜与人握手

我们在与交际对象握手时，一定要提前摘下墨镜，否则也是一种失礼的行为。我们戴着墨镜与人握手是无法与交际对象进行目光交流的，这样的行为是无视对方的表现。但是，患有眼疾者可以例外，且在握手时最好提前向交际对象进行说明。

4. 用双手与人握手

用双手与人握手这种方式只有在熟人之间才适用，一般限于上级、长辈与下级、晚辈握手时使用。我们在与初次相识的交际对象握手，尤其当对方是一位异性时，两手紧握对方的一只手是不妥当的，这样可能会引起交际对象的反感。

5. 用脏手等与人握手

在一般情况下，我们在与交际对象握手时手应该干干净净。我们用脏手、生病的手、潮湿的手与交际对象相握都是不恰当、不礼貌的。

6. 心不在焉

我们在与交际对象握手时不能面无表情、表情呆滞、不置一词，这样会给交际对象一种应付的感觉，有怠慢对方之嫌。

7. 过于夸张

我们在与交际对象握手时不能长篇大论、点头哈腰、过度热情、过分客套，这会给交际对象造成不自在、不舒服的感觉。

8. 交叉握手

我们在与多位交际对象同时握手时不要争先恐后，交叉握手应当按照顺时针或由近至远的握手原则依次而行。

技能训练

1. 案例分析

在日内瓦会议期间，一位美国记者先是主动和周总理握手，周总理出于礼貌没有拒绝。但没有想到这位记者刚握完手，忽然大声地说："我怎么跟中国的好战者握手呢？真不该！真不该！"然后拿出手帕不停地擦自己刚和周总理握过的那只手，接着把手帕塞进裤兜。这时，很多人围观，看周总理如何处理。周总理略微皱了一下眉头，他从自己的口袋里也拿出手帕，随意地在手上扫了几下，然后走到拐角处，把手帕扔掉了。他说："这个手帕再也洗不干净了！"

  问题：（1）仅从握手的礼仪来分析，案例中的哪些做法是不妥的？

    （2）周总理为什么要这样做？

    （3）小小的握手礼反映了我国怎样的外交原则？

2. 如图6-1所示，学生分组进行握手训练，教师根据握手时的注意事项对学生的动作进行纠正。

图6-1 握手训练

3. 学生分组练习不同的见面礼仪，并进行见面礼仪展示，最后评选出最佳风采奖。

知识拓展

世界各国的见面礼仪

一、拱手礼

拱手礼又叫揖礼，《礼记·曲礼上》中记载："遭先生于道，趋而进，正立拱手。"拱手礼主要适用于见面、答谢、迎接、祝贺等社交场合和元旦、春节等重大节日场合。一般来说，在行拱手礼时，行礼者双腿站直，上身直立或微俯，男士左手在外，右手握拳在内，女士则相反。行礼者的双手抱拳于胸前，有节奏地晃动两三下并说出自己的问候（如图6-2所示）。

（a）男士拱手礼　　（b）女士拱手礼

图6-2 拱手礼

二、鞠躬礼

鞠躬的意思是弯身行礼,是行礼者对受礼者表示敬重的一种礼节。在我国,鞠躬礼常用于下级对上级、学生对老师、晚辈对长辈表示敬意,亦常用于服务人员向宾客致意、演员向观众致谢等。在东南亚国家(如韩国、日本等),人们常使用鞠躬礼表示对对方的尊重。

三、拥抱礼

拥抱礼是在欧美、中东及南美洲常见的礼节,一般用于同性或亲密的异性、熟人和朋友之间,有时还伴随着接吻礼,是一种比较亲密的见面礼节。拥抱礼行礼的方法是:行礼者和受礼者两人相对而立,右臂向上,左臂向下;行礼者的右手扶着受礼者的左后肩,左手搂住受礼者的右后腰;双方的头部及上身均向左相互拥抱,再向右相互拥抱,然后再次向左相互拥抱,最后礼毕。

四、吻手礼

吻手礼流行于欧美上层社会,是在较为正式的场合,男士以亲吻贵族已婚女士的手背或手指的方式来表示尊重的一种隆重的见面礼。吻手礼起源于古代维京人用手向日耳曼君主递礼物的风俗,且一般在室内使用。吻手礼的吻只是一种象征,故要求行吻手礼的男士要干净利索、不发声响,嘴不能真正地接触到女士的手,只是做出吻手的样子,否则就显得无礼。在波兰、法国和拉美的一些国家,向已婚女士行吻手礼是男士有修养的一种标志。在一般情况下,中国的女士遇到外国的男士在社交场合向自己行吻手礼时是可以接受的。

五、亲吻礼

亲吻礼主要见于西方、东欧和阿拉伯国家,是亲人以及亲密的朋友之间用以表达亲昵、慰问、爱护的一种礼节,通常是行礼者亲吻在受礼者的脸上或额上。亲吻的方式为:父母与子女之间亲吻脸、额头;熟悉的朋友之间拥抱、贴脸颊、亲脸。在公共场合,关系亲近的女子之间是亲吻脸,长辈对晚辈一般是亲吻额头,只有情人或夫妻之间才亲吻嘴。

六、合十礼

合十礼又称合掌礼,就是行礼者双手的十指相合来行礼。合十礼流行于南亚和东南亚等信奉佛教的国家和地区,其行礼的方法是:行礼者的两个手掌在胸前对合,掌尖和鼻尖基本持平,手掌向外倾斜,头略低,面带微笑。在行礼时,行礼者为了表示对受礼者的尊重,会把手举的高一些,但不要高于头顶。

七、点头礼

点头礼又称颔首礼,具体的做法是行礼者面带笑容,头部向下轻轻一点。点头礼一般用于平辈和同级别的人之间。一般来说,两人在路上行走时相遇可以在行进中用点头礼,上级对下级、长者对晚辈答礼时也可以用点头礼。

八、贴面礼

在阿拉伯国家和地区,两个老朋友相见时不仅会握手和拥抱,而且还会行贴面礼。在行礼时,行礼者用右手扶着受礼者的左肩,左手搂住受礼者的腰,按照"左—右—左"的顺序彼此贴面3次。如果行礼者和受礼者之间的关系比较亲密,还会在贴面的同时发出亲吻的声音。

任务3 介绍礼仪

得体的介绍

某外国公司总经理史密斯先生与新星贸易公司的合作很顺利,他决定携带夫人一同来新星贸易公司进行现场考察。小李陪同新星贸易公司的张总经理前来迎接史密斯夫妇。在机场出口,小李进行了自我介绍,并为双方进行了相互介绍后张总经理热情地与史密斯先生及其夫人握手问好。

教师请学生思考并讨论以下问题:

(1)小李应如何做自我介绍?

(2)小李为他们做介绍的次序应该是怎样的?

介绍既是在社交场合人们相互了解的基本方式,也是初次见面的交际双方开始交往的起点。一般来说,根据介绍人的不同,介绍可以分为自我介绍和居间介绍。

一、自我介绍

自我介绍是指在必要的社交场合,介绍人把自己介绍给交际对象,以便使对方认识自己的一种介绍方式。介绍人恰当地进行自我介绍,不但能增进交际对象对自己的了解,而且还能使交际对象对自己产生良好的印象。介绍人要想恰到好处、不失分寸地做好自我介绍,就应当注意以下四个方面的问题:

1. 自我介绍的内容应具体、规范

介绍人进行自我介绍的具体内容一般应视场合的不同而有所不同。在工作场合，自我介绍的基本内容主要包括介绍人的姓名、单位、职务等；在一般的社交场合，自我介绍的基本内容主要包括介绍人的姓名、籍贯、兴趣、爱好等。在求职应聘时，介绍人的自我介绍就不能过于简略，不仅要讲清楚自己的姓名、身份，而且还要将自己的学历、能力、专长、资历等内容介绍清楚。介绍人进行自我介绍的方式也应该视交际对象的不同而有所不同，这样才能给人留下深刻的印象。此外，在做自我介绍时，介绍人还可以利用名片、介绍信等资料加以辅助。

2. 自我介绍应在适当的时间进行

自我介绍应在适当的时间进行，介绍人最好选择在交际对象空闲、情绪好、干扰少的时候进行自我介绍。如果交际对象正在休息、用餐或处理其他事务，那么介绍人不宜进行自我介绍。另外，介绍人的自我介绍要力求简洁，尽可能地节省时间。

3. 自我介绍时的态度要保持自然、亲切、自信

在进行自我介绍时，介绍人要敢于正视交际对象，态度要自然、亲切、自信，这样显得自己胸有成竹、从容不迫。介绍人不能慌慌张张或随随便便，对于一些容易听错、读错的字音要特别进行说明，以免造成误会。

4. 自我介绍要实事求是

在进行自我介绍时，介绍人所表述的各种内容一定要真实可信，过分谦虚或者自吹自擂、夸大其词都是不可取的。自我介绍有时也是自我推销，有人为了表现自己，在进行自我介绍时故意哗众取宠，不分主次、滔滔不绝地吹嘘自己，反倒会适得其反。介绍人进行自我介绍时最好是开门见山、简洁明了，这样才能给人留下良好的第一印象。

二、居间介绍

在人际交往中，人们经常需要与他人之间架起人际关系的桥梁，这就是居间介绍，又称他人介绍或第三者介绍。居间介绍是指居间介绍人以中介人的身份，为另外两人或多人所作的介绍，是为彼此不相识的双方或多方引见、介绍的一种介绍方式。在进行介绍之前，居间介绍人要充分了解被介绍人的相关信息。

1. 居间介绍的时机

居间介绍人虽然不是主角，但却扮演着非常重要的角色，起着纽带的作用。一般来说，居间介绍人常常在以下七种情况下要进行居间介绍：

（1）在办公地点同时接待彼此不相识的来访者时；

（2）陪同上级、长者或来宾遇到了他们不相识的人时；

（3）引导来访者去见自己的领导时；

（4）陪同同事或朋友前去拜访他们不相识而本人熟识的亲友时；

（5）与家人外出路遇家人不相识的同事或朋友时；

（6）打算推介某人加入某一社交圈时；

（7）受到为他人做介绍的邀请时。

2. 介绍的顺序

居间介绍通常是双向的，所以居间介绍人需要把握好介绍的顺序，其基本原则是"尊者居后介绍"，具体来说如下：

（1）职务顺序，即居间介绍人介绍上级与下级认识时，应先将下级介绍给上级；

（2）辈份顺序，即居间介绍人介绍长辈与晚辈认识时，应先将晚辈介绍给长辈；

（3）年龄顺序，即居间介绍人介绍年长者与年幼者认识时，应先将年幼者介绍给年长者；

（4）性别顺序，即居间介绍人介绍女士与男士认识时，应先将男士介绍给女士；

（5）婚否顺序，即居间介绍人介绍已婚者与未婚者认识时，应先介绍未婚者，后介绍已婚者；

（6）亲疏顺序，即居间介绍人介绍朋友与家人认识时，应先将家人介绍给朋友；

（7）宾主顺序，即居间介绍人介绍客人与主人认识时，应先将主人介绍给客人；

（8）先来后到顺序，即居间介绍人介绍先到者与后来者认识时，应先将后来者介绍给先到者。

在具体的人际交往中，人们应根据实际情况灵活地运用介绍礼仪。例如，在职业场景下，当男士为德高望重而女士为年轻的晚辈时，居间介绍人应先把女士介绍给男士；年轻者职务高而年长者职务低时，则居间介绍人应先介绍职务低的年长者。

在进行多人或多方的集体介绍时，有时居间介绍人可以按座位的顺序顺时针或由近及远依次进行介绍，有时也可以从贵宾开始进行介绍。

3. 介绍时应注意的问题

在介绍他人时，居间介绍人与被介绍人都需要注意一些细节问题。居间介绍人为被介绍人做介绍之前，需要先征求被介绍人的意见。被介绍人在居间介绍人询问其是否有意认识他人时，一般应欣然表示接受。如果被介绍人不愿意认识他人，应向居间介绍人说明缘由，取得居间介绍人的谅解。当居间介绍人走上前来为被介绍人进行介绍时，被介绍人应起身站立，面带微笑，大方地目视居间介绍人或者对方，态度要温和，注意力要集中。居间介绍人介绍完毕后，被介绍人之间一般要握手，并且使用"您好""很高兴认识您"以及"幸会"等语句问候对方。

项目六　交往礼仪

技能训练

1. 教师设定不同的情景，学生分组进行自我介绍训练。学生要注意，在不同的场景下介绍的侧重点应有所不同。每组抽取1～2位学生进行展示。

2. 教师请学生分组模拟"热身活动"中的情景，主要考查学生如何为张总经理和史密斯夫妇进行介绍。

3. 案例分析

王峰在大学读书时学习非常刻苦，成绩也很优秀，几乎年年都拿特等奖学金，为此，同学们给他起了一个绰号叫"超人"。大学毕业后，王峰顺利地获得了在美国某大学攻读硕士学位的机会，毕业后他又顺利地进入一家美国的公司工作。一晃八年过去了，王峰已成为该公司的部门经理。

今年的国庆节，王峰带着妻子和女儿回国探亲。一天，他们一家人在大剧院观看音乐剧，刚刚落座，王峰就发现有3个人向他们走来。其中一个人一边走一边伸出手大声地叫："喂！这不是'超人'吗"？你怎么回来了？"这时，王峰才认出说话的人正是他的高中同学贾征。贾征没有考上大学，自己跑到南方去做生意，赚了些钱，如今回来注册了一家公司。今天，贾征正好陪着两位从香港来的生意伙伴一起来观看音乐剧。这两位生意伙伴是他交往多年的一对年长的夫妇。

此时，王峰和贾征都既高兴又激动。贾征大声寒暄之后，才想起了王峰的身边还站着一位女士，就问王峰身边的女士是谁。王峰这才想起向贾征介绍自己的妻子。待王峰介绍完毕后，贾征高兴地走上前去给了王峰的妻子一个拥抱。这时，贾征想起了应该向王峰介绍自己的生意伙伴。大家相互介绍、握手和简单的交谈后，就各自回到自己的座位上去观看音乐剧了。

教师请学生指出上述案例中不符合礼仪之处，并进行更正说明。

知识拓展

知识拓展1　如何做好自我介绍

介绍者进行自我介绍有七种常用的方法，在不同的场合可以试着使用不同的方法。

第一种方法：开门见山法。

这种方法的基本内容是"我是×××，我来自……，目前我主要负责……，很高兴认识大家，谢谢"。介绍者在使用这种方法介绍自己时不要拖泥带水，要干净利索，用词越简单越好。在介绍的过程中，介绍者也可以加一两句自嘲或调侃自己的话，这样也会给别人留下深刻的印象。比如，"我是张××，来自××，目前主要负责员工的培训工作，干的就是马云曾自嘲的'好为人师，毁人不倦'的工作"。

第二种方法：名人联系法。

这种方法就是介绍者把自己姓名中的字逐个与名人相联系，同时赋予其积极的意义，最后再组合起来重复一次。比如，"我叫孙岚，孙是孙中山的孙，岚是纪晓岚的岚。岚是指早晨山上的雾气，父母希望我一直充满朝气和活力，我叫孙岚，希望大家记住我的名字"。

第三种方法：先抑后扬法。

这种方法就是介绍者先把自己适度地贬低一下，让大家的心里没有防御性，然后再慢慢地展现出自己的过人之处。比如，"今天来参加这个活动其实非常尴尬，我自认为成就远远没有达到，很多人看到我可能也觉得真是百闻不如一见、一见不如不见。我是来自上海的李××，我主要负责××产品的研发和生产，我们公司的规模不大，目前在××也就排前三名而已，我们还在努力"。

第四种方法：平台衬托法。

这种方法适合于介绍者代表企业出席活动。在这种情况下，介绍者的介绍要弱化自己、突出企业。比如，"我来自全国冰箱销量第×的××公司，也是××代言的"年轻人的第一台冰箱"，我是我们公司的销售总监，我叫××"。

第五种方法：发问介绍法。

这种方法适合于介绍者需要拉近跟听众的距离的情况。这种方法可以把介绍者自己的压力转移给听众，同时又能增加听众的参与度。比如，"非常荣幸我们相聚在美丽的珠海，我想问问在座的各位，有多少人是珠海的？大家举手让我看看……我们都是一类的，这个世界上只有两类人：珠海的人和不是珠海的人……"需要注意的是，介绍者使用这种方法进行自我介绍时，不能自说自话，一定要抽取听众来回答。另外，介绍者还要想好如果没有人回答自己的问题该怎么办。此时，就需要介绍者自问自答。

第六种方法：名字演绎法。

这种方法就是介绍者把个人介绍融入故事或来历中，讲述父母为自己取名字时给予的期望。比如，"我叫王春燕，我出生在一个阳春三月、草长莺飞的美好时节，故而父亲给我取名春燕……"

第七种方法：引经据典法。

这种方法就是介绍者将自己的名字或职业等信息与一些经典名言联系起来。比如，"孔子说：'君子敏于言而纳于行'，我取了其中两个字，我叫李敏行，今天很高兴认识各位敏言慎行的君子"。

知识拓展2 如果做好面试时的自我介绍

在面试时，求职者进行自我介绍的方式很多，但一个令面试官印象深刻的自我介绍必须符合以下三个原则：

一、角度原则

求职者在准备进行自我介绍需要讲述的内容时，必须要站在面试官的角度去考虑问题。求职者只有了解了面试官的意图，才能更好地表现自己。面试中的自我介绍跟生活中的自我介绍会有很大的不同，生活中的自我介绍需要求职者把自己尽情地展示出来就可以。但是，面试中的自我介绍是为求职服务的，求职者需要针对用人单位和拟应聘岗位的具体要求来展现自己的能力和素质。

二、重点原则

自我介绍也是面试官对求职者的时间掌控能力的一种考查，所以，面试官常常会要求求职者将自我介绍控制在一定的时间内。所以，求职者的自我介绍一定要有重点，应该围绕拟应聘岗位的要求来进行。而且，介绍的内容应该条理清晰、主次分明。求职者如果介绍个人履历，应该将每个时间节点涉及的工作单位、工作地点、工作岗位、职务、工作内容等讲清楚，尤其是与用人单位相契合的经历应该重点进行介绍。如果求职者有一些突出的个人业绩，也应该重点进行介绍。求职者千万不能长篇大论，这样会适得其反。

三、职业化原则

求职者在求职的过程中，语言不能过于随意，说话的时候一定要尽量使用职业化的语言。例如，求职者想说明自己的沟通能力好，他的说法是"我讲话很牛的"，这就是不够职业化的表现。过于随意甚至世俗化的语言会让面试官觉得求职者过于幼稚或者轻浮。

对于求职者来说，一个精彩的自我介绍应该包括以下内容：

一、总括自己的个人信息

求职者要开门见山地告诉面试官自己是谁，可以介绍一些自己的基本信息，包括姓名、年龄、籍贯、教育背景以及与拟应聘岗位密切相关的特长等。求职者千万不要将求职简历上的所有内容照抄照搬地再和面试官说一遍。

二、个人的经历和优势能力

这部分内容就是求职者要告诉面试官自己做过什么，这是自我介绍中比较关键的部分。求职者既可以将个人的经历、业绩和优势能力结合起来进行介绍，也可以将个人的经历和优势能力分开进行介绍，主要看时间条件是否允许。无论如何，求职者一定要紧紧围绕拟应聘岗位的要求来展示自己，主要介绍与其所需能力相关的个人业绩。

三、表达愿景

这部分内容就是求职者要告诉面试官自己想做什么。对于用人单位而言，求职者想做什么代表着其未来的发展方向。求职者应该简单地介绍自己对拟应聘岗位的看法和理解，包括求职者的职业生涯规划、对工作的兴趣与热情、未来的工作蓝图、对行业发展趋势的看法等，这些内容都会为求职者加分。最后，求职者可以用表达愿景来结束自我介绍，如表达一下自己对用人单位和拟应聘岗位的渴望，以引起面试官的注意。

在进行自我介绍时，求职者还要注意以下一些禁忌，不要因为一句不该说的话而影响了整个自我介绍：

第一，内容不要过于简单。3～5分钟的自我介绍，求职者只用一分钟就全部讲完了，接下来就等面试官来提问，从主动变为被动。如果面试官没有问到求职者最擅长的东西，那么求职者也就浪费了一次展示自己的机会。

第二，不要头重脚轻。在刚开始进行自我介绍时，求职者把自己的经历说得眉飞色舞，到了后面发现时间不够用了，之后的自我介绍就只能草草了事，这样可能会导致面试官对求职者所讲述的内容有所忽略，也可能会对求职者的能力做出错误判断。

第三，不要光介绍背景不介绍自己。有的求职者把自己曾任职的单位介绍得头头是道却没有介绍自己，这样面试官不但对求职者没有任何了解，而且也不清楚求职者的求职愿景是什么。

第四，不要主动地介绍业余爱好。如果面试官不主动问起，求职者没有必要提及个人的业余爱好，因为个人的业余爱好不等同于个人的特长，是对工作没有帮助的事情，求职者一般不要主动提起。

第五，不要背诵求职简历。求职者一定不要全篇照背自己的求职简历，而是要让面试官了解和观察到一些求职简历以外的内容。说话的时候，求职者要自然大方，要用简单、通俗的语言将想要表达的关键信息说好。

任务4　名片礼仪

小小的名片毁了一笔大生意

经中间人介绍，A公司的徐总经理和B公司的李总经理准备洽谈一笔生意，如果成功的话双方所在的公司都会因此而获利，所以双方的积极性都很高。见面后，徐总经理首先拿出自己的名片恭恭敬敬地递给李总经理，李总经理单手接过名片后一眼没看就放在茶几上。接着，李总经理拿起茶杯喝了口茶后随手又把茶杯压在了名片上。徐总经理见此情形随意说了几句话后就起身告辞了。事后，徐总经理郑重其事地告诉中间人这笔生意不用做了。李总经理得知此事后百思不得其解。

教师请学生思考并讨论：徐总经理拒绝与李总经理做这笔生意的原因是什么？

名片是一个人身份的象征。由于名片具有印制规范、文字简洁、使用方便、便于携带、易于保存等优点，现已成为人们进行私人活动和公务交往的重要工具。

一、名片的制作

现在，名片的规格一般长为9厘米、宽为5.5厘米。若无特殊需要，不应将名片制作得过大。名片上印有名片持有人的姓名、职务、工作单位、联系电话、传真号码、电子邮件等信息。有的名片上还印有名片持有人的业务范围、社会兼职等内容。

根据名片的印刷纸张种类的不同，名片可以分为普通名片（铜版纸名片）、特种纸名片和PVC名片。在制作名片时，名片持有人应根据名片的设计风格和自己的预算来选择名片的印刷纸张。一般来说，大面积色块的名片设计适合用铜版纸或铜版纸覆膜印刷。因为铜版纸的纸张较厚，印刷颜色较为鲜艳，而且性价比较高。特种纸是个性名片首选的印刷纸张，纸的本身就带有纹理，质感特别强。特种纸常见的种类有刚古纸、冰白纸、莱尼卡、布纹纸等。PVC名片的优点是耐磨、防水、具有鲜明的时代感。名片制作除了纸张的选择以外，现在新出现的很多新工艺也为名片的个性化提供了诸多的选择。目前，比较常见的工艺有烫金（银）工艺、凹凸工艺、圆角工艺和折卡工艺等。名片持有人可以根据自身的实际需要来选择适合自己的名片。

在国内使用的名片，宜用简体字，忌用繁体字。如果名片上同时印有中文和外文时，则应正面是中文，背面是外文。在名片上，切勿将两种文字交错印在同一面上。此外，名片既不能手工自制，也不能以复印、油印、影印的方法制作，它们均不够正规。

二、递送名片的礼仪

在社交场合，名片是人们进行自我介绍的一种简便方式。名片持有人在递送名片给他人时应郑重其事，最好是起身站立，走上前去，眼睛注视着对方，面带微笑，将名片的正面面向对方，双手捧上递向对方，并大方地说："这是我的名片，请多关照""请多指教"等，切勿以左手或手指夹着名片递送给他人。

交换名片的顺序一般是"先客后主，先低后高"。当名片持有人与多人交换名片时，应依照职位高低的顺序或是由近及远依次进行，切勿跳跃地进行，以免对方有厚此薄彼之感。名片的递送应在介绍之后，名片持有人在尚未弄清楚对方的身份时不要急于递送名片，更不要把名片像传单一样随便散发。

三、接受名片的礼仪

在接受他人的名片时，我们应起身，面带微笑，注视对方，接过名片时应说："谢谢"，切不可一言不发。接受名片时，我们宜用双手捧接或用右手接过，不要单用左手接过。接过名片后，我们应当从头至尾将其认真地默读一遍，如果遇到一些自己不熟悉的字可以礼貌地向对方请教，切勿胡乱瞎猜使对方感到不快。接过名片后，我们应将其放在自己随身携带的公文包或手提包里，以示尊重，切勿接过对方的名片后看也不看就塞入口袋或丢进包里，或把名片放在手中随意摆弄、扔在桌子上。如果暂时把名片放在桌子上，切记不要在名片上放置其他物品，并且临走时不要忘记将名片带走。接过对方的名片后，我们一般需要回敬一张自己的名片给对方，如果身上未带名片时应向对方表示歉意。

四、名片的整理

我们通过职业交往或社交活动收集到的名片应该及时进行整理、收藏，以便日后使用。整理名片的方法主要有四种：（1）按姓名的外文字母或汉语拼音顺序分类存放；（2）按专业或部门的不同分类存放；（3）按姓名的汉字笔画多少分类存放；（4）按国别或地区分类存放。这四种方法也可以交叉使用。如果因为工作的原因需要存放的名片很多，我们既可以编一个索引，也可以使用电子存储设备进行存储和分类，这样使用起来就更加方便。

技能训练

1. 学生在课后收集5张名片，并仔细观察这些名片的纸张、大小、颜色、内容等，评价一下这些名片有无可改进之处，并试着为自己设计一张名片。教师挑选一些学生设计的名片进行展示。

2. 案例分析

2019年4月，上海商品交易会上各方厂商云集，企业家济济一堂。天地公司的李总经理听说利达集团的王董事长也来参加这次的商品交易会了，于是想利用这个机会认识一下这位商界名人。在午餐会上，他们终于见面了。李总经理彬彬有礼地走上前去，说道："王董事长，您好，我是天地公司的总经理，我叫李聪，这是我的名片。"说着，他便从随身携带的公文包中拿出名片递给了对方。王董事长此时正在与别人谈话，他顺手接过李总经理的名片简单地回应了一句"您好"并匆忙地看了一眼名片，便放在一边的桌子上。李总经理在一旁等了一会儿，见这位王董事长并没有交换名片的意思便失望地离开了。

问题：（1）请你从名片礼仪的角度来分析案例中的双方有无不妥之处？

（2）如果你是李总经理，你会怎么做？

3. 学生每2人一组，训练如何递接名片。在训练的时候，学生要注意动作要领、表情和语言。教师要注意纠正学生在训练中出现的细节问题，并请出几组学生进行现场展示。

知识拓展

中国名片的由来

在中国，名片最早可以追溯到秦汉时期，它与社会的发展密不可分。名片起源于交往，名片离不开文字。在古代，人们在登门拜访时用名片来通报姓名。在还没有纸张的时候，人们就把自己的籍贯、官爵和要说的事项刺在竹片上，称作"谒""名帖"等。

西汉史籍中称名片为"谒"。《释名·释书契》载："谒，诣也；诣，告也。书其姓名于上，以告所至诣者也。""谒"就是下级对上级、晚辈对长辈通报姓名时用的名片。

20世纪80年代，在安徽马鞍山发现的东吴将军朱然的墓中出土了3枚"谒"。这3枚"谒"就是用木片制作而成的，长24.8厘米，宽9.5厘米，厚3.4厘米，其顶端的中心位置写着一个"谒"字，右边直行墨书："□节右军师左大司马当阳侯丹扬朱然再拜"，表面有一大片空白，这是为书写贺礼钱数而特意留出的位置。

东汉时，"谒"又叫"名刺"，据《后汉书》记载，名士祢衡刚到颍川（今许昌）时，就在身上藏了一块刻字的木板求见于人。

"谒"一般用在比较正式而庄重的场合，平时在亲朋好友和同僚之间使用的是一种比较简易的名片，称做"刺"。在我国，"谒"的出现比"刺"要早一些，但"刺"在东汉时已经非常流行了。因为，"刺"比"谒"更灵便、更轻巧、更实用，在使用的过程中，"刺"也就顺理成章地取代了"谒"。

到了隋唐，由于纸张的普及，谒就不再使用木片作为载体，而是改用更为便捷的纸张为载体。因此，它的名称也就逐渐改称为"帖""名纸""门状"。

宋代的名纸还留有主人的手迹。据张世南在《游宦纪闻》中记述，他藏有黄庭坚书写的名纸，而秦观送他的名纸则类似于现在的贺卡。

元代易谒为"拜帖"，明清时又称"名帖""片子"。其内容也有所改进，除了自报姓名、籍贯以外，还书写了官职。

到了明代，统治者沿袭了唐宋的科举制度，人们交往的机会增加了，学生见老师、小官见大官都要先递上介绍自己的"名帖"。明代的"名帖"为长方形，一般长7寸、宽3寸，递帖人的名字要写满整个帖面。递帖给长者或上司，"名帖"上所书的名字要大，以谦恭，"名帖"上的名字小会被视为狂傲。

清朝才正式有了"名片"的称呼。由于西方列强的不断入侵，人们与外界的交往增加了，和国外的通商也加快了名片的普及。清朝的名片开始向小型化发展，特别是在官场，官职小的人使用较大的名片以示谦恭，官职大的人使用较小的名片以示地位。

而现代意义上的"名片"则来自于西方，可以说是现代商业活动的产物。

任务5　馈赠礼仪

惹恼病人的礼物

有一次，小李因公事到上海出差。事情办完之后，小李想起有一位大客户王先生就在上海，于是想顺道拜访一下他。通过了解，小李得知王先生前几天因为心脏病发作住进了医院。小李心想既然王先生生病了，那自己就一定得去医院探望才行。小李平素最喜欢盆栽，于是他就买了一盆黄色的菊花准备送给王先生。路上，他想起探视病人一般要带点水果，于是就又买了些梨子。到了王先生的病房，小李先与王先生寒暄了几句，然后就送上自己所买的礼品。岂料王先生和其家属一看到他所赠送的礼品时却变了脸色。小李颇感纳闷，又不好明问，只得与王先生聊了一会儿后就悻悻离去。

教师请学生思考并讨论：案例中王先生及其家属为什么脸色变了？

馈赠是指人们在交往的过程中通过赠送给交际对象礼品来表达对对方的尊重、敬意、友谊、祝贺、感谢等情感与意愿的一种交际行为。

在商务交往中，馈赠礼品往往是必不可少的。它常常是人际关系的润滑剂，是传递友情的纽带。不过，在馈赠礼品时送礼者必须注意礼品的选择、馈赠的时机等问题，这样才能真正达到馈赠的目的。

一、礼品的选择

1. 投其所好

由于每个人的性格、爱好、职业、年龄等各不相同，因此对礼品的喜好也不尽相同。为了使受礼者愿意接受并喜爱自己赠送的礼品，送礼者就必须做到投其所好。要想做到这一点，送礼者平时需要多注意观察、多了解受礼者的兴趣和爱好等，多与受礼者进行沟通，以便掌握受礼者的喜好。

2. 注重真情

送礼者应该将自己的真情实感融入礼品中。礼品不一定非要价格昂贵，只要是具有创造性的，而且是精心准备的，哪怕是送礼者自制的礼品（如亲手编织的毛衣、自制的贺卡等），也会得到受礼者的喜爱。

3. 商务交往中赠送礼品的原则

在商务交往中，送礼者在赠送礼品时宜选择具有一些具有宣传性、纪念性、时尚性、针对性的礼品，有时还需要注意礼品要具有便携性。

（1）宣传性。

送礼者在赠送礼品时首先要注意礼品的宣传性，以便推广、宣传企业的形象。这类礼品一般会印有企业自己的标志，常常是企业定制的礼品，这样送礼者在向受礼者赠送礼品的同时也起到了宣传的作用。

（2）纪念性。

送礼者所送出的礼品要能起到使受礼者记住自己或记住自己所在的组织、产品和服务的作用。送礼者赠送礼品，不论获赠对象是集体还是个人，都要注重礼品的纪念性。也就是说，不要过分突出其价值，也不宜以价格昂贵见长，而是应当强调其纪念意义。有时，送礼者向受礼者馈赠价值昂贵的礼品反而会使对方误以为送礼者另有所图，从而心存戒备。

（3）时尚性。

时尚是指一时的风尚、当时的习尚，是被当下的大众普遍认可的一种美的象征。送礼者选择的礼品应该具有时代感和一定的品位，既体现了大众的审美，最好还能具有一些小小的创意，这样的礼品更容易受到受礼者的喜爱。

（4）针对性。

送礼要看对象，礼品不在于其价值的高低，关键在于能否得到受礼者的喜欢。受礼者的性别、年龄、职业、兴趣等各异，送礼者在选择礼品时务必要根据不同的交际对象选择不同的礼品，以满足其不同的需要。

（5）便携性。

方便携带也是送礼者在选择礼品时必须要考虑的一个重要因素。送礼者在选择礼品时，要尽量选择体积不大、不易碎、不笨重的礼品，否则就会增加受礼者的负担，这样做是不礼貌的。

4. 馈赠礼品的注意事项

在商务交往中，在因公馈赠礼品时，无论是单位还是个人都不允许选择以下几种物品赠送给交际对象：一是现金、有价证券；二是价格昂贵的奢侈品；三是烟酒等对健康不利的物品；四是易使异性产生误解的物品；五是触犯交际对象个人禁忌的物品；六是粗制滥造或过时的物品等。

如果送礼者以鲜花作为礼品赠送给受礼者，那么就要适当地了解一些送花的禁忌，以避免送花不当而触犯受礼者的忌讳。在不同的场合，送花也有不少的讲究。例如，不要给病人送盆栽或味道很浓、颜色太艳的鲜花。盆栽有"久病成根"的不好寓意。香味很浓的鲜花（如风信子、百合、玫瑰等）对病人不利，容易引起过敏、咳嗽等，不太适合送给病人；颜色太鲜艳的鲜花（如紫罗兰、大丽花、牡丹等）会刺激病人的神经，激发其烦躁情绪，也不宜送给病人。如果病人喜欢有香气的鲜花，送礼者可以送兰花、月季等有淡淡香气的鲜花。

给不同民族、不同国家的受礼者赠送礼品，也要事先了解好他们的风俗习惯和禁忌。

同一样物品在不同的地方，其赠送效果是不一样的。有的物品在一个国家或地区受欢迎，但到了另外一个国家或地区则不然，甚至可能遭到厌恶和反感。例如，送礼者不要向法国朋友赠送带有仙鹤图案的礼品，也不要向其赠送核桃，因为他们认为仙鹤是愚蠢的标志，而核桃是不吉利的。

受礼者不能向受礼者赠送违背其民族习俗、宗教信仰和生活习惯的礼品，否则会伤害彼此的感情。比如，一般来说在我国人们相互之间忌送钟、伞，因为这意味着不吉利。

二、赠送礼品的时机

1. 选择恰当的时机

馈赠时机即馈赠的具体时间和情势。送礼者选择恰当的时机和合适的时间赠送礼品，可以起到事半功倍的效果。在商务交往中，企事业单位或个人常常会在以下三种情况下赠送礼品：

（1）喜庆的日子里。

送礼者经常会在受礼者的一些喜庆日子里，如公司的开业典礼、周年纪念日、重大项目投产等赠送礼品以示祝贺和纪念，这样可以增进双方的感情。

（2）重大节日里。

有时，对于一些重要的客户或者需要向对方表示谢意时，送礼者可以选择在节日里，尤其是我国的一些传统节日（如春节、中秋节、端午节等）向受礼者赠送一些适当的礼品以表达自己的心意，加强与对方的联系。

（3）参观交流时。

在现代社会，根据工作的需要，我们经常会到一些企事业单位进行参观和交流学习，这时我们需要准备一些礼品赠送给对方，以表达自己的谢意，对方常常也会回赠一些礼品。一般来说，我们作为客人拜访对方时，最好在双方见面之初就向对方赠送礼品；而当我们作为主人接待来访者时，则应该在客人离去的前一天晚上或举行告别宴会时把礼品赠送给对方。

在国际交往中，赠送礼品的时间除了需要考虑适时效应以外，还应注意不同国家、不同民族的风俗习惯。例如，在日本，送礼者要尽量选择在场人数不多时送礼；而在另外一些国家，则必须有其他人在场时送礼才不会被看作是贿赂。

2. 选择合适的场合

馈赠场合即馈赠的具体地点和环境，主要分为公务场合和私人场合。

送礼者赠送礼品的地点要注意公私有别。一般来说，送礼者在商务交往中所赠送的礼品应该在公务场合赠送，如办公室、写字楼、会客厅等。在谈判之余、商务交往之外或私人交往中赠送礼品，则送礼者应在私人居所赠送，而不宜在公共场合赠送。

3. 选择合适的方式

（1）礼物一般应当面赠送。

在正式的商务交往中，送礼者将自己所选择的礼品当面赠送给受礼者时，要进行必要的说明，如要说明礼品的含义、具体用途及与众不同之处，以便使受礼者加深对礼品的印象，同时也表达了送礼者的诚意。例如，美国人的习惯是当场拆开包装并欣赏礼品，同时送礼者会作一番介绍或说明。

礼品应由地位最高者出面赠送。在赠送礼品时，如果条件允许，应该由本单位、本部门在场之人中身份、地位最高者亲自出面赠送。由领导亲自出面向客人赠送礼品，对方会有被重视的感觉，这是对对方的尊重。

（2）礼物要加上包装。

在正式场合，送礼者赠送给受礼者的礼品最好加上包装，向外籍客人赠送礼品则必须要加上包装。对礼物加上包装，这样既可以显示出送礼者对受礼者的重视，也可以显示出送礼者对受礼者的情谊。

礼品一般用包装纸或彩色纸进行包装，即使盒装的礼品也要另外加上包装，并扎上漂亮的绸带或丝带。在许多受礼者的心目中，礼品的精致包装是对他们的尊重。

送礼者邮寄或托他人赠送礼品时也要加上包装，同时还要附上贺卡或名片。

三、接受或谢绝礼品的礼仪

1. 接受礼品的礼仪

（1）双手捧接。

当送礼者表示要当面赠送礼品时，不论受礼者当时工作有多忙，都要停下手中的事情站起身来，做好准备。当送礼者递上礼品时，受礼者应双手捧接过来，最好不要只用一只手去接，尤其是不要只用左手去接。

（2）与对方握手。

接过礼品后，按照惯例受礼者应当先用左手将礼品托在胸前，同时用右手与送礼者相握，以示感谢。要是礼品的体积较大，受礼者可以用双手先捧着礼品慢慢地放在一旁，然后再去与送礼者握手。如果送礼者当时提供的只是一份礼品单，受礼者也应当这样去做，只不过在与送礼者握手前必须先细读一遍礼品单，以示对送礼者的尊重。

（3）致以谢意。

受礼者在同送礼者热情握手的同时，应当向送礼者认真而恭敬地致以谢意。例如，受礼者可以说"谢谢您""真不好意思，让您破费了""它太漂亮了，我很喜欢""这正是我喜欢的"等，以表达自己真挚的谢意。若送礼者所赠送的礼品是由他人转交的，受礼者收到之后应立即为此专门打一个电话给送礼者，向送礼者表示感谢。一般来说，受礼者还应再写一封道谢信或一张道谢卡寄给送礼者。

2. 谢绝礼品的礼仪

（1）拒礼有方。

一般情况下，若送礼者别无他意且其所赠送的礼品无不妥之处时，受礼者不应当过多地进行推辞。假如送礼者赠送的礼品确实不宜接受，受礼者可以拒收。

在拒收时，受礼者要讲究方式、方法，不要让送礼者感到难堪。如果无外人在场时，受礼者可以当面委婉地表明自己的拒收之意。另外，受礼者千万不要态度生硬，无礼地质问、斥责、教训、讽刺或挖苦送礼者。

（2）事后退还。

如果当时在场的人较多，受礼者可以将礼品先收下来，过后再通过当面交还、邮寄交还或请他人代交等方式退还给送礼者。受礼者事后退还礼品，应当口头或书面解释一下理由，并且感谢送礼者。需要注意的是，退还礼品的时间通常不应超过一天。

四、外事活动中的赠礼和受礼

1. 遵守相关规定

根据外事活动中关于赠礼和受礼的相关规定，在对外交往中，己方一般不赠礼也不受礼，若有必要赠礼，则必须经相关授权机关的批准。在与外宾的接触中，己方不准向外宾索取礼品，但如系个人之间互赠礼品，如同学、同事或师生之间互赠纪念性的礼品，则可以接受，并可以由本人自行处理。

2. 特殊情况的处理

在对外交往中，如果对方赠送礼品，己方难以谢绝时可以收下，但己方一般不回礼，或仅酌情回赠少量具有纪念意义的礼品。我国政府代表团（或代表）参加外国重大的庆典活动以及省级以下机关的涉外交往，可以根据实际情况酌情赠礼。我国驻外机构和出国代表团，根据所在国和被访问国的习惯，如果需要可以向接待人员、服务人员赠送纪念品。对于来我国帮助进行建设或讲学的外国专家和技术人员，在他们归国时，己方也可以赠送少量的礼品或纪念品。

3. 如何对待捐赠

华侨、华裔和港、澳、台同胞主动对祖国进行的捐赠，不属于礼品的范围，公益性社会团体、公益性非营利的事业单位和基金会等受赠方可以接受。但是，捐赠活动需要符合国家法律和法规的规定，并按照相关规定履行一定的手续。

技能训练

1. 案例分析

天宇公司的秘书小贺按照经理的要求准备给法国客人购买礼品。他精心挑选了中国当代著名画家的《松鹤图》，并在临别前送给了法国客人，没想到法国客人很不高兴。

问题：（1）法国客人为什么不高兴？

（2）小贺应该送给法国客人什么样的礼品才合适？

2. 案例分析

天宇公司的秘书小贺奉命到机场迎接日本客人。他准备了9朵鲜花送给日本客人，结果日本客人收到花后很生气，当场就把花还给了小贺。小贺很纳闷，这9朵鲜花难道送错了？

问题：（1）小贺送给日本客人9朵鲜花可以吗？为什么？

（2）小贺应该如何做呢？

3. 案例分析

天地公司是杭州的一家知名企业，最近正在和意大利的一家公司洽谈合作项目。谈判进行得非常顺利，双方都很满意。会谈结束后，意大利客人第二天就要回国，王总经理吩咐助理小刘给每位意大利客人准备一份礼品。

助理小刘购买了一批真丝手帕，每条手帕上绣着各种美丽的菊花图案，十分美观大方。此外，助理小刘还将真丝手帕装在特制的纸盒内，盒盖上印有天地公司的标志，显得很漂亮。

当天晚上，王总经理带领全体陪同人员到意大利客人下榻的宾馆去话别，王总经理送给每位意大利客人两盒包装精美的真丝手帕。没想到意大利客人收到礼品后很不高兴，有的表现得极为气愤，还有些伤感。

问题：（1）意大利客人为什么会生气？

（2）助理小刘应该购买什么样的礼品比较合适？

4. 教师在班级中开展关于礼品的调查，请同学们写出自己赠送出的礼品有哪些（每人写3个），最喜欢收到别人赠送的礼品是什么（每人写1个），最后教师统计调查结果，并在全班进行分享。

知识拓展

知识拓展1　各国的馈赠礼仪[①]

馈赠是人际关系中表达友谊、敬重、感激的重要形式，由于文化、历史、民族、社会和宗教等的不同，世界各国在馈赠礼品这个问题上的观念、喜好和禁忌也有所不同，各国均有一套复杂的礼仪习俗和禁忌。

一、日本人的馈赠习俗

在日本，互赠礼品是增进友谊的一种重要方法。在业务交往中，人们在第一次见面时就送礼的现象较为普遍。需要注意的是，日本人通常喜欢奇数，认为其吉利。日本人讲究还礼，但所还礼品的价值一般只需相当于对方礼品价值的一半即可。日本人若不愿意接受对方的赠礼，则会加倍还礼。此外，日本人认为礼品的包装同礼品本身一样重要，既不能用颜色鲜亮的包装纸，也不能用黑白颜色的包装纸来包装礼品。

日本人对装饰着狐狸和獾图案的礼品甚为反感，他们认为狐狸是贪婪的象征，獾则代表着狡诈。我们若到日本人的家里做客，携带的菊花的花瓣应少于16瓣，因为只有皇室徽章上才能有16瓣的菊花。

二、韩国的馈赠习俗

在商务交往中，韩国人对初次来访的客人常常会赠送当地出产的手工艺品，但一般要等客人先拿出礼品后再回赠礼品。韩国人对数字"4"有忌讳，把它视为预示厄运的数字，而对奇数和108等数字则颇为青睐，对数字"9"及"9"的倍数尤其偏爱。

[①] 胡爱娟，陆青霜. 商务礼仪实训[M]. 3版. 北京：首都经济贸易大学出版社，2014：58-59. 有改动。

三、欧洲人的馈赠礼仪

我们赠送给欧洲朋友的礼品不可太贵重：在英国，如果礼品太贵重，会有贿赂之嫌；德国对礼品的价值也有明文规定，价值超过一定数额的就要纳税。

在欧洲，人们在送礼时习惯用一层漂亮的包装纸将礼品包装起来。在选择包装纸时，要注意从颜色、图案等方面精心挑选。在包装礼品前，一定要把礼品的价格标签取掉，如果很难取掉，则应用深色的涂料将其涂掉。德国人对礼品的包装特别讲究，他们喜欢看上去显得高级、前卫的包装纸等，不太喜欢白色、黑色的包装纸，也不喜欢用彩带系礼品。

四、美国人的馈赠习俗

美国人送礼推崇实用的内容加漂亮的形式。在美国，最普遍的送礼形式是请客人吃顿饭、喝杯酒，或到郊外等去共度周末。美国人一般追求新奇。我们如果打算向美国人赠送礼品，最好挑选一些具有浓厚乡土气息和精美别致的工艺品。在美国，受礼者常常当着送礼者的面打开包装并表示赞美，然后邀请送礼者一同享受或欣赏礼品。

五、拉美人的馈赠习俗

在拉丁美洲地区，送礼者在赠送礼品时要注重实用性。在公务交往中，在彼此没有熟识之前不要赠送礼品；谈业务时不要赠送礼品，等谈判结束后，气氛轻松下来时再赠送礼品。

在送礼时，我们也要注意避开"13"等不吉利的数字，此外黑色和紫色是拉丁美洲国家和地区的人忌讳的颜色，这两种颜色意味着阴沉的天气；也不能送刀剑或手绢，刀剑暗示友情的完结，手绢是与眼泪联系在一起的。

项目七 餐饮礼仪

学习目标
---

1. 了解宴请的类型、准备工作和赴宴的基本礼仪，掌握宴请准备工作的一些具体事项。

2. 了解中餐的桌次、席位和餐具使用礼仪的基本知识，掌握中餐用餐的基本礼仪，能优雅得体地用餐。

3. 了解西餐的席位位列、菜序、餐具的使用礼仪的基本知识，掌握西餐的用餐礼仪，能优雅得体地用餐。

4. 了解自助餐的特点与种类，掌握自助餐的礼仪，能优雅得体地用餐。

5. 了解酒水的基本知识和礼仪，掌握斟酒、敬酒的顺序，能根据实际情况得体地敬酒。

6. 了解茶的基本种类、特点和茶具的选择，掌握敬茶的方法，能正确地上茶与敬茶。

任务1 职场宴请礼仪

海鲜宴出了什么问题

小胡在著名的外资企业A公司做总经理助理。晚上，A公司要正式宴请国内的大客户——来自西安的B公司王总经理一行，以答谢他们多年来的支持。小胡提前预订好了酒店，并安排好了菜单。为了体现A公司的诚意，在菜品的安排上小胡特意提高了档次，主要以空运的海鲜为主，并且他还亲自到酒店确认了宴会的安排，检查了宴会厅的布置、席位卡的摆放等。然而，虽然宴会的饭菜质量很好，但是客人们似乎并不喜欢，王总经理也面有不悦。小胡很纳闷，为什么自己精心安排的海鲜宴却没有达到预期的效果呢？

事后，小胡了解到，由于自己考虑不周，忽略了来自西安的客人们喜欢吃面食而不太喜欢吃海鲜的饮食习惯，所以海鲜宴并没有得到客人们的认可。

教师请学生思考并讨论：在职场宴请中如何安排菜单才能达到宴请的目的呢？

宴请是国际交往中最常见的交际活动之一。在交际活动中，宴请常常是一种用来表示欢迎、庆贺、饯行、答谢以增进友谊、融洽气氛的重要方式。宴请并不是宴请方随随便便地请客人吃饭，各国的宴请都有自己国家和民族的特点与习惯。宴请方只有熟练地掌握宴请的礼仪规范才能使宴请的功能得到有效的发挥。

一、宴请的类型

国际上通用的宴请的类型有宴会、招待会、茶会、工作餐等。宴请方举办宴请活动采用何种形式，通常要根据活动目的、邀请对象以及经费开支等因素来决定。

1. 宴会

宴会是正式的宴请形式，宾主双方坐下来用餐，由服务人员按顺序上菜。按照不同的标准，宴会可以有不同的分类。按照规格的不同进行分类，宴会可以分为国宴、正式宴会、便宴和家宴。按照餐型的不同进行分类，宴会可以分为中餐宴会、西餐宴会和中西合餐宴会。按照用途的不同进行分类，宴会可以分为欢迎宴会、答谢宴会、节庆宴会、告别宴会和招待宴会等。按照时间的不同进行分类，宴会可以分为早宴、午宴和晚宴。其他如鸡尾酒会、冷餐会、茶会等也可以列入宴会的范畴。

（1）国宴。

国宴是指国家元首或政府首脑举行的国家庆典，或为外国元首、政府首脑来访而举行的正式宴会。国宴的规格最高，宴请方需要根据礼宾次序来安排座次，并同时在宴会厅内悬挂国旗。宾主双方入席后，乐队演奏国歌，主人和主宾先后发表讲话或致祝酒词。

（2）正式宴会。

正式宴会通常是指企事业单位或团体等有关部门为欢迎应邀来访的客人或来访的客人为答谢主人而举行的宴会。正式宴会除了不悬挂国旗、不演奏国歌以及出席人员的级别不同以外，其余的安排大体与国宴的安排相同，也需要安排座次。许多单位或团体对正式宴会十分讲究，所以往往会在请柬上注明对于出席者着装的要求。

（3）便宴。

便宴是相对于正式宴会而言的，是指比较简便的宴席。便宴即非正式宴会，常见的有午宴和晚宴，有时也举行早宴。便宴的形式简便、灵活，可以不排座次，主人和主宾不发表正式讲话,菜肴可丰可俭。另外,便宴的气氛轻松、亲切,便于宾主双方进行沟通和交流。

(4)家宴。

家宴是人们在日常生活中很常见的宴请类型,是指主人在家中设宴招待客人,以示双方的亲切和友好。家宴往往由女主人亲自下厨烹调,家里的人共同招待客人。

2. 招待会

招待会是指各种不备正餐的宴请形式。招待会一般备有食品、饮料和酒水,不安排固定席位,对出席者的着装也无特别要求,有些招待会甚至在时间上也比较随意,具有灵活、简便的特点。招待会包括冷餐会和酒会两种形式。

(1)冷餐会。

冷餐会是指宴请方以冷食为主要食物的一种宴请形式。冷餐会适用于规格不是太高、出席人员众多的会议或礼节性、纪念性活动的宴请。这种宴请形式的特点是菜肴以冷食为主,也可冷热兼备。菜肴与餐具集中摆放在大餐桌上,供客人自取。酒水可以由服务人员端送,也可以摆放在桌上。客人可以按顺序自由地选取食物,也可以多次取食,但忌过量取食。客人可以找到合适的位置坐下进食,也可以站立进餐,大家自由活动、彼此交谈。冷餐会的举办地点可以选择在室内,也可以选择在花园里。我国举行的大型冷餐会往往用大圆桌,设座椅,主宾席安排固定座位,其余各席不安排固定座位。由于冷餐会这种宴请形式既简单、经济又随意,因而得到了广泛运用。

(2)酒会。

酒会又称鸡尾酒会,是指宴请方主要用酒水来招待客人的一种宴请形式。酒会的形式较为活泼,便于客人之间相互接触或交谈。在酒会上,鸡尾酒是用多种酒按一定的比例放入容器,并放入适量的果汁调配而成的酒,最上等的是香槟鸡尾酒。现在的酒会不一定要准备鸡尾酒,但酒的品种要多一些,一般少用或不用烈性酒,并略备一些风味小吃、菜点。酒会不设座椅,仅放置小桌或茶几。客人可以随意走动,彼此自由交谈,从服务人员所提供的托盘中取食。酒会的举行时间在中午、下午和晚上均可。

3. 茶会

茶会是指宴请方以茶水来招待客人的一种宴请形式。茶会以主人请客人品茶为主,亦可略备一些点心、风味小吃。茶会对茶叶和茶具的选择比较讲究:茶具一般要用陶瓷器皿,不用玻璃杯,更不能用热水瓶来代替茶壶。而对于茶叶的选择,我国一般用绿茶、红茶等,如果茶会的举办地就是茶叶产区,一般会用当地独具特色的茶叶;也有不用茶叶而用咖啡的,但仍以茶会来命名,其内容安排与茶会基本相同。茶会的举办地点通常设在客厅、会议室,摆放好茶几和座椅,但不安排座次。但是,如果是为贵宾举行的茶会,在入座时主人要有意识地和主宾坐在一起,其他的出席者则可以随意就座。另外，茶会一般在下午4点左右举行，也有的茶会在上午10点左右举行。

4. 工作餐

工作餐是指单位为职工或来访的客人提供的比较简单的餐食。工作餐是目前国际交往中常用的非正式宴请形式，宾主双方可以利用共同的进餐时间，围绕某项工作或某个问题边吃边谈。按照用餐时间的不同，工作餐可以分为工作早餐、工作午餐和工作晚餐。这种宴请形式一般只宴请与工作有关的人员，不邀请宴请对象的配偶。通常，工作餐使用长桌来安排座次，以方便宾主双方在进餐的过程中能够进行交谈。其费用既可以由宴请方支付，也可以由宾主双方各付各的。工作餐既简便又符合卫生标准，特别是在日程活动紧张时，它的作用尤为明显。

二、宴请的准备工作

1. 确定宴请的目的

宴请方首先应该明确宴请的目的，然后根据目的选择相应的宴请形式。在宴请时，宴请方既可以是个人，也可以是集体。大型的宴请活动一般可以以集体的名义发出邀请，无论是大型宴请活动还是小型宴请活动，社交性较强的宴请通常可以请主宾的夫人出席。主人若已婚，一般以夫妇的名义发生邀请。

2. 确定宴请对象、宴请规格和宴请范围

宴请方确定宴请对象、宴请规格和宴请范围的依据主要是宴请的目的、宾主双方的身份、国际惯例及经费等。在宴请时，宴请方最好单独宴请特定的一方，这样可以使宴请对象能够感受到宴请方的重视与尊重。宴请规格主要是由宾主双方的身份和宴请形式来决定的。在通常情况下，宾主双方的身份应该对等。在上述提到的宴请的类型中，国宴的规格最高，正式宴会的规格次之。宴请采取何种形式，在很大程度上还取决于当地的习惯做法。一般来说，正式的、规格高、人数少的宴请形式以宴会为宜；人数多的宴请形式以冷餐会或酒会更为合适；企事业单位迎接新年或集体座谈某项事项以及一些社会团体的活动多采用茶会的形式。在确定宴请对象时，宴请方应列出名单，然后根据名单对宴请对象的资料认真进行分析，并将其作为确定最后人选的依据。宴请方在确定宴请范围时还应考虑政治因素、文化因素、民族习惯和国际惯例等。如有国宾来访的欢迎宴会，宴请方除了邀请代表团人员以外，还可以适当地邀请该国在本地区的工作人员参加。企事业单位为了开展节庆活动举行的宴会，是否邀请同行业具有竞争关系的相关人员要慎重考虑。

3. 确定宴请时间和宴请地点

宴请时间应安排在宾主双方都方便的时候，宴请方一般要遵循"主随客便"的原则，应当尽量避免安排在宴请对象所在国家或地区的重大节假日、有重要活动和

禁忌的日子。例如，宴请方宴请欧美国家的客人，应避免安排在圣诞节等节日。

宴请方还要根据宴请对象，活动的性质、规模的大小及形式等因素来确定宴请地点，一般应考虑环境幽雅、卫生良好、设施完备、交通方便的地方。如官方正式、隆重的活动，一般安排在政府或政策允许的酒店内进行，其余则按活动形式、主人意愿及实际可能而定。

4. 邀请宴会嘉宾

邀请就是宴请方通过口头或书面的形式，将宴会活动的相关内容（如宴会举办的目的、名义、形式、范围、时间、地点）与要求等告知宴请对象。

口头邀请是宴请方当面或者通过电话邀请宴请对象，然后等待宴请对象的答复，如工作餐一般会采用口头邀请的方式。

书面邀请是宴请方给宴请对象发送请柬邀请其参加宴会，这样做既是出于礼貌，也是对宴请对象的提醒，因此一般的宴请都应发送请柬。请柬的内容除了包括宴会举办的目的、名义、形式、范围、时间、地点、主办单位或主办人的姓名以外，还可以注明着装要求、回函要求及其他的说明等。装请柬的信封上要工整地写上或打印上被邀请者的姓名、职务及敬称。宴请时发出的请柬有时会在其左下角标明"需回函"，并印有回函的姓名和电话号码；或者印好回函卡并搭配信封，并将其与请柬一起装入信封中邮寄给宴请对象。通常，请柬要在宴会举行前1～2周发出，以便宴请对象提前做好准备。在宴会举行前夕，宴请方可以再通过打电话或发短信等形式向宴请对象进行确认和提醒。

5. 确定菜单

宴请方可以根据宴请的规格在规定的预算标准内安排菜单。宴请方在选择菜肴、确定菜单时，应充分考虑宴请对象尤其是主宾的饮食习惯、口味好恶、宗教禁忌、健康状况、个人禁忌等具体情况，此外还要注意冷热搭配、荤素搭配和营养均衡，其中显示宴请规格和档次的主菜可以优先安排，还可以安排具有当地特色的菜肴。菜单中的菜品最好还要做到不同的材料、不同的口味、不同的颜色、不同的烹调方法兼具，这样既丰富了口味，也做到了膳食平衡。大型且正式的宴会常常会在餐桌上放上一份印制精美的菜单让宴请对象清楚地知道每道菜。在宴请外宾时，宴请方要尽量少安排生硬且需要啃食的菜肴，外国人在用餐时很少将咬到嘴中的食物再吐出来，这也需要有所考虑。

6. 安排桌次和席位

为了使宴请活动井然有序地进行，同时表达出宴请方对宴请对象的重视和尊敬，较为正式的宴会需要宴请方提前安排好桌次和席位，并且要在发出的请柬上注明桌次号。任何规格的宴会，只要宴席超过一桌，就会涉及桌次问题。桌次问题的核心是要先确定主桌。主桌位置的确定总体上要遵循"以右为上""以中为上""以远为上"的原则。其他的餐桌，离正门越远、离主桌越近、位置越靠右，则桌次越高。

桌次较多的宴会，宴请方应当在每张餐桌上放置桌次牌或姓名牌，便于宴请对象较快地找到自己的席位。

在同一桌上，宴请对象的座次是以主人为中心，按照"右高左低"的原则依次排列的。若宾客携带夫人出席，通常把女方要安排在一起，即主宾坐在男主人的右上方，其夫人坐在女主人的右上方。在外国则习惯将男女宾客掺插安排，以女主人为准，主宾坐在女主人的右上方，主宾的夫人坐在男主人的右上方。

7. 布置现场

宴会厅和休息厅的布置取决于宴请活动的性质和形式。在比较正式的宴会中，现场的布置应该严肃、庄重、大方，不宜用霓虹灯做装饰，但可以用少量的鲜花（以短茎为佳）、盆景、插花做点缀。有些宴会还要悬挂条幅，若要准备话筒等设备，应在主桌的背后设一个立式话筒或发言台。如果配有乐队演奏席间乐，那么乐队不要离餐桌太近，且乐声要轻。宴请方最好能安排乐队演奏几首宴请对象家乡的乐曲或其喜欢的乐曲。此外，在宴会现场，宴请方要安排好迎宾人员、接待人员和引导人员，做好宴会的各项准备和服务工作。

在布置宴会时，宴请方根据具体情况可以用圆桌，也可以用长桌或方桌。两桌及两桌以上的宴会，桌与桌之间的距离要适当，各个座位之间的距离也要相等。一般来说，冷餐会的餐台用长方桌，酒会既不设菜台也不设座位，只布置一些小圆桌或茶几，以便宾客放置酒杯或点心碟。宴会的休息厅通常会摆放小茶几和沙发，以便主要宾客在宴会开始前休息。

三、宴请的基本礼仪

1. 迎宾入席

在正式的宴请中，为了表示对宴请对象的尊重，宴请方要在大门口热情地迎接宴请对象，并主动地打招呼问好。若有尊贵的宴请对象，宴请方还应列队欢迎。若举办大型的宴会，宴请方要在宴会厅的门口张贴桌次排列示意图，或将其印制好后发给每位宴请对象。宴请方的接待人员按照先女宾后男宾、先主宾后一般来宾的顺序，引领宴请对象进入休息厅或直接进入宴会厅。在休息厅内，宴请方应有身份对等的人员陪同、照顾宴请对象。主人陪同主宾进入宴会厅的主桌，接待人员随即引导其他的客人相继进入宴会厅就座，宴会即可开始。如果没有休息厅，接待人员可以直接引导宴请对象至宴会厅，但不正式落座，等主人陪同主宾进入宴会厅后，全体人员正式就座，宴会才能正式开始。

2. 致辞祝酒

正式宴会一般都会有致辞，但安排致辞的时间在不同的国家和地区有不同的安排。有的国家和地区是等宴请对象一入席双方即开始讲话致辞；有的国家和地区是在上完热菜之后准备上甜食之前，由主人先致辞，接着由客人致辞。我国一般习惯于在正式宴会开始时就由主人先致辞，接着由客人致答谢词。在致辞时，服务人员要停止一切活动，参加宴会的所有人员均暂停饮食，专心聆听以示尊重。冷餐会和酒会致辞的形式则更显灵活，领导或主人在致辞的最后一段都会提议大家共同举杯、共同干杯。因此，服务人员在致辞即将结束时应迅速地把酒斟满，供主人和主宾等祝酒用。

3. 宴会中的斟酒

中式宴会的上菜菜序一般是冷盘、热炒、大菜（通常以汤菜结束）、甜点、水果，西式宴会的上菜菜序一般是开胃菜、汤、主菜、甜品、热饮。中式宴会从开始上冷盘大家就开始饮酒。在西式宴会上，酒随奶酪或甜食一起上桌，酒瓶要放在主要领导或男主人的面前，酒杯可以与酒同时上桌或在布置餐具时预先摆好。在斟酒时，主人或服务人员应一只手执瓶身、另一只手扶瓶侧，面带微笑、全神贯注地将酒慢慢地倒入对方的杯中。需要注意的是，在斟啤酒时，应让泡沫溢至杯口；白兰地酒只需倒至1/3杯或更少些；红葡萄酒倒至大半杯即可；白酒或其他烈性酒宜倒至酒杯的2/3处左右。

4. 宴会中的敬酒

在宴请的过程中，主人一般要依次向所有的客人敬酒或按桌次敬酒。在敬酒时，主人要上身挺直、双腿站稳，右手执杯、左手垫杯底，以双手举起酒杯，并向客人微微点头示意，等对方饮酒时自己再跟着饮。主人敬酒的态度要稳重、热情、大方。需要一一敬酒时，主人应按礼宾次序先向主宾敬酒，再依次向其他的客人敬酒。在客人较多的场合，主人可以依次到各桌敬酒，并提议大家一起干杯，这时主人只要举杯示意即可，不必与客人一一碰杯。在宴请外宾时，主人不要过分地劝酒劝菜，也不要说"酒菜不好，请原谅"之类过分谦虚的话，这样会使客人误以为主人有意怠慢对方。在让酒、劝酒时，主人要尊重客人的意愿，不能强人所难，破坏了宴会的友好气氛。

5. 宴会中的交谈

宴请是借"吃"的形式达到宾主双方相互认识、相互了解、相互交流、增进友情、加强协作的目的。因此，无论是主人还是客人在席间一味地埋头吃喝而不与他人进行交流都是一种不礼貌的行为。宾主双方应就彼此都感兴趣的话题进行亲切的交谈。交谈的范围可以选择一些具有大众性、趣味性、愉悦性的话题，既要避免谈及忌讳的、敏感的、容易引起争执的话题，也不要深入谈及具体的、实质性的话题，即要"多叙友情，少谈工作"，切不可把餐桌变成谈判桌，以免陷入僵局，使双方觉得不快。同时，宾主还应注意不要将话题只围绕着自己而忽略了其他人。总之，宴会中的一切交谈要从增进友谊、活跃宴会气氛的角度出发。

6. 适时结束、送客

宴会举行的时间一般为90分钟左右，以最多不超过两个小时为宜。若宴会结束过早，会使客人感到没有尽兴，甚至对主人的诚意表示怀疑；若时间过长，则宾主双方都会感到疲劳，反而冲淡了宴会的气氛。因此，当宴请程序基本完成时，主人要掌握时机适时地宣布结束宴会。一般来说，在水果吃完后，宴会即可结束。有时，主人可以为客人准备一份小纪念品或者鲜花，宴会结束时主人要招呼客人带上纪念品或者鲜花。主人及相关陪同人员应先将主宾送至门口，热情地握手告别。主宾离去后，接待人员应按顺序与其他的客人礼貌地握手道别。

四、赴宴的基本礼仪

宴请的成功，除了宴请方周到、热情的招待以外，宴请对象的密切配合也是一个重要因素。

1. 应邀与准备

接到出席宴会的邀请后，宴请对象应及时地答复宴请方，以便对方进行安排。接受邀请后，宴请对象不宜随意改动，如果因故确实不能应邀出席时必须尽早通知宴请方，诚恳地说明原因并表示歉意。

无论是在国内还是在国外，赴宴被认为是一种仪式、一种社交活动。因此，注重仪容和服饰是赴宴者应注意的礼仪。在出席宴会时，女士应认真地梳洗打扮，适度化妆；男士要理发修面，力求给人以沉稳大方的印象。在正式宴会上，女士应穿着较为华丽的礼服，男士则应根据宴会举行的地点、时间、形式等穿着无尾的半正式礼服或成套西装。

2. 准时出席

出席宴会是否能掌握好时间，这在一定程度上反映了宴请对象对宴请方的尊重程度，同时也体现了宴请对象的基本素质，所以宴请对象绝不能马虎大意。没有特殊原因的话，宴请对象不要迟到和早退，一般情况下应于宴会开始前5分钟到达宴请地点。当然，宴请对象也不宜去得过早，否则会给宴请方增添麻烦。如果主人在门口恭候，客人应走过去与主人握手、问好、致意；否则，客人应先到主人的迎宾处向主人问好。如果是节庆活动，客人应表示祝贺，也可以按照宴请的性质和当地的习惯向主人赠送花束或花篮。如果宴会已经开始，迟到的客人应向其他的客人致歉，并适时地与主人打招呼，表示自己已经赴宴。

3. 优雅入座

如约到达宴请地点后，宴请对象由接待人员引导，和先到的客人相互致意后从休息室步入宴会厅，按照接待人员的指引和主人的安排就位落座，或按照座位上的姓名卡入座，但不可随意乱坐。一般是本桌的主宾入座后，其他的客人才可以坐下。宴请对象应从椅子的左方入座,坐姿要端正自然,既不可过于拘谨,也不要散漫随便。宴请对象可以将身体轻靠在座椅背上,座椅离餐桌的距离应该远近合适,与左右两侧的客人的距离也要远近合适,同时自己感觉舒适为好。入座后,宴请对象不要东张西望,应姿态优雅地和邻座的客人交谈几句,或者神态安详地倾听别人的谈话。在攀谈时,宴请对象双手自然摆放,不要将手臂、手肘放在桌子上,双手交叉放在脑后或者用手托着下巴。

4. 文明进餐

入座后,宴请对象不可玩弄桌上的酒杯、盘碗、刀叉等餐具。当主人示意用餐时,客人才可以打开餐巾。餐巾可以用来擦拭嘴部和手指,但不可以用来擦拭餐具。用餐者在取菜时应坚持使用公用的筷子或汤匙。嘴里的骨头、鱼刺等不要吐在桌子上,而是要放在菜盘的边上。用餐者不要站起身来夹取食物,当别人夹给自己的食物自己不喜欢时一般不能拒绝。如果用餐者不想再添酒时只要稍稍做个挡住酒杯的手势即可,但不要用手蒙住杯口或将酒杯倒扣在桌上。在席间,如果用餐者遇到意外情况,如将汤汁溅在邻座客人的身上或者他人弄脏了自己的衣服等,均应沉着冷静地处理,不要大惊小怪。用餐时,用餐者不要狼吞虎咽、发出声音,口内含有食物与人交谈以及毫无遮挡地剔牙,这些都是极不雅观的。在餐桌上清嗓子、擤鼻涕、补妆、宽衣解带、脱袜脱鞋、餐后不加控制地打饱嗝等也都是粗俗不雅的行为。

5. 礼貌敬酒

不管是中餐还是西餐,饮酒和敬酒都是宴会中必不可少的程序,也是宴请方向宴请对象表达敬意的良好方式。一般情况下,敬酒应该以年龄的大小、职务的高低、宾主双方的身份为先后顺序,宴请方一定要充分考虑好敬酒的顺序,分清主次。

在敬酒时,客人或者下级不应首先提出与主人或上级干杯。若主人向客人敬酒,会喝酒的客人应该有礼貌地奉陪,而不应拒绝;不会喝酒的客人可以要一些饮料来代替,并向主人说明自己不会喝酒,以完成宴会上的礼仪程序。在参加宴请时,宾主双方饮酒应把握分寸,要适可而止,绝对不能贪杯失态。在餐桌上极力劝酒、放肆地饮酒等都是不文明的行为,会有损用餐者的形象。

6. 告辞致谢

宴会结束后,一般先由主人向主宾示意,请其做好离席的准备,然后从座位上站起,这是请全体人起立的信号。客人在告辞时应礼貌地向主人道谢,通常是男宾向男主人告辞、女宾向女主人告辞,然后交叉,再向其他的人告辞。一般来说,席间所有的人都不应提前退席,若确实有事需要提前退席时,应向主人打招呼后悄悄离去。如果是正式宴会,客人除了在宴会结束时对主人表示谢意以外,还可以在2~3天内打电话、发送电子邮件或寄送印有"致谢"字样的卡片或便函表示感谢。有时,私人宴请也需向主人表示谢意。

项目七 餐饮礼仪

 **技能训练**

1. 案例分析

我国的A公司与美国的B公司洽谈合作事宜，A公司花了大量的时间做前期准备工作。在一切准备就绪之后，A公司邀请B公司派代表来该公司进行考察。前来考察的B公司的总经理在A公司领导的陪同下参观了该公司的生产车间、技术中心等一些场所，对A公司的设备、技术水平以及工人的操作水平等都表示认可。A公司非常高兴，决定设宴招待B公司的总经理。A公司将宴请地点选在一家十分豪华的大酒楼，有20多位A公司的中层领导前来作陪。B公司的总经理以为A公司还有其他的客人和活动，当知道只是为了招待他一个人时感到不可理解。B公司的总经理在回国之后发来一封电子邮件，拒绝了与A公司的合作。A公司对此百思不得其解。

教师请学生思考并回答：B公司的总经理为什么拒绝了与A公司的合作？

2. 情景描述

2019年5月18日是甲公司成立100周年的纪念日。为了庆祝公司成立100周年，甲公司的董事会在年初就组建了一个百年庆典活动筹备小组，具体负责筹划甲公司成立百年庆典的系列活动，包括编印公司史志和画册，布置公司的陈列室，举办"中国×××发展论坛"，召开纪念大会、新闻发布会、产品订货会等。这期间有一项重要的任务由行政助理小张负责，那就是活动期间所有的宴请接待安排。

小张首先向百年庆典活动筹备小组索要了一份庆典活动安排，然后根据活动的内容挑选出那些需要进行宴请活动的项目，打印出一份清单，并提出了相关建议，同时将其提交给了担任百年庆典活动筹备小组组长的王总经理审批。

王总经理同意之后，根据甲公司收到的邀请回执，小张安排好了百年庆典活动中的几次宴请活动，考虑到有少数民族代表和外宾出席，她还专门确定并审查了菜单，并到国际大酒店查看了宴会大厅的面积、音响设备、贵宾休息室……

5月18日上午，百年庆典活动结束后，甲公司在国际大酒店设宴招待参加百年庆典活动的嘉宾，主要包括政府及相关部门的领导、合作企业的领导、行业专家、客户代表、媒体代表等90人。

教师请学生代小张拟写一份这次宴会的准备方案。

知识拓展

宴会中途离席的礼仪[①]

如果客人确实需要在宴会的中途离席，那么要特别注意以下相关礼仪：

[①] 汪彤彤. 职场礼仪[M]. 2版. 大连：大连理工大学出版社，2014：214. 有改动。

一、向主人说明情况

如果客人在席前就已准备中途告别,那么最好在宴会开始前就向主人说明情况,届时向主人打个招呼后即可悄悄离去。如果客人是临时有事需要提前离席,那么同样应向主人说明理由。在客人向主人说明离席理由时,一定要向主人表达歉意。

二、选择恰当的时机

客人提前道别的时机最好在宴会活动相对告一段落时,如在宾主之间相互敬完一轮酒或客人均已用餐完毕之后。

三、尽量减少影响

客人中途道别只需和主人打招呼或者向其他的宾客点头示意,然后离开便可,主人也不必离席远送,尤其是在宴请宾客的人数较多时更不应该如此,以免影响宴会的气氛。

任务2 中餐礼仪

小董的困惑

小董是某高校的应届毕业生,毕业后进入A公司从事行政工作。不久前,A公司要举办成立5周年的庆祝晚餐,小董主要负责协助办公室主任做好这次晚餐的各项准备工作,具体包括席位安排、迎宾等,办公室主任负责点菜。当天晚上,大家对菜肴赞不绝口,但对座位的排序却有些不满,后经办公室主任的协调才算平息了座位风波。而在用餐时,小董在餐桌上说话、吃东西的声音很大,A公司的领导委婉地批评了她。事后,小董感到有些疑惑,难道跟同事在一起聚餐就不能说话吗?吃东西发出声音领导也要管吗?而自己在家里一直是这样用餐的。

教师请学生思考并讨论:我们应如何帮助小董解开她的疑惑?

知识平台

据《周礼》记载,我国在周代就已经形成了一套相当完善的饮食礼仪。这些礼仪日臻成熟和完善,它们在古代社会发挥过重要的作用,对现代社会依然产生了深远的影响。用餐不仅可以满足人们饮食的需要,而且它也是一种社交形式,在餐桌上往往最能体现出一个人的涵养。所以，无论是作为主人还是作为客人，我们都必须掌握基本的中餐礼仪。

一、中餐的桌次及席位安排

人们在食用中餐时偏爱使用圆桌，因为圆桌既可以坐更多的人，也方便大家面对面地进行交流，更重要的是它符合我们期盼"大团圆"的普遍心态。中餐的桌次布局及席位安排既体现了客人的身份及其所受到的礼遇，也表现出了主人对客人的尊重，所以是中餐宴请准备中的一项重要内容。

1. 桌次布局

桌次的排列要根据宴会厅的形状和餐桌的数量等来确定。主桌确定以后，其余桌次的高低以距离主桌的远近而定。一般来说，桌次应遵循"面门定位、临台（主席台或发言台）为上、居中为尊、远（对）门为上、右高左低、近高远低、间隔适当、合理布局"的原则来进行布置。宴请方在安排多桌宴请的桌次时，应考虑其距离主桌的距离，即距离主桌越近，桌次就越高；距离主桌越远，桌次就越低。

（1）两桌的桌次布局。

由两桌组成的小型宴会分为两桌竖排和两桌横排两种情况。当两桌竖排时，按照距离正门的远近不同，桌次讲究以远为上、以近为下。当两桌横排时，桌次讲究以右为上。需要注意的是，这里所说的左和右，是由面对正门的位置来确定的。其具体形式如图7-1和图7-2所示。

图7-1 两桌竖排　　　　　　　　图7-2 两桌横排

（2）三桌的桌次布局。

由三桌组成的中小型宴会分为三桌三角形排列、三桌竖排和三桌横排三种情况。当三桌呈三角形排列时，主桌在离正门较远的中心位置，其他两桌讲究以右为上、以左为下，这里的左和右是由面对正门的位置来确定的。当三桌竖排时，按照距离正门的远近不同，根据"以远为上、以近为下"的原则来依次排列；当三桌横排时，中间的桌次为主桌，主桌的右边为上、左边为下，这里的左和右也是由面对正门的位置来确定的。其具体形式如图7-3、图7-4和图7-5所示。

图7-3 三桌三角形排列　　　　　　　图7-4 三桌竖排

图7-5 三桌横排

（3）三桌以上的桌次布局。

宴请方在安排三桌以上的多桌宴请的桌次时，在注意"面门定位""以右为尊""以远为上"的原则的同时，还要兼顾其他各桌距离主桌的远近。通常，距离主桌越近，桌次就越高；距离主桌越远，桌次就越低，其具体形式如图7-6和图7-7所示。

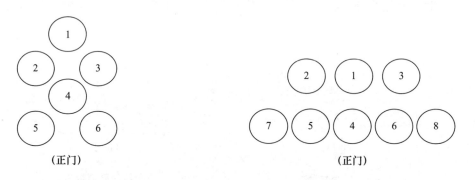

图7-6 三桌以上的桌次布局（1）　　　图7-7 三桌以上的桌次布局（2）

为了确保宴请对象及时、准确地找到自己所在的桌次，宴请方可以在入席前将其所在的桌次通知每个宴请对象，使其做到心中有数；也可以在宴会厅的入口处张贴宴会的桌次排列示意图，并在现场安排接待人员引导出席者就座；还可以在每张餐桌上摆放桌次牌。

2. 席位安排

在中餐中，每张餐桌上的具体位次（即同桌席位的次序）有主次之分。一般来说，排列位次的基本方法应遵循以下礼仪规范：

（1）主人应坐在主桌上，面对宴会厅的正门，主宾则坐在主人的右首。如果主宾的身份高于主人，为了表示尊重，主宾一般安排在主位，而主人则改坐主宾的位置。

（2）同一张餐桌上位次的高低根据距离主人的远近而定，以近为上，以远为下。若与主人的距离相同，则主人右侧的位次高于左侧。男主人和女主人在同一张餐桌上就座的，以男主人为第一主人、女主人为第二主人，主宾和主宾的夫人分别在男主人和女主人的右侧就座。

（3）如果设有两桌宴席，那么男主人和女主人应分开主持，且以右桌为上。如果是多桌宴会，那么除了主桌以外的其他各桌均应有一位主人的代表在座。其他各桌的主人的代表一般应与主桌的主人同方向就座，有时也可以面向主桌的主人或侧对主桌的主人就座。

（4）如果室内外有优美的景致或高雅的演出供用餐者欣赏，那么，观赏角度最好的座位是上座。如果宴会的规模很小，如在酒店的大厅里用餐，那么通常以靠墙的位置为上、靠过道的位置为下。

（5）在商务宴请中，宴请方会依据宴请对象职务的高低来排定位次，职务或社会地位高者为上，坐上席。女士排名的次序与其丈夫相同。

具体来说，一个主位的席位排列如图7-8所示，两个主位的席位排列如图7-9所示。

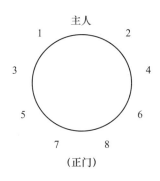

图7-8 一个主位的席位排列

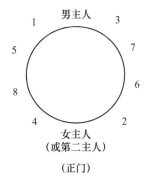

图7-9 两个主位的席位排列

为了便于宴请对象准确无误地就座，除了宴请方和接待人员要及时地加以引导与指示以外，还应在每位来宾所属位次正前方的桌面上，事先放置好写有来宾姓名的座位卡。涉外宴请的座位卡应以中文和英文两种文字来书写。我国的惯例是中文在上、英文在下。在必要时，座位卡的两面都要书写来宾的姓名。

二、中餐餐具的使用礼仪

1. 筷子

筷子是中餐中最主要的餐具。在使用筷子时，通常用餐者必须成双使用。用筷

职业形象塑造

子取菜、用餐的时候，用餐者需要注意：不论筷子上是否残留有食物，都不要去舔筷子；不要把筷子的一端含在嘴里，用嘴来回地嘬并发出声音；与人交谈时，要暂时放下筷子，不能一边说话一边挥舞着筷子，更不能用筷子对着别人指指点点；不要把筷子竖插在食物上面；不要用筷子来回地在菜盘里上下乱翻；不要在用餐时用筷子敲击菜盘和碗。

2. 勺子

勺子的主要作用是用餐者用来舀取菜肴和食物。用餐者用筷子取食时，也可以用勺子来进行辅助，但需要注意的是：不要单用勺子去取食，用勺子舀取食物时切忌过满，免得溢出来弄脏了餐桌或自己的衣服；在用勺子舀取食物时，可以在原处暂停片刻，等汤汁不会再往下流时再放到菜盘或碗里；如果食物太烫，可以先放到自己的菜盘或碗里等凉了以后再吃，不能用勺子舀来舀去，也不要用嘴对着吹；不要把勺子塞到嘴里反复地吮吸、舔食，暂时不用勺子时应放在自己的食碟上。

3. 食碟

中餐中的盘子有很多种，稍小点的盘子就是食碟，主要是用来盛放从公用的菜盘里取来的菜肴。用餐时，用餐者需要注意：食碟在餐桌上一般要求保持原位；一次不要拿取过多的菜肴，也不要把多种菜肴堆放在食碟里，那样看起来十分不雅观；不吃的残渣、骨头、鱼刺等不能直接从嘴里吐在食碟上，更不能吐在桌子上或地上，而应该用餐巾掩住嘴，轻轻地用筷子取出或吐在餐匙上，并放在食碟的前端；如果食碟放满了，可以示意让服务人员帮忙更换。

4. 碗

中餐中的碗主要用来盛饭、盛汤。用餐时，用餐者可以手捧饭碗就餐。拿碗时，用餐者要用左手的4个手指支撑住碗的底部，拇指放在碗的上端。吃饭时，饭碗的高度大致和用餐者下巴的高度保持一致。

5. 水杯

在中餐中，水杯主要用来盛放清水和汽水、果汁、可乐等软饮料。但是，用餐者既不要用水杯来盛酒，也不要倒扣水杯。如果倒扣水杯，杯口接触桌面，可能会沾染不洁的东西。按照我国的礼节，扣杯有表示不满之意。因此，倒扣水杯是一种不太礼貌的行为。此外，用餐者喝进嘴里的东西不能再吐回水杯中。

6. 湿毛巾与餐巾

在中餐中，用餐前服务人员有时会为每位用餐者准备好一块湿毛巾。用餐者不要用湿毛巾来擦脸、擦嘴、擦汗，它只能用来擦手。擦手后，用餐者应该把湿毛巾放回盘子里，由服务人员拿走。在正式的宴会结束前，有时服务人员会为用餐者再送上一块湿毛巾，它只能用来擦嘴。

用餐前，用餐者应先将餐巾打开铺在腿上，用餐完毕后随手将其放在食碟的右侧，不能将其放在椅子上，也不要叠得方方正正而被服务人员误认为未使用过。另外，餐巾只能用来擦嘴而不能擦脸或擦汗等。

7. 牙签

在餐桌上，用餐者尽量不要当众用牙签剔牙。如果因为某些原因确实需要这么做，用餐者可以用另一只手遮盖住自己的嘴巴。另外，用餐者不要长时间地叼着牙签，也不要用牙签随便地扎取食物，这些都是不礼貌的行为。

三、中餐用餐的基本礼仪

1. 等待上菜的礼仪

（1）表情和动作要得体。

在等待上菜的过程中，用餐者应把双手自然地放在桌面上或把手自然地垂放在大腿上，切忌将双臂的肘部支于桌面或用手托腮，甚至把下巴放在手背上。另外，用餐者的脚要放在自己的座位下，不要伸到别人的面前，且忌抖动双腿。

（2）适当地照顾尊者。

这里的尊者是相对而言的，主要是指在共同用餐的人中的领导或年长的人，另外女士相对于男士而言也可以视为尊者，需要适当地关照一下。适当的照顾主要是指主动地为其提供一些帮助和服务，如拉开座椅，向服务人员要东西，在必要时帮忙添茶倒酒等。

（3）注意适度地进行交流。

用餐者要和一起用餐的其他人打招呼，即使和周围的人都不太熟悉，也要试着和对方适度地进行交流，不能一声不吭地坐着或低头玩手机等。

2. 用餐开始的礼仪

中餐宴会开始的基本礼仪是：主人不动筷子，客人不能吃；主人不举杯，客人不能喝。宴会开始时，一般先由主人致祝酒词。此时，用餐者应停止谈话，不能吃东西，并注意倾听主人致辞。待致辞完毕，主人邀请大家进行用餐后，用餐者才能开始用餐。

3. 取菜的礼仪

（1）不要主动地为他人夹菜，在特殊情况下要尽量使用公用的筷子或勺子。

孔子曰："己所不欲，勿施于人。"在用餐的时候为了表达自己的热情好客，有时用餐者可以劝客人品尝一下新菜肴或是劝客人多吃一些，但切勿越俎代庖，不由分说便主动为他人夹菜、添饭，以免让对方感到为难。如果是应客人的需求或在客人不方便自己夹菜等特殊情况下，用餐者一定要尽量使用公用的筷子或勺子来帮助对方夹取食物。

（2）按顺时针方向转动转盘。

在旋转转盘时，用餐者要关注其他人的需求。在比较正式的宴请活动中，餐桌上的转盘最好按顺时针方向转动，这样便于大家依次取食。上菜后第一轮的取菜，用餐者最好在自己夹完菜后将菜肴转到邻座用餐者的正前方，这是一种礼貌。在用餐的过程中，用餐者在旋转转盘时一定要看有没有人正在夹菜，等对方夹完后才可以转动转盘。

（3）夹菜要文明。

菜肴上桌后，用餐者应等菜肴转到自己面前时再动筷子，不要抢在其他人的前头夹菜，尤其是当菜肴在主宾处而主宾尚未动手时，其他人都不应先夹菜。当然，主宾若不夹菜，而轮到其他用餐者夹菜时，应迅速地夹菜。夹菜时，用餐者最好先挑选离自己最近的菜肴夹取，不可站起来伸长手去夹取远处的菜。另外，用餐者一次不要夹取得太多，适合自己的菜肴可以多次夹取，切不可挑挑拣拣，夹起又放下。取完菜后，用餐者最好让筷子上的食物在自己的碗或食碟中放置片刻后再送入口中，尤其是取食汤汁多的菜肴时尤其要注意。遇到邻座用餐者夹菜时应先让对方夹取，谨防出现筷子相碰的尴尬情况。

4. 进餐的礼仪

进餐时，用餐者的举止要优雅，要注意以下礼仪：

（1）嚼食物时要闭住嘴巴，用餐者不要张嘴发出很大的声音。

（2）当食物过热时，用餐者可以稍候再吃，但切勿用嘴吹；如果不小心食用了太热的汤或食物，用餐者不要将其吐出，可以用喝冰水、饮料等方法加以调和。

（3）对于吃不完的食物，用餐者可以放在食碟里面，让服务人员撤走。

（4）喝汤时，用餐者要用勺子将汤舀到嘴里，不要发出声音，更不要将碗端起一饮而尽或一边吹一边喝。

用餐者在用餐时把大块的食物往嘴里塞，狼吞虎咽，发出响声，或把带壳、带骨头的食物等直接吐在桌子上或地上都是不礼貌的行为。

有时，在品尝虾、蟹等食物时需要用餐者直接动手，这时服务人员往往会在餐桌上摆上一个水盂，其中飘着柠檬片或玫瑰花瓣。这样的水不能喝，只能用来洗手。洗手时，用餐者的动作不宜过大，不要乱抖乱甩，应用两只手轮流沾湿指头，轻轻地涮洗，然后用餐巾擦干。遇到自己不熟悉的食物时，用餐者不要鲁莽动手，也不要问自己不熟悉的客人，应等别人食用后自己再用，以免闹笑话。

5. 交谈的话题

中餐比较讲究在用餐时要有一种融洽、和谐、热情的气氛，所以用餐者在餐桌上会通过喝酒、交谈等方式来提升用餐的气氛。也就是说，有时候吃饭讲究的其实不只是吃饭本身，更主要的是情感交流，商务宴请更是如此。商务宴请是商务活动的延伸，目的在于交流情感、增进友谊、加深了解。在餐桌上，只有合适的话题才能为双方的商务交往起到良好的促进作用。

（1）餐桌上适宜交谈的话题。

无论是组织宴会还是参加宴会，宴请方和宴请对象都应提前了解一些出席宴会者的基本情况，事先准备好一些合适的话题，用餐时就可以相互交流。用餐时，用餐者应尽量多谈论一些大部分人都能够参与的话题，这些话题不宜太偏、太专业，这样其他人才有参与的积极性。

在餐桌上，适宜交谈的话题包括以下五种类型：

① 轻松愉快的话题。这类话题是出席宴会者在餐桌上的首选话题，如天气情况、旅游观光、风土人情、文艺演出、流行时尚、文学、历史、经济等。当然，交谈的前提是参与交流的人不要不懂装懂，以免贻笑大方。

② 和工作相关的话题。比如，我们向对方请教其所从事行业的情况；或者如果对方有兴趣，可以向对方介绍自己所从事行业的情况。

③ 关于时事新闻的话题。这样的话题是大家普遍关注的，比较容易参与进来，但切忌不要加入过多的个人感情色彩。

④ 关于故乡的话题。在中国人看来，双方稍加熟悉之后询问对方的故乡并非不礼貌。如果双方有兴趣，大家可以一起谈谈各自故乡的美景、名人、小吃等，这样可以增进了解、拉近距离。

⑤ 关于共同经历的话题。比如，双方都毕业于同一所学校或者在同一个地方生活过，谈论这样的话题会激发对方的兴趣，同时也能大大拉近彼此之间的距离。

（2）餐桌上禁忌的话题。

在餐桌上，有些话题一般是不宜用来进行交谈的，具体包括：

① 令人不愉快的话题，如关于悲伤的、死亡的、疾病的、不幸的话题会破坏宴会的融洽气氛，一般不宜在餐桌上交谈。还有一些让人觉得不雅或者让人觉得不妥的话题也不要在餐桌上交谈。因为用餐既是生理上的享受也是心理上的享受，如果说一些让人倒胃口的话题会让人们面对整桌的美味佳肴却失去了就餐的兴致。

② 议论他人的话题，如议论第三方，特别是有关第三方的负面新闻；或冷漠地议论他人的不幸遭遇；谈论他人的私生活，传播流言等。

③ 自我炫耀的话题，如在餐桌上高调地谈论自己的成功，没有任何谦虚的语气。

④ 敏感的话题，如关于宗教、政治等敏感的话题以及有可能引发争议的话题都不适合在餐桌上进行交谈。

> **技能训练**

1. 查阅资料

教师请学生查阅资料，了解筷子的使用禁忌，思考这些使用禁忌在自己的生活中是否会出现，以后应该如何进行改进。

2. 情景描述

2019年5月18日上午，甲公司百年庆典活动结束后，该公司在国际大酒店设宴招待参加庆典活动的嘉宾，主要包括政府及相关部门的领导、合作企业的领导、行业专家、客户代表、媒体代表等90人。张董事长亲自出席宴会，王总经理在国际大酒店门口亲自迎接客人。

（1）学生分组根据中餐礼仪对宴会的桌次及席位进行安排，画出桌次及座位安排的平面图（在平面图的空格内填入主人、第二主人，并根据重要程度或顺序填写出1~8个座位号）。

（2）学生分组模拟演示行政助理小张陪同王总经理在国际大酒店门口迎接客人及散席后送客的情景，并展示引领客人入座环节。

（3）学生分组模拟演示在宴请的过程中出现气氛比较沉闷的情况时应如何恰当地处理。

注意：

（1）在条件允许的情况下，学生分组模拟演示可以选择在实训室进行，在餐桌上可以放置桌次牌、座位卡、酒具、餐具、餐巾等物品。

（2）学生分组模拟演示必须严格按照中餐宴请的程序和礼仪要求进行。

> **知识拓展**

中餐的点菜技巧

中餐的点菜是一门学问，要讲究时令、风味、价格、原料以及组合等因素。

一、准备工作

在确定酒店或餐馆时，主人既要了解客人的身份、宗教禁忌及口味喜好等，也要了解酒店或餐馆的风格、档次及其特色菜肴的口味和价位等。

二、点菜的原则

在点菜时，主人要对宴请的对象、规格和菜肴的搭配等做到心中有数。

（1）看宴请的重要程度。对于普通的商务宴请，主人按照接待标准安排菜单即可。如果宴请的对象是重要的客户，主人需要确定宴请的规格，然后再决定点什么菜。

（2）人均一菜。一般来说，人均一菜是比较通用的规则，如果男士较多的话可以适当加量。

（3）菜肴搭配合理。在点菜时，主人要顾及中餐菜序中各个环节的菜肴特点，最好是荤素搭配、冷热兼顾并突出时令菜肴。如果男士较多，主人可以多点些荤菜；如果女士较多，则主人可以多点几道清淡的蔬菜。

（4）不当面询问价格。在点菜时，主人不要当着宴请对象的面向服务人员询问菜肴的价格，或是讨价还价。

三、中餐点菜"三优先"

在点菜时，主人一般要优先考虑以下三类菜肴：

（1）具有中餐特色的菜肴。像炸春卷、蒸饺子、煮元宵、狮子头、宫保鸡丁等是具有鲜明中国特色的菜肴，常常受到很多外国客人的喜欢，主人在宴请外宾的时候可以优先考虑。

（2）具有地方特色的菜肴。具有地方特色的菜肴一般更受外地客人的欢迎，如西安的羊肉泡馍、湖南的毛家红烧肉、北京的烤鸭等。主人在当地宴请外地客人时可以点上几道具有地方特色的菜肴。

（3）具有酒店或餐馆特色的菜肴。很多的酒店或餐馆都有自己的特色菜，主人为客人点上一份具有本酒店或本餐馆特色的菜肴，能表现出主人的细心和对客人的尊重。

四、中餐点菜"四忌"

在安排菜单时，主人必须考虑客人的饮食禁忌，特别要注意主宾的饮食禁忌。

（1）宗教禁忌。主人对客人的宗教禁忌不能疏忽大意，要特别尊重客人在饮食方面的宗教禁忌。

（2）健康禁忌。主人要考虑客人的健康情况，在点菜时对于某些食品也应有所禁忌。如患有胃肠炎、胃溃疡等消化系统疾病的客人不适合吃甲鱼，高血压、高胆固醇患者要少喝鸡汤等。

（3）喜好禁忌。不同地区、不同民族的人的饮食偏好往往不同，主人在安排菜单时要有所兼顾。比如，有的客人不吃动物内脏，有的客人不吃海鲜，有的客人不吃辣椒等，主人在点菜时也应该加以尊重。

（4）职业禁忌。有些客人因自身职业的原因，在饮食方面往往也有各自不同的特殊禁忌。比如，公务员或司机在工作期间是不可以饮酒的。

任务3　西餐礼仪

"绅士"的迷惑

有位绅士独自在西餐厅里享用午餐，他优雅的风度吸引了许多人的目光。当侍者将主菜送上来后不久，他的手机突然响了，他只好放下刀叉，把餐巾放在桌上，然后起身去接听电话。十几分钟后，当这位绅士重新回到餐桌的座位时，桌上的酒杯、牛排、刀叉等全都被侍者收走了。

教师请学生思考并讨论：为什么侍者收走了这位绅士的餐具和牛排？

西餐是西方式餐饮的统称。除了与中餐在口味上存在区别以外，西餐还有两个鲜明的特点：一是源自西方国家；二是必须以刀叉取食。由于中西方饮食文化的不同，西餐的菜序、餐具、摆台、酒水菜点、用餐方式、用餐礼仪等都与中餐有较大的差别。随着人们生活水平的提高以及对外交往活动的不断增多，在我国，西餐已成为人们进行宴请活动的一种形式。因此，了解西餐的一些常识和礼仪对于我们来说是十分必要的。

一、西餐的座次

从总体上来讲，西餐座次的安排原则是"女士优先，恭敬主宾，以右为尊，距离定位，面门为上，交叉排列"。西餐的座次习惯是男女交叉安排，以女主人的位置为准，男主宾坐在女主人右边，女主宾坐在男主人右边，其他的男女宾客相间而坐。西方人认为，这种排列方式有利于结交更多的朋友。通常，以离主人座位的远近来决定客人座次的高低，离主人越近者地位越高，反之则地位越低。

西餐的座次排列方式如图7-10、图7-11、图7-12和图7-13所示。

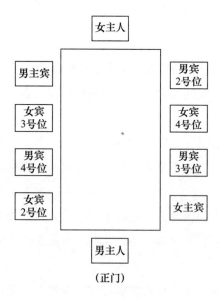

图7-10　西餐长桌座次（1）

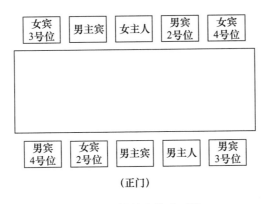

图7-11 西餐长桌位次（2）

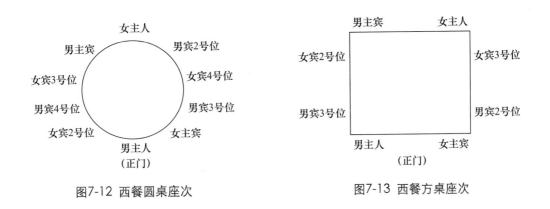

图7-12 西餐圆桌座次　　　　　图7-13 西餐方桌座次

二、西餐的菜序

西餐的菜序是指用餐者在享用西餐时正规的上菜顺序。西餐的菜序与中餐的菜序具有明显的不同。例如，在中餐里，汤是在所有的冷菜和热菜上完之后和点心一起端上桌的；而在西餐中，汤是在开胃菜之后就要上的。在大多数情况下，西餐的正餐往往会由七八道菜肴构成。西餐的菜序不仅复杂多样，而且十分讲究。

1. 开胃菜

西餐的第一道菜是开胃菜，亦称头盘。有的西餐厅在客人落座之后会先赠送一些餐前面包，以表示欢迎之意。在西餐的正餐里，有时并不把开胃菜列入正式的菜序，而是仅仅作为餐前的开胃小吃。开胃菜一般有冷头盘或热头盘之分，常见的品种有鱼子酱、鹅肝酱、熏鲑鱼、虾仁鸡尾杯、奶油鸡酥盒、焗蜗牛等。这里的冷头盘和热头盘主要是根据食物的温度来划分的。冷头盘一般是指冷藏过的食物。热头盘是指刚刚制作完成的热气腾腾的食物。因为是用来开胃的，所以开胃菜一般都具有特色风味，味道以咸和酸为主，而且数量较少、色泽悦目。

2. 汤

西餐中的汤风味别致、品种多样，具有极好的开胃作用。在西餐里，头盘往往不被列入正式的菜序。只有用餐者开始喝汤时，才可以算是正式开始吃西餐了。西餐中的汤一般可以分为清汤和浓汤两大类。清汤就是用牛肉、鸡肉或鱼及蔬菜等煮制出来的除去脂肪的汤。浓汤就是加入面粉、黄油、奶油、蛋黄等制作出来的汤。世界各国都具有自己风味独特的、具有代表性的汤，如法国的洋葱汤、意大利的蔬菜汤、俄罗斯的罗宋汤、美国的蛤蜊汤等。

3. 副菜

西餐里的菜可以分为主菜和副菜。其中，副菜的品种主要包括各种淡水与海水的鱼类、贝类及软体动物类。因为鱼类等菜肴的肉质鲜嫩，比较容易消化，所以放在肉类菜肴的前面。有时候，蛋类、面包类和酥盒菜肴等也是副菜。在西餐里，用餐者吃鱼类等菜肴讲究使用专用的调味汁，品种有鞑靼汁、荷兰汁、酒店汁、白奶油汁、大主教汁、美国汁和水手鱼汁等。

4. 主菜

主菜是西餐的核心内容，通常是肉类菜肴和禽类菜肴。肉类菜肴的原料取自牛、羊、猪等各个部位的肉，其中最有代表性的是牛肉或牛排，常用烤、煎、铁扒等烹调方法烹制成各式菜肴。肉类菜肴的味道比较浓重，配用的调味汁主要有西班牙汁、浓烧汁精、蘑菇汁、白尼丝汁等。肉类菜肴往往反映了西餐宴会的档次与水平。禽类菜肴的原料取自鸡、鸭、鹅，通常将兔肉和鹿肉等野味也归入禽类菜肴。在禽类菜肴中，品种最多的是鸡，有山鸡、火鸡、竹鸡等。在西餐中，厨师常用煮、炸、烤、焖的烹饪方法来制作各类禽类菜肴，其配用调味汁有咖喱汁、奶油汁等。

5. 蔬菜类菜肴

在西餐中，蔬菜类菜肴被称为沙拉，可以安排在肉类菜肴之后，也可以与肉类菜肴同时上桌。与肉类菜肴同时上桌的沙拉称为生蔬菜沙拉，一般是用生菜、西红柿、黄瓜、芦笋等制作而成。沙拉的主要调味汁有醋油汁、法国汁、千岛汁、奶酪沙拉汁等。

还有一些蔬菜是熟食的，如花椰菜、煮菠菜、炸土豆条。由于熟食的蔬菜通常是与主菜的肉类菜肴一同摆放在餐盘中上桌的，所以称为配菜。

6. 甜品

西餐的甜品是在主菜后食用的。从真正意义上来讲，甜品包括所有主菜和蔬菜类菜肴后的食物，如布丁、煎饼、冰淇淋、奶酪、水果等，其中最为常见的是布丁和冰淇淋。

7. 热饮

西餐的最后一道菜品是饮料、咖啡或茶。其中，咖啡一般可以加糖、牛奶或淡奶油，茶一般要加香桃片和糖。比较常见的热饮是红茶或者浓缩咖啡，二者只选其一，不宜同时享用。热饮的主要作用是帮助用餐者消化食物。用餐者可以在餐桌上饮用热饮，也可以到休息厅或客厅饮用。此外，餐后饮料也可以选择餐后酒等。

三、西餐餐具的使用礼仪

西餐的餐具主要有刀叉、餐匙和餐巾等。餐具的选用要根据上菜的顺序来确定，一般来说，按照西餐的规矩，吃什么菜就应该用什么餐具，喝什么酒水就应该用什么酒杯。

1. 刀叉

刀叉是人们对餐刀和餐叉这两种西餐餐具的统称。餐刀和餐叉既可以配合使用，也可以单独使用。

（1）刀叉的类别及摆放位置。

在正规的西餐宴会上，菜肴是一道一道分别上桌的，而且每吃一道菜肴，用餐者都需要更换一副刀叉。也就是说，每道菜肴都要配以专门的刀叉，决不可以从头至尾只使用一副刀叉。

在享用西餐正餐时，在每位用餐者面前的餐桌上，服务人员都会摆放上专门供其个人使用的刀叉，分别用来抹黄油，吃鱼、肉和甜品等。这些刀叉除了形状各异以外，还有不同的摆放位置。例如，抹黄油所用的餐刀是没有与之相匹配的餐叉的，它摆放的正确位置是横放在用餐者左手的正前方；吃鱼和吃肉所用的刀叉通常应当是餐刀在餐盘的右边、餐叉在餐盘的左边，分别纵向摆放在用餐者面前的餐盘两侧，以方便用餐者依次分别从两边由外侧向内侧取用；吃甜品所用的叉勺应最后使用，一般被横向放在餐盘的正上方（如图7-14所示）。

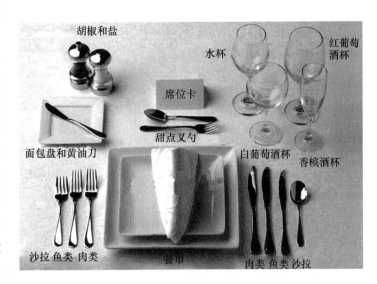

图7-14 西餐餐具的摆放位置

（2）刀叉的使用方法。

用餐者正确的持刀方法为右手持餐刀，拇指抵住刀柄的一侧，食指按于刀柄上，其余三指弯曲握住刀柄。不用餐刀时，用餐者应将其横放在餐盘的右上方。

图7-15 刀叉的使用方法

当刀叉并用时，用餐者应右手持餐刀、左手持餐叉，叉齿向下叉住食物，然后用餐刀来切割食物（如图7-15所示）。用餐者在切割食物时，应当从左侧开始，由左向右逐步进行。用餐者每次切下的食物大小最好以能一次入口为宜，然后用餐叉叉起食物送入口中，既不可以用餐刀扎着吃，也不可以用餐叉叉起后一口一口地咬着吃。需要注意的是，在切割食物时，用餐者应当双肘下沉，前后移动，切勿左右开弓，把肘部抬得过高，也要避免餐具相互碰撞发出声音。用餐者在使用刀叉时，叉齿应朝下，左手持餐叉进食时则应使叉齿朝上，临时将刀叉放下时切勿使刀刃朝外。如果刀叉不小心掉落到地上，用餐者不要继续使用，应请服务人员帮忙换另一副。

（3）刀叉的"语言暗示"。

在吃西餐的时候，刀叉的摆放是有讲究的。在大多数情况下，训练有素的服务人员通过刀叉的摆放形式就可以明白用餐者的意图，然后会按照用餐者的愿望为其服务。

图7-16 暂停用餐时刀叉的摆放

① 暂停用餐。

用餐者暂停用餐时，可以把刀叉按照左餐叉右餐刀的样子分开摆放，并且刀刃要朝内、叉齿要朝下，呈"八"字形摆放在餐盘之上（如图7-16所示）。这表示用餐者还要继续用餐，服务人员就不会把餐盘收走。

② 用餐结束。

用餐结束时，用餐者可以将刀刃朝内、叉齿朝上摆放（如图7-17所示），或按照左餐叉右餐刀并排斜着摆放或纵向摆放（如图7-18所示），或餐刀上餐叉下横放在餐盘里（如图7-19所示）。这样即便餐盘里还有食物，服务人员也会认为用餐者已经用完餐了，并会在适当的时候把餐盘收走。

③ 添加饭菜。

如果用餐者的餐盘已空，但还想继续用餐的话，可以把餐刀和餐叉分开摆放，大约呈"八"字形（有点像暂停用餐时刀叉的摆法，但开口要再大些），那么服务人

图7-17 用餐结束时刀叉的摆放（a）

图7-18 用餐结束时刀叉摆放（b）

图7-19 用餐结束时刀叉摆放（c）

员会再给用餐者添加饭菜。如果每道菜只有一盘的话，用餐者没有必要把餐具放成这个样子。

2. 餐匙

在西餐中，餐匙有三种：一是汤匙，其形状较大，通常被摆放在用餐者右侧餐刀的最外端，并且与餐刀并列排放；二是甜品匙，在一般情况下被摆放在吃甜品所使用的餐叉的正上方，并且与其并列；三是茶匙，是用来搅拌茶、咖啡等饮料的，用餐者在搅拌后应将其从杯子中取出并放在托盘上。

用餐者正确使用餐匙的方法是：用右手的拇指与食指握住餐匙柄，手持餐匙使其侧起，由汤盘的中心向外舀取汤并送入口中。

在使用餐匙时，用餐者应注意：

（1）餐匙只可以用来饮用汤、甜品或搅拌饮料，不可以直接去舀取红茶、咖啡以及其他任何主食、菜肴。

（2）用餐者在用餐匙喝汤或吃甜品时，务必不要过量。一旦入口要一次吃完，不要把一餐匙的东西反复品尝多次。

（3）用餐者使用餐匙的动作要干净利索，不要在汤、甜品、红茶、咖啡之中不停地搅拌。

（4）用餐者已经使用的餐匙不能再次放回原处，也不可以将其插入菜肴或是放在汤盘、红茶杯、咖啡杯之中，正确的做法是将餐匙暂放于餐盘上。

3. 餐巾

（1）餐巾的铺放。

在西餐中，餐巾通常会叠成一定的形状，放置在用餐者面前的餐盘上，有时也直接平放于用餐者右侧的桌面上。西餐中的餐巾分为午餐巾和晚餐巾，午餐巾可以完全打开后铺在用餐者并拢的双腿上，晚餐巾可以打开并对折后铺在用餐者的双腿上。用餐者不能将餐巾围在脖子上或铺在腹部。用餐者已经使用过的餐巾应一直放在大腿上，等散席时才能拿回到餐桌上。中途需离席时，用餐者应把餐巾稍微折一下放在椅子上。用餐完毕，用餐者应把餐巾放在餐桌上，通用的做法是，用餐者首先将腿上的餐巾拿起，随意叠好后放在餐桌上，然后起身离座。如果用餐者站起来后才甩动或折叠餐巾，就不合乎礼仪了。用餐者用完餐巾后无须将其折叠得太过整齐，但也不能随便揉成一团。

（2）餐巾的作用。

在西餐的餐具中，餐巾是一个发挥着多种作用的重要角色。

① 暗示作用。

a. 暗示用餐开始。

按照惯例，如果客人参加正式的宴请，那么宴会开始的标志就是女主人把餐巾铺在双腿上。所有的客人均应向女主人自觉地看齐，当女主人为自己铺上餐巾时等于正式宣布用餐开始，之后其他人才可以打开餐巾铺在双腿上。如果客人参加一般的宴请，入座后马上就将餐巾打开是不合乎礼仪的。通常是在阅读菜单、点完餐后再将餐巾打开铺好。如果宴会上有主人或长辈在座，那么一定要等他们拿起餐巾时其他的客人才能跟着拿起餐巾并打开铺好。

b. 暗示用餐结束。

当女主人把自己的餐巾放在餐桌上时，意在宣告宴会结束，其他用餐的客人见此情景均应自觉地放好餐巾、起身离座。所以，餐巾可以用来暗示宴会的开始或结束。

c. 暗示暂时离开。

在用餐时，用餐者若需要中途暂时离开，往往不必大张旗鼓地向他人通报，而只要把餐巾放置于自己座椅的椅面上即可。这就等于告诉在场的其他人（尤其是服务人员）自己回来后还要继续用餐。

② 保持服装整洁。

用餐者将餐巾铺在双腿上最重要的功能就是为了避免用餐的时候菜肴、汤汁等把衣服弄脏了。

③ 擦拭口部。

通常，用餐者可以用餐巾的内侧擦拭口部，但不能用其擦脸、擦汗、擦餐具。在用餐期间与人交谈之前，用餐者应先用餐巾轻轻地擦拭一下嘴巴，免得吃了汤汁或油腻的食物后嘴上会有残留，这样会显得不太雅观。

④ 遮挡口部。

在进餐时，用餐者一定不要随口乱吐东西，如果非要吐出嘴中的东西或非要剔牙时，用餐者可以用餐巾稍微遮掩一下，以示礼貌。

四、西餐用餐的基本礼仪

1. 入席的礼仪

在用餐礼仪上，西餐比中餐规定得更为严格，它首先表现在入席上。在入席时，由女主人陪同第一男主宾、男主人陪同第一女主宾入席，其他的客人依座次入席，男女主人应分别坐在桌子的两端或两边。就座时，用餐者由椅子的左侧进入，慢慢地拉开椅子坐下；身体保持端正，上身与餐桌的距离以两个拳头为佳；手和肘不要放在桌面上，不要随意摆弄餐桌上已摆好的餐具；双腿平放，不可翘足。入席时，男士应为邻座的女士拉开椅子，照顾其先坐下。

2. 使用刀叉的礼仪

使用刀叉进餐时，用餐者要由外向内取用刀叉，且要左手持餐叉、右手持餐刀。每吃完一道菜，用餐者要将刀叉并拢放在餐盘中。不用餐刀时，用餐者可以用右手持餐叉。如果要进行谈话，用餐者可以拿着刀叉，无须放下；但若需要做手势时就应放下刀叉，千万不可手执刀叉在空中挥舞或摇晃。此外，用餐者既不要一只手拿餐刀或餐叉，而另一只手拿餐巾擦嘴；也不可一只手拿酒杯，另一只手拿餐叉取菜。

如果餐盘内剩余少量菜肴时，用餐者不要用餐叉刮盘底，更不要用手指抓取食物，应以小块的面包或餐叉来辅助食用。在吃面条时，用餐者要用餐叉先将面条卷起，然后再送入口中。

3. 喝汤的礼仪

在喝汤时，用餐者不要用嘴啜，不要舔嘴唇或咂嘴发出声音。如果汤菜过热，用餐者可以待其稍凉后再吃，切不可用嘴吹。此外，用餐者要用餐匙从里向外舀，汤盘中的汤快要喝完时，可以用左手将汤盘的外侧稍稍翘起，用餐匙舀净即可。吃完汤菜时，用餐者要将餐匙留在汤盘中，且将餐匙把指向自己。

4. 食用肉类菜肴的礼仪

在吃鸡腿时，用餐者应先用力将骨头去掉，然后再用餐刀切成小块吃。在吃鱼时，用餐者不要将鱼翻身，要在吃完上层后用刀叉将鱼骨剔掉后再吃下层。在吃有骨头的肉时，用餐者要用餐叉将整片肉先固定好（可以将餐叉朝上，用背部压住肉），再用餐刀沿骨头插入，把肉切开，然后切成小块吃。当洗手水和带骨头的肉一起端上来时，意味着"请用手吃"。用餐者用手拿着有肉的骨头吃完之后要将手放在装洗手水的碗里轻轻地洗干净。

吃肉时，用餐者要切一块吃一块，肉块不能切得过大。吃鱼、肉等带刺或带骨的菜肴时，用餐者不要直接往外吐鱼刺或骨头，可以用餐巾掩住嘴轻轻地吐在餐叉或餐匙上再放入餐盘的前端。

5. 饮用咖啡的礼仪

在饮用咖啡时，如果用餐者需要添加糖或牛奶，添加完后要用茶匙搅拌均匀，但不要用茶匙来捣碎杯中的方糖，且在饮用咖啡时应当把它取出放在咖啡杯的垫碟上。用餐者要用拇指和食指捏住咖啡杯的杯把并将杯子端起，慢慢地移向嘴边轻啜，不宜用手指穿过杯耳再端杯子，也不宜大口吞咽，不要用茶匙舀着咖啡一匙一匙地喝。如果刚刚煮好的咖啡太热，用餐者可以用茶匙在杯中轻轻地搅拌使其冷却，或者等待其自然冷却。用餐者用嘴去吹使咖啡冷却是很不优雅的动作。

6. 食用面包的礼仪

用餐者一般要把面包掰成小块送入口中，千万不要拿着整块面包去咬。在抹黄油或果酱时，用餐者也要先将面包掰成小块再抹。用餐者吃面包时可以蘸调味汁，吃到连调味汁都不剩，这是对厨师的尊重。需要注意的是，用餐者不要把装面包的盘子舔得很干净，而要用餐叉叉住已撕成小片的面包再蘸一点调味汁来吃，这才是比较得体的吃法。

7. 食用水果的礼仪

在西餐中，用餐者要注意水果的吃法：苹果、橙子和梨要先切成4块，然后用手拿着吃；葡萄和樱桃要用手拿着吃；橘子要去皮，然后用手一瓣瓣地拿着吃；香蕉去皮后置于餐盘上，用餐刀切成小段后再叉着吃；草莓用餐叉叉着吃；至于西瓜，切片西瓜可以用餐刀切成小块后用餐叉叉着吃，切成一半的西瓜可以用汤匙舀着吃；柠檬是用来除去某些肉类（如海鲜、鱼等）的腥味的，要用手将其汁挤在海鲜、鱼上吃。在食用需要吐出果皮和籽的水果（如葡萄和橘子）时，用餐者应当用一只手轻轻地掩住口部，另一只手接住吐出的果皮或籽，然后小心地放入餐盘中。

技能训练

1. 情景描述

吃晚饭时，某公司的业务员陈先生走进一家西餐厅就餐。服务员很快就把饭菜端了上来。陈先生拿起刀叉使劲地切割食物，刀叉与盘子相互摩擦发出阵阵刺耳的响声。他将食物切成一块块后，接着用餐叉叉起一大块食物塞进嘴里狼吞虎咽，并将鸡骨、鱼刺吐在洁白的台布上。中途，陈先生随意地将刀叉并排往餐盘上一放，顺手将餐巾放到餐桌上，起身去了趟洗手间。回来后，陈先生发现自己的饭菜已经被服务员端走，餐桌已收拾干净，服务员站在门口等着他结账。陈先生非常生气，在西餐厅里与服务员吵了起来。

教师请学生思考并讨论：陈先生在用餐过程中存在哪些礼仪问题？

2.情景描述

2019年5月18日下午，甲公司百年庆典系列活动之一的"中国×××发展论坛"结束后，该公司在国际大酒店设宴招待参加该论坛的外国嘉宾，主要有欧美国家合作企业的领导、行业专家及日本、韩国的客户代表，共计6人。王总经理亲自出席宴会，并在国际大酒店的门口迎接客人。

（1）学生分小组对西餐宴会座次排列进行安排，并画出座次排列的平面图。

（2）学生分组模拟演示行政助理小张陪同王总经理在国际大酒店的门口迎接客人及散席送客的情景，展示引领客人入座环节。

（3）学生分组模拟演示在宴请的过程中，客人不慎打翻了酒水，洒在行政助理小张的外套上，此时小张应如何恰当地处理。

注意：

（1）在条件允许的情况下，学生分组模拟演示可以选择在实训室进行，在餐桌上可以放置座位卡、酒具、刀叉、杯盘、餐巾等物品。

（2）学生分组模拟演示必须严格按照西餐宴请的程序和礼仪要求进行。

知识拓展

吃西餐应如何点餐[①]

一、西餐的点餐方式

1.套餐

西餐套餐的价格一般是固定的，用餐者只需随意点主菜（如炸鸡、烤鱼、牛排等），而汤、生菜沙拉、面包、甜点、咖啡或红茶都是固定的，价格也是由主菜来决定的。

---

① 汪彤彤.职场礼仪[M].2版.大连：大连理工大学出版社，2014：224-225.有改动。

2. 零点

零点是依顺序一道一道地点菜，每道菜分别计价（面包、黄油不另计价），且其价格稍高于套餐。一般来说，客人先选主菜，然后再点汤、蔬菜沙拉、甜品等。当每位客人决定了自己采取哪种点菜方式、要点哪些菜后便可以告诉主人，再由主人转告服务人员。当然，在人数众多的情况下，也可以由客人直接向服务人员说明自己需要什么菜及饮料。

二、西餐中的牛排

用餐者在西餐厅点牛排或是在高级一点的餐厅点牛排，服务人员都会这样问："您喜欢几分熟的？"一般客人可以回答"全熟""七分熟""五分熟""三分熟"或"一分熟"。

1. 直观地理解牛排的熟度

（1）一分熟：牛排内部为血红色且内部各处保持一定的温度（高于120℃的温度）。

（2）三分熟：牛排内部为桃红色且带有相当的热度。

（3）五分熟：牛排内部为粉红色且夹杂着浅灰色和棕褐色，整个牛排都很烫。

（4）七分熟：牛排内部主要为浅灰色和棕褐色，夹杂着粉红色。

（5）全熟：牛排内部为褐色。

2. 常见的牛排名称

常见的牛排名称有菲力牛排、西冷牛排和T骨牛排，这些名称都是由英语音译而来的，它们各有各的特点。

（1）菲力牛排。

菲力牛排也称牛里脊、腰内肉，特点是瘦肉较多、高蛋白、低脂肪，比较适合喜欢减肥瘦身、要保持身材的女士。

（2）西冷牛排。

西冷牛排也称沙朗牛排，是牛的后腰肉，含一定的肥油，尤其是外沿有一圈呈白色的肉筋，口感比菲力牛排更有韧性、有嚼劲，适合年轻人和牙齿坚硬的人。

（3）T骨牛排。

T骨牛排是牛背上的脊骨肉，呈"T"字形，其两侧一边是菲力牛排，另一边是西冷牛排。用餐者吃T骨牛排时既可以尝到菲力牛排的鲜嫩，又可以感受到西冷牛排的芳香，可谓一举两得。

项目七　餐饮礼仪

任务4　自助餐礼仪

 热身活动

自助餐上的北极甜虾[①]

有一次，总经理派小李代表公司去出席一家外国商社组织的周年庆典活动。正式的庆典活动结束后，那家外国商社为全体来宾安排了一顿十分丰盛的自助餐。尽管在此之前小李并未吃过正规的自助餐，但是她在用餐开始之后发现其他用餐者的表现非常随便，于是她也就"照葫芦画瓢"，像别人一样放松了自己。

让小李感到开心的是，她在餐台上排队取菜时竟然看到了自己平时最爱吃的北极甜虾。于是，她毫不客气地给自己满满地盛上了一大盘。当时，她的想法是：这东西虽然好吃，可也不便多次取用，否则别人就会嘲笑自己没有见过什么世面。另外，北极甜虾这么好吃，这回不多拿一些保不准一会儿就没有了。

然而，令小李感到脸红的是，当她端着盛满北极甜虾的盘子从餐台边上离去时，周围的人都用异样的眼光盯着她。有一位来宾还用鄙夷的语气小声地说道："真丢人。"

教师请学生思考并讨论：为什么有人会说小李的行为真丢人？

 知识平台

自助餐起源于西餐，是目前国际上通行的一种非正式的西式宴会。这种宴会由用餐者采用自助的形式从餐台上选取自己喜欢的食物。由于自助餐的形式不拘一格，用餐者可以自由地进行交谈，因此越来越受到人们的喜爱。

一、自助餐的特点与种类

1. 自助餐的特点

自助餐是厨师将烹制好的菜肴及点心等陈列在餐厅的长条餐台上，由用餐者在用餐时自行选择食物、饮料的一种用餐形式。在我国举行的自助餐通常伴有热菜，或者提供一些半成品由用餐者自己进行加工。

现在，自助餐的许多优点越来越被人们所认可：

[①] 何艳梅，刘常飞. 现代礼仪[M]. 北京：电子科技大学出版社，2015：163. 有改动。

（1）免排座次。

在吃自助餐时，用餐者的座次是不固定的，宴请方甚至不为用餐者提供座椅。用餐者自行取餐后或立或坐，自由地与他人在一起或独自一人用餐。这样既可以免除座次排列之劳，又便于用餐者自由地进行交流。

（2）招待多人就餐。

因为自助餐是自动进行的，所以当用餐者的人数较多时，自助餐不失为一种好的选择。它不仅可以用来招待数量较多的用餐者，而且还可以较好地处理用餐者众口难调的问题。

（3）节省费用。

从酒店经营的角度来看，与传统的餐饮形式相比，自助餐对服务人员数量的需求大幅减少，所以，自动餐被认为是最能缩减成本的餐制形式。一般的自助餐均不提供高档的菜肴和酒水，这也大大地节约宴请方的开支。自助餐的食物品种多，营养丰富，用餐者在一般的酒店要吃到种类众多的食物往往花费较高，相对而言，自助餐是比较经济实惠的选择。

（4）各取所需。

在吃自助餐时，用餐者对自己偏爱的食物只要自行取用就可以了，完全不必担心他人会为此而嘲笑自己。对于自己不喜欢的食物，用餐者可以少取或不取，这样也可以避免浪费。

2. 自助餐的种类

按照自助餐用餐的性质和菜肴的风味来划分，自助餐可以分为西式自助餐、中式自助餐和中西合璧式自助餐三种类型。

按照是否安排座位来划分，自助餐可以分为两种：一种是安排固定座位的，用餐者自己拿取了食物后端回到座位上享用，这种形式常见于餐厅；另一种是不安排固定座位的，可以在室内或者院子、花园里举行，用餐者拿取了食物后可立可坐，也可以四处走动，这种形式通常在家庭派对或企业宴会中采用。

若宴请方决定了所采用的自助餐的形式，就要在请柬上注明"自助餐"或"叉餐"的字样，让客人有所准备。由于是用餐者自行取食，少了安排座位的麻烦，所以宴请方可以把主要精力放在餐台的布置上。

自助餐讲究用餐者要依顺序取菜，否则会造成混乱。大多数自助餐都是按照西餐的顺序上菜和取菜的。宴请方若采用中式自助餐，也要尽量维持好用餐顺序，这样才能做到秩序井然，避免出现用餐者拥挤在餐台旁的场面。

二、自助餐的用餐礼仪

用餐者在享用自助餐时也要遵守一些具体的礼仪规范。

1. 排队取菜

在享用自助餐时,尽管需要用餐者自己照顾自己,但这并不意味着用餐者在取菜时可以随心所欲。用餐者必须自觉地维护公共秩序,讲究先来后到,排队选用食物,不允许乱挤、乱抢、乱加塞。在取菜之前,用餐者要先准备好一只餐盘。轮到自己取菜时,用餐者应用公用的餐具将食物装入自己的餐盘内,然后迅速离去。用餐者切勿在众多的食物面前犹豫再三,让身后的人久等,更不应该在取菜时挑挑拣拣,甚至直接下手或用自己的餐具取菜。

2. 循序取菜

在享用自助餐时,用餐者要了解标准的取菜顺序。用餐者取菜的标准顺序依次是冷菜、汤、热菜、点心、甜品和水果。因此,在取菜时,用餐者最好先在全场转上一圈,了解一下情况,然后再去取菜。如果用餐者不了解这一标准的取菜顺序而在取菜时自行其是、乱吃一通,难免会令自己吃得既不畅快也不舒服。

3. 多次少取

"多次"原则是"多次取菜"原则的简称。用餐者在自助餐上选取某种食物时,可以多次去取,且每次应当只取一小点,待品尝之后觉得好吃的话再次去取,直至觉得自己吃好了为止。相反,如果用餐者要是为了省事而一次取用过量、装得太多,则是失礼之举。

不限数量,保证供应,这正是自助餐大受欢迎的地方。因此,在享用自助餐时,用餐者大可不必担心别人会笑话自己,想吃什么就吃什么。不过,用餐者在根据自己的口味选取食物时,必须要量力而行,切勿多拿多点,最后导致食物的浪费。严格地说,在享用自助餐时,用餐者多吃是允许的,而浪费食物是绝对不允许的。这一条被称为自助餐就餐时的"少取"原则。

"多次"原则与"少取"原则其实是同一个问题的两个不同侧面,"多次"是为了量力而行,"少取"也是为了避免造成浪费。所以,二者往往被合称为"多次少取"原则。

4. 避免外带

所有的自助餐,不管是由宴请方亲自操办的以之待客的自助餐,还是对外营业的正式餐厅里的自助餐,都有一条不成文的规定,即自助餐只允许用餐者在用餐现场里自行享用,而绝对不允许在用餐完毕之后携带回家。在用餐时,用餐者不论吃多少东西都可以,但是千万不要偷偷地往自己的口袋、皮包里装一些自己喜欢的食物,更不能要求服务人员替自己打包。这样的行为也是一种不礼貌的行为。

5. 送回餐具

在一般情况下,自助餐大都要求用餐者在用餐完毕之后、离开用餐现场之前,自行将餐具整理到一起,然后一并将其送到指定的位置。用餐者在庭院、花园里享用自助餐时，尤其应当这么做。用餐者不能将餐具随手乱丢，甚至任意毁损餐具。在餐厅里就座用餐，有时用餐者可以在离去时将餐具留在餐桌上，由服务人员负责收拾。虽然如此，用餐者也应在离去前对其稍加整理，不要弄得餐桌上杯盘狼藉。用餐者自己取用的食物，以吃完为宜，万一有少许食物剩了下来也不要私下里乱丢、乱倒、乱藏，而应将其放在适当之处。

6. 照顾他人

用餐者在享用自助餐时，除了对自己用餐时的言行举止要严加约束以外，还必须与其他的用餐者和睦相处，并对他人适当照顾。对于自己的同伴或碰见的熟人，若对方不熟悉如何吃自助餐，用餐者可以向其简要地进行介绍。在对方愿意的前提下，用餐者还可以向其提出一些具体的有关选取食物的建议。不过，用餐者不可以自作主张为他人取食，更不允许将自己不喜欢或吃不了的食物给他人。

在用餐的过程中，在排队、取菜、找座位时，用餐者对于其他的用餐者要主动加以谦让，不要目中无人、蛮横无理。

7. 积极交际

一般来说，用餐者必须明确在自助餐上吃东西属于次要之事，而与他人进行适当的交际活动才是自己最重要的任务，在参加商务活动性质的自助餐时更是如此。所以，用餐者不应当以不善交际为由，只顾埋头大吃或者来了就吃、吃了就走，而不同其他的用餐者进行任何形式的正面接触。在享用自助餐时，用餐者一定要主动寻找机会，积极地进行交际活动：首先，应当找机会与宴请方攀谈一番；其次，应当与老朋友好好叙一叙旧；最后，还应当争取机会多结识几位新朋友。用餐者可以通过请求主人或者朋友引见或毛遂自荐等方法来认识新朋友，从而加入新的交际圈。在自助餐上，几个人聚在一起交谈是交际的主要形式，也是用餐者扩大自己交际面的最佳机会。

技能训练

1. 情景描述

2019年5月19日下午，甲公司百年庆典系列活动之一的"产品订货会"结束后，该公司在国际大酒店设宴以自助餐的形式招待参加订货会的嘉宾，约有100多人。

（1）学生分组对自助餐的宴请场地进行布置，并画出平面图。

（2）学生分组模拟演示行政助理小张对重要嘉宾的引导服务。

（3）学生分组模拟演示客人享用自助餐的礼仪，如取菜、用餐、交流、送回餐具等。

注意：

（1）在条件允许的情况下，学生分组模拟演示可以选择在实训室进行，在餐桌上可以放置饮料、杯盘、碗筷、刀叉、餐巾等物品。

（2）学生分组模拟演示必须严格按照自助餐的用餐礼仪进行。

2. 情景描述

有一次，在德国留学的小张参加了一个宴会，宴会上主人为客人准备了丰富的自助餐。自助餐上有鱼块，小张就拿了很多鱼块美美地享用起来，而且还一边吃一边吐出鱼刺。但是，小张吃着吃着就看见旁边的人都端着盘子走开了，他们还用异样的眼光看着自己。小张感到莫名其妙，不知道自己有什么地方做的不对。但是，小张还是自顾自地吃着鱼块，他将盘中的鱼块吃完后在桌子上留下了一小堆鱼刺。这次宴会后，小张觉得一些朋友对他冷淡了不少，但他却不知道其中的原因。

教师请学生思考并讨论：小张在宴会上的行为有哪些不符合礼仪之处？

3. 针对自助餐的起源，教师请学生分组查找资料并进行分析和整理，并选取2～3组学生在班级里进行展示和讲解。

知识拓展

鸡尾酒会的礼仪

鸡尾酒是一种混合饮品，它是以朗姆酒、威士忌、其他的烈性酒或葡萄酒为基酒，再配以其他的材料（如果汁、蛋清、苦精、糖等），以搅拌法或摇荡法调制而成，再饰以柠檬片或薄荷叶。

鸡尾酒会以酒或饮料为主来招待客人，一般应该准备有数种酒，并配以各种果汁，向客人提供由不同酒类配合调制的混合饮料即鸡尾酒。在普通的鸡尾酒会上，主人会给每位客人准备3杯酒。在一些特殊场合最上等的是香槟鸡尾酒。主人还要准备一些点心，如三明治、面包、小香肠、炸春卷、饼干等，且不设刀叉，客人用牙签取食。

鸡尾酒会是在西方国家和地区流行的一种轻松自由、有利于客人之间广泛接触与交流的宴会形式。参加鸡尾酒会，客人可以不必过于讲究衣着，也不必受时间的约束，可以晚来早走，因此令客人倍感自在。

举行鸡尾酒会的时间不受限制，中午、下午和晚上均可。较合适的时间是晚上5点至7点或6点至8点，安排在晚餐或舞会之前举行，方便客人有时间进行交流。

鸡尾酒会的请柬通常以女主人的名义发出。小规模的鸡尾酒会，主人可以用电话提前1～2周发出邀请。比较隆重的鸡尾酒会，请柬必须提前两周或在更早的时间就发出。客人可以比请柬上写明的时间晚到,最迟要在鸡尾酒会结束前半个小时到达,否则便是对主人的不尊重。

鸡尾酒会一般采用站立形式,不设座椅,仅设桌子、茶几,便于客人四处走动与交流,也可以放置一些椅子供年纪大的客人使用。

鸡尾酒会的主人只要准备好足够的饮料和点心,其他的事便不必再去操心,一切任由客人自己照顾自己。人数众多的鸡尾酒会,也可以安排几名服务人员手托饮料和点心四处走动,供客人取用。

任务5 酒水礼仪

公司为何失去了合作机会

小李是个性格豪爽的人,酒量很大,最近被委任为A公司的副总经理,交际活动自然就多了,喝酒更是常事。在和国内客商的合作中,他的这个"特长"被发挥得淋漓尽致,而且常常是"酒醉事成"。8月份,有几位外商来A公司进行考察并商谈合作事宜,在欢迎晚宴上小李就不停地劝酒,很快几位外商就喝醉了。第二天一早,小李准备好了合同书,就等外商签字了。但是,外商竟然乘坐上午的飞机直接回国了。

教师请学生思考并讨论:A公司为什么失去了与外商合作的机会?

酒水是对于用来佐餐、助兴的各种酒类的统称。在我国,人们一般认为无酒不成席,由此可见酒水在宴会中是重要的一项内容。主人向客人敬酒或客人向主人敬酒都能体现出对彼此的尊重。而且,餐桌上的许多礼仪就是以酒水为内容的,因此,我们在社交场合掌握一些酒水礼仪也很有必要。

一、酒水的种类

1. 白酒

白酒又称烧酒、老白干等,一般是以小麦、高粱和玉米等为主要原料,经发酵、蒸馏而制成的蒸馏酒。白酒的酒质无色透明(或微黄),气味芳香纯正,酒精含量较高,属于典型的烈性酒。白酒的香型有酱香型、清香型、浓香型、米香型和其他的香型。

2. 葡萄酒

葡萄酒是用新鲜的葡萄或葡萄汁经发酵酿成的酒精饮料。它的酒精含量不高,味道纯美,富含营养。

葡萄酒的品种很多:根据颜色的不同,葡萄酒可以分为红葡萄酒、白葡萄酒和桃红葡萄酒三类;根据糖分含量的不同,葡萄酒可以分为干葡萄酒、半干葡萄酒、半甜葡萄酒、甜葡萄酒等几种。

葡萄酒既可以用来佐餐,也可以单独饮用。饮用者饮用不同的葡萄酒,在温度上有不同的要求:白葡萄酒的最佳饮用温度为7～12℃;红葡萄酒的最佳饮用温度为15～18℃;桃红葡萄酒的最佳饮用温度为10～12℃。此外,在饮用葡萄酒时,饮用者还要用专门的高脚玻璃杯。

3. 香槟酒

香槟酒是一种以特种工艺制成的富含二氧化碳的起泡白葡萄酒,因此也叫发泡葡萄酒。它原产于法国香槟地区,并因此而得名。香槟酒既可以用来当开胃酒,也可以用来当餐酒饮用,其最佳饮用温度为8℃左右。

4. 啤酒

啤酒是以大麦芽、啤酒花、水为主要原料,经酵母发酵作用酿制而成的饱含二氧化碳的低酒精度酒。啤酒具有独特的苦味和香味,营养成分丰富,被人们称为"液体面包"。根据工艺的不同,啤酒可以分为生啤、熟啤和黑啤、黄啤、红啤。由于适宜的温度可以使啤酒的各种成分相互融合、达到平衡,给人一种最佳的口感,所以啤酒的最佳饮用温度为8～10℃。

二、酒水与菜肴的搭配

不论是中餐还是西餐,酒水的主要功能是在用餐时让用餐者开胃助兴。宴请方要想使酒水正确地发挥这一作用,就必须懂得酒水与菜肴的搭配之道。

1. 中餐酒水与菜肴的搭配

若无特殊规定,宴请方在正式的中餐宴会中通常会准备白酒与葡萄酒。因为受饮食习惯的影响,在中餐宴请中上桌的葡萄酒多半是红葡萄酒,而且一般都是甜红葡萄酒。因为红色充满喜气,同时不少人对口感不甜而又微酸的干红葡萄酒不太认同,因此甜红葡萄酒自然成为首选。当然,现在干红葡萄酒也越来越多地被人们所接纳。

在菜肴搭配方面,中餐选用酒水的讲究不多,宴请方可以根据宴请的具体情况进行选择。另外,在正规的中餐宴会上宴请方一般不提供啤酒,如果有客人提出需要也可以另外提供。

2. 西餐酒水与菜肴的搭配

在正式的西餐宴会上，酒水是主角，与菜肴搭配的要求也十分严格。一般来说，用餐者在吃西餐时，每道不同的菜肴要搭配不同的酒水，每吃一道菜便要换上一种新的酒水。西餐宴会中的酒水一般可以分为餐前酒、佐餐酒和餐后酒三种。

（1）餐前酒。

餐前酒又称开胃酒，是指在开始正式用餐前或在吃开胃菜的时候供用餐者饮用的酒水。用餐者在餐前饮用的酒水一般有鸡尾酒、苦艾酒、雪利酒、苏格兰威士忌、马丁尼等。

（2）佐餐酒。

佐餐酒又叫餐酒，是指用餐者在正式用餐期间饮用的酒水。西餐里的佐餐酒均为葡萄酒，而且大多数是干葡萄酒或半干葡萄酒。一般来说，白葡萄酒可以搭配海鲜，红葡萄酒可以搭配牛肉、猪肉、鸡肉、鸭肉等，桃红葡萄酒可以搭配任何食物。

（3）餐后酒。

餐后酒是指用餐者在用餐之后饮用以帮助消化的酒水。最常见的餐后酒是利口酒，又叫香甜酒，它可以提神，消除用餐者吃饱后的疲倦感。最有名的餐后酒是有"洋酒之王"美称的白兰地，如法国的玛克白兰地、干邑白兰地等。另外，苏格兰的威士忌、葡萄牙的波特酒等也是比较常见的餐后酒。

在一般情况下，不同的酒水有自己专用的酒杯。在用餐时，每位用餐者的右前方大都会横排放置三四只酒杯。在取用时，用餐者可以依次由外侧向内侧进行，亦可紧跟女主人的选择。在西餐宴会中，香槟酒杯、红葡萄酒杯、白葡萄酒杯以及水杯往往是必不可少的。

三、敬酒干杯

在较为正式的场合，饮用酒水要讲究一定的仪式感。在饮酒的过程中，斟酒、敬酒和干杯应用的最多。

1. 斟酒

斟酒是倒酒的雅称。一般来说，除了主人和服务人员以外，其他的客人一般不宜自行给别人斟酒。如果主人为了表示对客人的敬重与友好，可以亲自为其斟酒，这时客人必须端起酒杯致谢，必要时还必须起身站立或欠身点头，以示对主人的敬意。在服务人员斟酒时，用餐者不必拿起酒杯，但不要忘记向其道谢。

在斟酒时，主人要注意以下四个方面：

第一，对所有的客人要一视同仁，切勿只为个别人斟酒。

第二，要注意顺序。主人可以从自己所坐之处开始，也可以先从尊长、嘉宾处开始，然后按顺时针方向斟酒。

第三，斟酒要适量。白酒一般要斟满，以示对客人的尊重；红酒一般斟到杯子的1/3处；啤酒一般斟八分酒、两分泡沫。在一般情况下，斟酒量的多少以客人的需要为准，待客人杯中的酒快喝完时即可再斟酒。

第四，要掌握技巧。酒杯总是放在客人的右前方，所以服务人员在斟酒时常常是站在客人的右边进行。在斟酒前，主人常常会向客人展示一下酒瓶的外观，尤其是在喝红酒时，主人会用左手托瓶底、右手扶瓶颈，酒的标签朝向客人。主人斟一般的酒时，瓶口应以离杯口2厘米左右为宜；斟汽酒或冰镇酒时，二者则以相距5厘米左右为宜。主人无论斟哪种酒水，瓶口都不可沾到杯口，以免不卫生或发出声响。

2. 敬酒

敬酒也称祝酒，是指在正式的宴会上，由男主人向来宾提议为了某个事由而饮酒。敬酒应该在特定的时间进行，并以不影响别人用餐为首要考虑。在敬酒时，敬酒者通常要讲一些祝福语。在正式的宴会上，一般在宾主入席后、用餐前进行敬酒，主人与主宾还会郑重其事地发表专门的祝酒词。而其他的宾客敬酒要在主人、主宾敬酒之后。

餐桌上的敬酒顺序为：（1）主人敬主宾；（2）陪客敬主宾；（3）主宾回敬；（4）陪客互敬。但是，需要注意的是，敬酒者敬酒要在对方方便的时候。如果几个人同时向同一个人敬酒时，应该等身份比自己高的人敬过之后自己再敬。另外，敬酒者的祝酒词应愈简短愈好，千万不要长篇大论，让他人久等。在他人敬酒或致辞时，其他在场者应一律停止用餐或饮酒，坐在自己的座位上，面向对方仔细聆听。

3. 干杯

干杯又称碰杯，是指在饮酒时，特别是在祝酒、敬酒时，提议者以某种方式劝说他人饮酒，或是建议对方与自己同时饮酒。干杯需要有人率先提议。提议者应起身站立，用右手端起酒杯，或者用右手拿起酒杯后再以左手托扶杯底，面含笑意，目视他人，尤其要注视着自己祝福的对象，说一些祝福的话；如祝愿对方身体健康、生活幸福、节日快乐、工作顺利、事业成功或双方合作成功等。在主人或他人提议干杯后，其他人应手持酒杯起身站立，即便自己滴酒不沾也要拿起酒杯。在干杯时，所有人均应手举酒杯至双眼的高度，说出"干杯"之后将酒一饮而尽，也可以饮去一半或适当的量。然后，被祝福者还须手持酒杯与提议者对视一下，这一过程方告结束。

在中餐里，在主人亲自向自己敬酒干杯后，饮酒者应当回敬主人，与其再干一杯。回敬时，饮酒者应右手持杯，左手托底，与主人一同将酒饮下。有时，在干杯时，饮酒者可以稍为象征性地与对方碰一下酒杯。碰杯时，不要用力过猛。出于敬重之意，在碰杯时饮酒者可以使自己的酒杯低于对方的酒杯。与对方相距较远时，可以以手中的酒杯底轻碰桌面,以此作为变通之法。在西餐里,大家彼此祝福干杯只能用香槟酒,而绝不可以用啤酒或其他的葡萄酒来代替。在饮香槟酒干杯时,饮酒者应饮去一半,但也要量力而行。在西餐宴会上,人们是只祝酒不劝酒,使用玻璃酒杯时,人们要注意碰杯的力度和部位,比如,在用葡萄酒杯碰杯时大家的动作要轻,一定要用杯肚也就是酒杯最宽的地方碰杯。此外,敬酒者越过身边的人而与相距较远者祝酒干杯,尤其是交叉干杯,这是不允许的。

四、饮用酒水的礼仪

不管是在哪一种场合饮酒,饮酒者都要努力保持风度,做到文明饮酒。

1. 恰当地把握饮酒量

饮酒者在任何时候饮酒都不要争强好胜。饮酒过多,不仅容易伤身体,而且也容易出丑丢人、惹是生非。在饮酒之前,主人和客人均应对自己的酒量有所了解,不管碰上何种情况都不要超水平发挥。在正式的酒宴上,宾主双方都要特别主动地将饮酒量限制在自己平时酒量的一半以下,以免醉酒误事。

2. 依礼得体拒酒

出席宴会者如果因为生活习惯或健康等原因而不能饮酒,可以以合乎礼仪的方法拒绝他人的劝酒:一是申明不能饮酒的客观原因;二是主动地以其他的软饮料来代替酒;三是委托亲友、下属或晚辈代为饮酒。不要在他人为自己斟酒时又躲又藏、乱推酒瓶、敲击杯口、倒扣酒杯、偷偷倒掉,或者把自己的酒倒入别人的酒杯中,尤其是把自己喝了一点的酒倒入别人的酒杯中是不礼貌的行为。

3. 摒弃陋习恶俗

饮酒者不要忘记律己敬人之规,特别是要摒弃一些害人又害己的陋习恶俗:一是耍酒疯,极个别的人在饮酒时经常"酒不醉人人自醉",借机生事、胡言乱语;二是酗酒,有的人嗜酒如命、饮酒成瘾,这样不仅不利于身体健康,而且也有损个人形象;三是灌酒,祝酒干杯需要宾主双方两厢情愿,千万不要强行劝酒,非要灌倒他人,看对方的笑话不可;四是划拳,有人在饮酒时喜欢猜拳行令,大吵大闹,这种做法也是非常失礼的。

技能训练

1. 案例分析

2017年12月6日晚,广西的周×在家中宴请傅×等同学,当时傅×还带来了自己的两位同事。在吃饭的过程中,由于大家的兴致很高,一桌人开怀畅饮、相互劝酒,大家喝了不少的白酒。哪想到,傅×突然昏倒,尽管被大家紧急送往当地的医院救治,但终因抢救无效而死亡。

傅×的突然死亡给其家属带来了巨大的痛苦和损失。傅×的几名亲属决定向人民法院提起诉讼,要求当晚所有在场的同学和同事承担民事责任,并赔偿抚养费、赡养费、丧葬费、精神抚慰金等费用。后来,在朋友的调解下,傅×的家属同意与当晚在场的同学等人自愿协商,并达成了20万元的赔偿协议。

(1)教师请学生上网再查找一些关于饮酒猝死的案例,并在课上进行分享。

(2)结合这些资料,教师请学生讨论一下到底该不该劝酒。

(3)在敬酒时我们应该注意什么?如何才能做到文明饮酒?

2. 情景描述

2019年5月18日上午,甲公司百年庆典大会结束后,该公司在国际大酒店设宴招待参加纪念大会的全体嘉宾,主要包括政府及相关部门领导、合作企业的领导、行业专家、客户代表、媒体代表等90人。张董事长亲自出席宴会,王总经理在酒店的门口亲自迎接客人。

(1)学生分组模拟演示张董事长祝酒的环节。

(2)学生分组模拟演示主桌的主人方陪客敬酒、干杯的情景。

注意:

(1)在条件允许的情况下,学生分组模拟演示可以选择在实训室进行,在餐桌上可以放置桌次牌、座位卡、酒具、餐具、餐巾等物品。

(2)学生分组模拟演示必须严格按照宴请的程序和礼仪要求进行。

3. 情景描述

小王是某进出口公司的秘书。该公司定于下周三接待3位客人,并于当天晚上宴请这3位客人,由该公司的主要领导作陪。这3位客人来自兰州,其中一位是少数民族。

(1)假如你是小王,请你设想一下宴请应该如何安排(选择什么样的宴请形式,有哪些准备工作,菜单有哪些要求)?

(2)学生分组模拟练习中餐的席位安排,人物有董事长、总经理、客户经理、仓储经理、秘书、客人等约10人。

(3)学生分组模拟练习去西餐厅进餐。

(4)学生分组模拟练习斟酒、敬酒的动作。

(5)学生分组模拟练习请客吃饭的全过程。

知识拓展

如何拟写祝酒词[①]

祝酒词用于较为正式的宴会,是指在宴会开宴前主人和主宾所发表的表示诚挚祝愿的讲话。祝酒词与开幕词相仿,但语言更加简明扼要,偏口语化,篇幅较简短,其结尾有举杯祝愿的内容。

祝酒词的格式一般包括标题、称谓、正文和结尾。

一、标题

标题一般由事由和文种构成。有的标题由致辞人、事由和文种构成,其形式是"×××同志在××××会议上的祝酒词",也可以只写文种"祝酒词"。

二、称谓

祝酒词的称谓一般根据宴会的性质、与会者的身份来确定称谓及称谓的修饰语。

三、正文

祝酒词的正文一般由前言、主体和结尾三个部分组成。

1. 前言

前言部分要说明邀请的对象、活动的性质;表明致辞人的身份,以及代表什么人发表祝酒词;向来宾表示欢迎和问候。

2. 主体

主体部分要概括地阐述大家所取得的成绩,简要回顾过去的历程以及合作的友谊,感谢大家所付出的努力,展望未来并提出共同的期望与使命等。

3. 结尾

结尾部分要再次表达祝愿或表示感谢等。祝酒词可以提议大家举杯,可以祝愿"双方的合作成功",可以祝贺酒宴的参加者"工作顺利""身体健康"和"家庭幸福"等,然后大家共同举杯。

[①] 佘敏. 新编应用写作[M]. 徐州:中国矿业大学出版社,2010:57. 有改动。

项目七 餐饮礼仪

任务6　饮茶礼仪

 热身活动

姜秘书错在哪里[①]

　　A茶叶进出口公司的罗经理将与英国客商史密斯洽谈一份价值20万英镑的茶叶出口合同。姜秘书负责接待史密斯并担任翻译。史密斯一进门，姜秘书马上将其引进会客室，罗经理早已在那里等候。经过一番简单的介绍，他们发现史密斯略通中文，能听懂一些中国话。罗经理与史密斯寒暄的时候，姜秘书前去泡茶，她用手从茶叶罐中抓了一撮乌龙茶放在茶杯内，然后冲上水，把杯子放在史密斯的面前。

　　罗经理和史密斯都看到了这一切，史密斯疑惑地问："听说你们中国人在加工碧螺春时，姑娘们要用手沾着唾液把茶叶卷起来，是不是？"罗经理还未答话，姜秘书立即回答："那种茶叶的样子特别好看，味道也特别香呢！"罗经理解释说："不，不，几十年前是这种情况，但现在茶叶的种植、采集、加工都严格按照国家出口标准进行，不会再出现类似的情况。"史密斯说："刚才那位小姐给我泡茶时不是用手抓的吗？这也是符合卫生标准的吗？"

　　罗经理请史密斯喝茶，史密斯耸耸肩说了声抱歉，然后站起身离开了会客室。双方的合作事宜宣告失败。

　　教师请学生思考并讨论：姜秘书的行为有何不妥之处？

 知识平台

　　中国是茶叶的故乡，制茶与饮茶已有几千年的历史。在我国，饮茶不仅是一种生活习惯，更是一种源远流长的文化传统。在世界上，茶叶也同样深受许多国家和地区人民的喜爱，并且与咖啡、可可一起并称为世界三大饮料。饮茶既可以强身健体，又富有欣赏情趣，还可以陶冶情操。品茶待客是中国人高雅的娱乐和社交活动。

　　一、茶叶的种类

　　不同的地区、不同的民族、不同的饮茶者对茶叶的种类往往有着不同的偏好。根据不同的加工制作工艺，茶叶可以分为绿茶、红茶、青茶、白茶、黄茶、黑茶和花茶等七大类。

[①] 孙荣，杨蓓蕾，袁士祥，陆瑜芳. 秘书工作案例[M]. 上海：复旦大学出版社，2005：80. 有改动。

1. 绿茶

绿茶是将采摘来的鲜叶先经过高温杀青，然后经过揉捻、干燥等一系列工艺流程而制成的茶。其干茶的色泽和冲泡后的茶汤、叶底以绿色为主调，故名绿茶。绿茶是未经发酵制成的茶，因此较多地保留了鲜叶的天然物质，含有的茶多酚、叶绿素、儿茶素等营养成分比较多。

绿茶是我国产量最多的一类茶叶，其花色和品种之多居世界首位。我国生产的绿茶品种最著名的有西湖龙井、洞庭碧螺春、黄山毛峰、信阳毛尖等。绿茶具有香高、味醇、形美、耐冲泡等特点，饮用绿茶讲究的是要选用当年的新茶，尤其要选用"明前茶"，即清明之前所采的茶叶。

2. 红茶

红茶属于全发酵茶，是以适宜的茶树新芽叶为原料，经过萎凋、揉捻、发酵、干燥等一系列工艺流程精制而成的茶。因其干茶冲泡后的茶汤和叶底呈红色，故名红茶。红茶具有祛寒暖胃、提神益智并强壮身体等作用。在冲泡沏水之后，红茶具有独特的浓香和爽口的滋味，经过发酵后的红茶产生了茶黄素、茶红素等新成分。

我国的红茶品种众多，其中最著名的是产于安徽祁门的祁门红茶。此外，产于云南西双版纳的滇红和产于广东英德的英德红茶等也是红茶的代表品种。

3. 青茶

青茶也称乌龙茶，属于半发酵茶。它是经过采摘、萎凋、摇青、炒青、烘焙等一系列工艺流程而制成的品质优异的茶。乌龙茶是介于绿茶与红茶之间的一种茶类，冲泡后色泽凝重鲜亮，它既有绿茶的清爽，也有红茶的甜醇。在几类茶中，乌龙茶的工艺流程最复杂、最费时，泡法也最讲究，所以喝乌龙茶也被称为喝功夫茶。

我国著名的青茶主要产于福建、广东和台湾地区，主要品种有安溪铁观音、武夷岩茶和台湾冻顶乌龙等。

4. 白茶

白茶属于轻度发酵的茶，是我国的特产。它在加工时不炒不揉，只将细嫩的叶背满是茸毛的茶叶晒干或用文火烘干，使白色茸毛完整地保留下来，故称白茶。白茶的基本工艺流程包括萎凋、烘培（或阴干）、拣剔、复火等工序。成品白茶满披白毫，形态自然，汤色黄亮明净，滋味鲜醇。

白茶主要产于福建的福鼎和政和等地区，代表品种有白毫银针、白牡丹、贡眉、寿眉等几种。

5. 黄茶

黄茶属于微发酵的茶。在制茶的过程中，经过闷堆渥黄，因而形成黄叶、黄汤。其典型的工艺流程是杀青、闷黄、干燥。黄茶在冲泡时黄汤黄叶，香气清悦，滋味甜醇爽口。

黄茶主要产于湖南、四川和安徽等地，有名的品种有君山银针、蒙顶黄芽和霍山黄芽等。

6. 黑茶

黑茶属于后发酵的茶。黑茶的一般原料较粗老，加之制作过程中往往堆积发酵的时间较长，因而叶色油黑或黑褐，故称黑茶。黑茶的基本工艺流程包括杀青、揉捻、渥堆、干燥等。

黑茶流行于云南、四川、广西等地，其主要品种包括云南普洱茶、滇桂黑茶、湖南黑茶等。

7. 花茶

花茶又名香片。花茶主要以绿茶、红茶或者乌龙茶作为茶坯，配以能够吐香的鲜花作为原料，采用窨制工艺制作而成的茶。花茶的香味浓郁、茶汤色深，既保持了浓郁爽口的茶味，又有新鲜芬芳的花香。

根据用来熏制花茶的鲜花品种的不同，花茶可以分为茉莉花茶、玉兰花茶、桂花花茶、珠兰花茶等，其中以茉莉花茶的产量最大且最为知名。

二、茶具的选择

饮茶是一种文化，所以饮茶者在选择茶具时既要求其干净、卫生、实用，又要求其美观、大方、悦目。在饮茶时，饮茶者所选用茶叶的品种不同，所需要的茶具的品种也会有所不同。只有将茶具的功能、质地和色泽与茶叶的品种和色泽相协调，才能选配出完美的茶具。在一般情况下，饮茶都少不了储茶用具、泡茶用具和饮茶用具。

1. 储茶用具

储茶用具的基本要求是防潮、避光、隔热、无味。如果要存放好的茶叶，最好用特制的茶叶罐，如铝罐、锡罐、竹罐，尽量不要使用玻璃罐、塑料罐，更不要长时间地以纸张包装来存放茶叶。

2. 泡茶用具

对饮茶比较讲究的饮茶者，对泡茶用具也十分讲究。在比较正规的情况下，泡茶用具和饮茶用具往往要区分开。正规的泡茶用具最常见的是茶壶，多由紫砂陶或陶瓷制成。

3. 饮茶用具

饮茶用具主要是茶碗和茶杯。用茶杯饮茶是最常见也是最正规的。为了更好地展现茶道和对中华传统文化的热爱，饮茶者常使用盖碗茶来饮茶。为了帮助茶汤发挥纯正的味道，饮茶者应该选用紫砂陶茶杯或陶瓷茶杯。饮具的内壁通常以白色为宜，这样可以真切地反映茶汤的色泽与纯净度。当然，如果是为了欣赏茶叶的形状和茶汤的清澈，饮茶者也可以选用玻璃茶杯。

如果饮茶者在饮茶的同时要使用茶壶，那么最好使茶杯与茶壶相配套，以便协调而美观。另外，饮茶者要是同时使用多个茶杯，也应注意配套问题。

"器为茶之父"，选择好的茶具对茶汤的口感、香气的释放都是有帮助的。饮茶时，茶叶的品种与茶具的搭配方法如下：

（1）绿茶，适合使用透明玻璃茶杯，应该无色、无花、无盖，或者使用白瓷、青瓷、青花瓷无盖茶杯。

（2）花茶，适合使用青瓷、青花瓷等盖碗、盖杯、茶壶及与之配套的茶杯。

（3）黄茶，适合使用透明玻璃茶杯，或黄釉瓷的盖碗、盖杯。另外，金属茶具也是黄茶可以选择冲泡的茶具。

（4）红茶，适合使用内挂白釉紫砂、白瓷、红釉瓷、暖色瓷的盖杯、盖碗、茶壶及与之配套的茶杯。

（5）白茶，适合使用白瓷茶壶及与之配套的茶杯，或者使用内壁有色的黑瓷茶杯。

（6）乌龙茶，适合使用紫砂或白瓷盖碗、盖杯、茶壶及与之配套的茶杯。

三、奉茶和饮茶的礼仪

在我国，人们习惯以茶待客，并形成了相应的奉茶和饮茶的礼仪。按照我国传统的习俗，无论在什么场合，奉茶和饮茶的礼仪都是不可忽视的一个环节。

1. 选茶要主随客好

俗语说："众口难调"，饮茶其实也是如此。不同的客人对茶叶的品种偏好往往各不相同，所以在以茶待客时，主人应尽可能地照顾客人，尤其是主宾的偏好。如果需要，主人应该多准备几种茶叶，使客人可以有不同的选择。在上茶前，主人应先询问一下客人喜欢饮用哪种茶叶，而不要自做主张。

2. 奉茶之人要合适

在家里待客时，通常由家里的晚辈为客人奉茶；接待重要的客人时，最好由主人亲自奉茶。在工作单位待客时，一般应由秘书、接待人员为客人奉茶；接待重要的客人时，应该由本单位在场的人中职位最高者亲自奉茶。

3. 奉茶的顺序要合理

如果客人较多，主人可以遵循"先客后主、先主宾后次宾、先女士后男士、先长辈后晚辈"的原则为客人奉茶。如果客人较多而且彼此之间的差别不大时，主人可以以上茶者为起点，由近而远依次上茶；也可以以进入客厅为起点，按顺时针方向依次上茶；还可以按客人先来后到的顺序上茶。

4. 奉茶的方法要得当

主人应当将事先沏好的茶叶装入茶杯，然后放在茶盘内端入客人所在的房间。如果客人较多时，主人务必要多备上几杯茶，以免供不应求。主人以茶待客讲究要上热茶，且通常不宜斟得过满，更不允许使茶水溢出杯外。得体的做法是斟到杯深约2/3处，即俗话说的七分满。

标准的上茶方法是：主人双手端着茶盘进入客人所在的房间，先将茶盘放在临近客人的茶几上，然后右手拿着茶杯的杯托，左手附在杯托的附近，从客人的右后侧用双手将茶杯递上去。茶杯放置到位之后，杯耳应朝向外侧。若使用无杯托的茶杯上茶时，主人应双手捧上茶杯。

如果环境条件不允许主人从客人的右后侧上茶，那么可以从客人的左后侧为其上茶，尽量不要从其正前方上茶。主人也要注意避免使用一只手上茶，尤其是不要只用左手上茶。同时，切勿将手指搭在茶杯的杯口上、距杯口过近，或是将手指浸入茶水中，以免污染茶水。

在上茶时，主人应当借此机会向客人表达自己的谦恭与敬意。为了提醒客人注意，主人可以在为其上茶的同时面带微笑轻声地告之"请您用茶""这是您的茶，请慢用"。若客人向自己道谢，主人不要忘记回答"不客气"。如果自己上茶的行为打扰了客人，主人应对其说一声"对不起"。

在放置茶杯时，主人不要把茶杯放在客人的物品旁边或是其行动时容易撞翻的地方。主人将茶杯放在客人的面前或右手附近是最适当的做法。

5. 续水时机要恰当

在和客人一边饮茶一边交谈的过程中，主人应该把握好续茶这个重要的环节。适当的做法就是主人要为客人勤斟茶、勤续水。一般来说，客人喝过几口茶之后，主人应立即为其续上，不可以让客人杯中的茶叶见底。当然，主人为客人续水让茶一定要讲究主随客便，切勿再三以斟茶续水为由来搪塞客人，而自己却始终一言不发。

主人在为客人续水斟茶时，仍以不妨碍对方为佳。如有可能，主人最好不要在客人的面前进行操作。非得如此不可时，则主人应一只手拿起茶杯，使其远离客人的身体、座位，另一只手将水续入。

此外，主人以茶待客还应注意：

（1）不要当着客人的面取茶冲泡。即使当着客人的面取茶，也不可以直接用手抓茶叶，而是要用勺子舀取，或是直接将茶叶从茶叶罐中倒进茶壶或茶杯。

（2）不要选用破损、残缺、有裂纹、有茶锈或有污垢的茶杯来待客。

（3）如果有两位以上的客人，要注意客人杯中的茶色要一致。

客人在主人请自己选茶、赏茶或敬茶时，应在座位上略欠身并道谢。若人多、环境嘈杂时，客人也可以行叩指礼表示感谢。饮茶后，客人应对主人的茶叶、泡茶技艺和精美的茶具表示赞赏。客人若是不小心把茶叶喝进嘴里，不要吐出来或是用手从嘴里拿出来，而是要吃掉或是在其他合适的地方吐掉。告辞时，客人要再一次对主人的热情款待表示感谢。

技能训练

1. 泡茶训练

（1）教师利用实训室里的茶具让学生一一进行识别，并进行清洗、消毒。

（2）教师请学生观看一段有关茶艺表演的视频，为学生现场演示泡茶的过程，请学生试着泡茶、敬茶。

2. 情景描述

2019年5月18—19日，为期两天的甲公司百年庆典系列活动全部结束。5月20日上午，大多数参加甲公司百年庆典系列活动的嘉宾已经返程，该公司重要的合作企业——自然集团的总经理赵刚、市场部经理王凯、总经理助理张杰一行将于上午10点来甲公司就深入合作的相关事宜与甲公司的王总经理见面并进行商谈，公司的副总经理、市场部经理、总经理助理将参加会谈，行政助理小张负责接待工作。

学生分组模拟演示：

（1）小张对客人的引导服务；

（2）小张为客人泡茶、奉茶的情景；

（3）主人向客人敬茶的情景。

注意：

（1）在条件允许的情况下，学生分组模拟演示可以选择在实训室进行，教师室准备好沙发、茶几、茶叶、茶具等物品。

（2）学生分组模拟演示要按照饮茶的程序、礼仪和要求进行。

知识拓展

知识拓展1　陆羽煎茶的传说

唐代宗李豫喜欢品茶，宫中录用了一些善于品茶的人供职。唐代宗听说积公和尚善于品茶，就下旨招来了积公和尚。宫中的煎茶能手用上等茶叶煎出一碗茶请积公和尚品尝。积公和尚饮了一口，便再也不尝第二口了。李豫问他为何不饮，积公和尚说："我所饮之茶都是弟子陆羽为我煎的。饮过他煎的茶后，旁人煎的就觉得淡而无味了。"李豫听罢，记在心里，事后便派人四处寻找陆羽，终于在天杼山上找到了他，并把他召到宫中。陆羽立即将自己带来的清明前采制的紫笋茶精心煎好后献给李豫，李豫品后果然茶香扑鼻、茶味鲜醇、清汤绿叶，真是与众不同。李豫连忙命他再煎一碗，让宫女送到书房给积公和尚去品尝，积公和尚接过茶碗后喝了一口，连叫"好茶"，于是一饮而尽。他放下茶碗后走出书房，连喊"鸿渐（陆羽的字）何在？"李豫忙问："你怎么知道陆羽来了呢？"积公和尚答道："我刚才饮的茶，只有他才能煎得出来，当然是他到宫中来了。"

知识拓展2　叩指礼

叩指礼又称叩手礼，以"手"代"首"，二者同音，这样"叩首"为"叩手"所代，3个指头弯曲即表示"三跪"，指头轻叩九下即表示"九叩首"。至今，我国还有不少的地区使用此礼，每当主人为客人倒茶之际，客人即以叩指礼表示感谢。

一般来说，叩指礼有以下三种：

（1）晚辈向长辈：五指并拢成拳，拳心向下，5个手指同时敲击桌面，相当于五体投地，一般敲3下即可。

（2）平辈之间：食指和中指并拢，敲击桌面，相当于双手抱拳作揖，敲3下表示尊重。

（3）长辈向晚辈：用食指或中指敲击桌面，相当于点下头即可。如果长辈特别欣赏晚辈，可以敲3下。

项目八　通信礼仪

----| 学习目标 |----

1. 掌握拨打电话和接听电话的基本礼仪，能够规范地拨打和接听电话。
2. 了解收发电子邮件的基本知识，掌握收发电子邮件的礼仪规范，能够得体地接收与回复电子邮件。
3. 了解网络即时通信的主要方式，掌握网络沟通的基本礼仪规范，能够规范地进行网络即时通信与交流。

任务1　电话礼仪

 热身活动

烦人的电话

一周前，马丽顺利地通过面试，被天地公司录用为办公室秘书。今天上班后，她刚在办公桌前坐下，电话铃声就响了，马丽马上拿起了电话。

对方："喂，老王在吗？"

马丽："哪个老王？你找谁呀？"

对方："你这里不是老王的办公室吗？"

马丽："对不起，我们办公室里有两位姓王的，不知道你想找的是哪位？"

对方："王军。"

马丽："我们办公室里没有叫王军的。"

对方："怎么会没有呢？他明明就是在华夏公司的市场部上班啊！"

马丽："我们是天地公司，不是华夏公司，真烦人！"

马丽不耐烦地将电话挂掉了。

教师请学生思考并讨论：马丽在电话礼仪方面做得不正确的地方并说明原因。

 知识平台

在现代社会，电话是人们进行沟通和交流的通信工具，接打电话已经成为人们在每天的工作和生活中都离不开的事情。人们通常用电话来联系工作、传递信息与表达情感，虽然"只闻其声，不见其人"，但是同样能反映出一个人的基本修养。我们要想正确地使用电话，就必须掌握使用电话的礼仪。

一、电话交谈的礼仪

电话交谈是一种特殊的交际方式，它不像人们面对面的交谈那样能给对方留下具体、直观的可视印象（可视电话除外），而是通话者通过在听筒里听到的对方的音质、语气、语调等可以间接地对其相关情况做出判断，为双方进一步的交往打下良好的基础。

电话交谈的基本礼仪包括以下五个方面：

1. 姿态端正

在通话的过程中，通话者应尽可能注意自己的姿势，要保持端正的站姿或坐姿，不要东倒西歪、弯腰驼背，否则对方会感觉自己听到的声音是懒散的。在通话时，通话者一般应左手拿话筒，右手作记录，并用事先准备好的纸和笔及时地将对方提供的信息、指示等记录下来。

2. 面带微笑

在通话时，通话者应面带微笑，即使不使用可视电话也应该如此。虽然通话者在使用电话进行交谈时看不到对方，但笑声却可以被对方听到，友好、坦诚、优雅的声音源自微笑。这样双方不仅可以听到对方轻松、愉快的声音，而且还能感受到对方的神情和态度，受到对方情绪的感染。

3. 语言规范

（1）讲普通话。

在通话时，通话者的吐字要准确，要讲普通话，少讲或不讲方言，尽量减少双方进行语言交流的障碍。有些通话者的普通话不够标准，他们对一些字、词的发音在电话中很容易被混淆，倘若在电话中无法准确辨识的话，此时应虚心地请教对方，以示尊重，切不可张冠李戴。

（2）语调温和。

在通话时，通话者的语气、语调应当亲切柔和、清晰悦耳、真诚有礼。这种富有魅力的声音容易使对方产生愉悦感，更能显示出通话者的职业风度和亲和力。

（3）音量适中。

在通话时，通话者的音量要适中。如果声音太高，对方听了以后会觉得刺耳，同时还会干扰周围人的工作和生活；如果声音太低，对方可能会听不清楚，从而降低了沟通效率。一般来说，通话者要将电话的话筒与口部保持3厘米左右的距离，在表述重要信息时可以稍微提高音量，以示强调。

（4）语速得当。

在通话时，通话者要多使用短句，并且语速要适中。如果通话者的语速太快，那么对方可能会听不清楚，显得通话者有些应付了事；如果通话者的语速太慢，那么对方可能会因此而有些不耐烦，显得通话者懒散拖沓。特别是在说一些重要信息时，通话者应当适当地停顿和放慢速度，以方便对方作记录。

4. 内容简洁

因为电话交谈是有时间成本并且要付费的，所以通话者不能随心所欲，要将自己所要讲的事情用最简洁明了的语言表达出来。在通话时，通话者不要吞吞吐吐、含糊不清、东拉西扯，要长话短说、言简意赅。为了在较短的时间内将自己的意思准确无误地表达出来，通话者事先就应做好充分的通话准备。

5. 专心交谈

在通话时，通话者要专心致志，不能三心二意，中途离开或者与其他人说话、吃东西、看书报、听音乐等都是极不礼貌的行为。如果有事，通话者必须与身边的人做简短的交流时，应先向对方道歉后用手捂在话筒，并以最快的速度完成，不要让对方久等。如果遇上急事，通话者需要马上办理且时间比较长时，应当先向对方道歉，然后另约时间再给对方打过去。

二、拨打电话的礼仪

1. 时间恰当

拨打者应选择合适的时间拨打电话给对方，不要使对方觉得不方便。拨打者拨打电话的最佳时间要根据对方的行业性质、作息时间、个人生活习惯等来确定，一般宜安排在早上7点以后、晚上10点以前。除了重要的事情以外，拨打者不要在常规的用餐时间和午休时间给对方打电话。

如果是公务电话，拨打者最好不要在星期一一大早和对方下班前的几分钟拨打，以免对方因为事务繁忙或时间所限而影响了对相关事务的处理。拨打者也不要在休息日和节假日拨打公务电话，以免影响对方休息。如果拨打者必须要在休息时间和用餐时间拨打电话，那么应当先向对方致歉。另外，即使对方已经将住宅电话号码告诉自己，拨打者也尽量不要往其家中拨打电话。特别需要注意的是，在拨打国际长途电话时，拨打者还要注意各国和各地区的时差与节假日的时间。

此外，公务电话交谈所持续的时间不宜过长，一般以3～5分钟为宜，事情说清楚了就应该结束通话，以免长时间占用电话而影响了他人的使用，更不能将办公室电话当作聊天的工具。

2. 环境适宜

在一般情况下，电话只能通过声音来传递信息、交流情感，因此拨打者在拨打电话时最好选择安静的场合，要尽量避开嘈杂的环境，如事先消除电视、音乐等声音，以便排除干扰，保证通话的效果。

3. 做好准备

第一，拨打者要明确通话的目的是通报信息、祝贺问候、联系业务还是交流感情、表示感谢等。第二，拨打者要考虑好通话的大致内容，并理清思路：对于简单的问题，打一个腹稿即可；对于稍微复杂一些的事情，最好事先在记事本上列出通话要点，以免遗忘。此外，通话之前拨打者还应该核对对方的电话号码、姓名、职务或身份等，准备好通话中需要使用的文件、资料、数据以及作记录用的纸和笔等。

4. 正确拨号

电话拨通后，拨打者应等电话铃声响7次，若没有人接听再挂断电话。在听到占线的忙音后，拨打者应暂时先挂断电话，待过一段时间后再重新拨打。

5. 及时通报

电话接通后，拨打者应礼貌地向对方问好，并及时地通报自己的身份，让对方了解自己的姓名及通话目的。无论是正式的公务电话，还是一般交往中的非正式的通话，拨打者都应该自报家门，这是对对方的尊重。

6. 耐心等待

若拨打者需要对方帮自己找人接听电话时，应手持话筒耐心地等候，不能放下话筒去干别的事。如果对方说自己要找的人不在时，通话者不可毫无回音地就将电话挂断，而应说："谢谢，打扰了"或"谢谢，我过一会儿再打来"等。如果通话者拨打的是国内长途电话或国际长途电话，考虑到较为昂贵的通话费，要及时地向对方表明这是长途电话，以便对方能够配合自己。

7. 核对信息

如果通话的内容涉及重要的事情或详细的时间、地点、名称、数据等，为了不致发生错误，方便对方办理、传达，拨打者应提醒对方做好电话记录，并就记录内容进行重复，与对方进行核对。

8. 适时挂断

电话交谈结束时，一般先由拨打者使用简洁的结束语或告别语来结束通话，如"好，就这样吧，再见"等，提醒对方自己将要挂断电话，然后听到对方放下话筒后才能挂断电话。拨打者不要一听到对方说"再见"就立即挂断电话，尤其不能在对方还没有来得及说"再见"就挂断电话。挂断电话时，拨打者应小心轻放，不能粗鲁地挂断电话，更不能摔打电话。

拨打者在拨打电话时还应注意以下三个方面：

1. 错打要道歉

如果拨打者无意中拨错了电话号码，此时不能直接将电话挂断，而是要迅速地向对方道歉，如可以说："对不起，我可能拨错电话号码了"；也可以再重复一遍自己拨打的电话号码，看是否与对方的电话号码相同，以免再次拨错。

2. 主动回拨中断的电话

在通话的过程中，如果电话中途断线，拨打者应主动地回拨回去，并向对方致歉："非常抱歉，刚才电话中途断线了。"也就是说，拨打者应具备始终由自己主动重新拨打电话的意识。

3. 巧妙应付纠缠

有些人为了达到自己的目的，常常会违背通话者的意愿，提出一些无理的要求或不停地重复通话内容，反复纠缠。如果拨打者在通话时被对方纠缠，应先暗示对方希望尽快结束通话；若无效，拨打者应在对方讲话停顿或必要时打断他的讲话，如拨打者可以说："非常抱歉，我得挂电话了，我有个约会，已经要迟到了"或"对不起，我这里又来了一位客人，过一会儿我给您回电话好吗"。需要注意的是，此时拨打者不能强行挂断电话。

三、接听电话的礼仪

1. 及时接听

及时接听是接听者接听电话最基本的礼仪要求。一般来说，接听者听到电话铃声完整地响过2次以后就应立即拿起电话，这是对对方的一种尊重。如果铃声响起1次后接听者立即拿起电话，对方可能还没有做好心理准备会有点措手不及；但接听者若在电话铃声响过3次以后再接听，则是缺乏效率的表现。如果电话铃声响起时接听者确实没空，未能及时接听，应首先向对方表示歉意并做出适当的解释，如"您好，对不起，让您久等了"。

2. 礼貌问候

接听者拿起话筒后应该先主动地向对方问好，并立刻报出本单位的名称或个人的姓名，以方便对方进行确认，以免打错电话。如接听者可以说："您好，这里是×××公司，请问您找哪位？"如果对方没有马上进入正题，接听者可以主动地再次询问对方："请问您找哪位通话？"同时礼貌地询问对方的单位、姓名、身份及来电要求。

3. 了解目的

在通话的过程中，接听者要仔细倾听对方的电话，了解清楚对方来电的目的，这样有利于采取合适的处理方式。如果对方要找的人不在，接听者切忌只说"不在"就把电话挂断了，要尽可能地问清事由，委婉地弄清楚对方来电的目的。如果接听者自己无法处理，也应认真地记录下来，以免误事。

4. 做好记录

接听者应事先准备好纸和笔等以便及时作记录。要想做好记录，接听者就要仔细地倾听对方的电话内容，掌握"5W1H"技巧，即何时（When）、何人（Who）、何地（Where）、何事（What）、原因（Why）、如何进行或完成（How），对重要的事情认真地进行记录。记录完毕后，接听者最好向对方复述一遍，以免有遗漏或记错的地方。

5. 积极反馈

在接听电话时，接听者应尽量避免打断对方的讲话，给予对方积极的回应，并不时地以"嗯""好""对"等做答，让对方感觉到自己在认真地倾听。如果因通话效果不好而听不清楚或者不明白对方的意思时，接听者要马上告知对方。电话交谈结束时，接听者应礼貌地询问对方："请问，您还有什么事吗？"这既是必要的客气话，也是提醒对方是否讲完了，是一种尊重对方的表现。

6. 适时结束

无论通话的内容如何，通话完毕后接听者都要感谢对方的来电。要结束电话交谈时，一般应当由拨打者一方提出，然后彼此礼貌地道别，说一声"再见"，再轻轻地挂断电话。

7. 及时处理

接听完电话后，接听者应对电话内容及时地进行处理。若为紧急电话，接听者应立即与相关的部门或人员进行沟通，详细了解实际情况，以便能及时地采取相应的措施。对于代接的电话，接听者也应在通话结束后及时地将通话内容和电话记录转告相关的部门或人员，以便电话能够得到及时的处理。

接听者在接听电话时应注意以下三个方面：

（1）在会晤重要的客人或举行会议期间，如果有电话打进来，也应及时接听，可以向对方说明原因、表示歉意，并承诺稍后自己会联系对方。

（2）正在接电话时，若有另一个电话打进来，可以向正在通话的一方说明原因，请其稍候片刻，然后再接听另一个电话；或者先请后者过一会儿打来，然后再继续接听前者的电话。

（3）打错电话的情形经常会发生，所以接听者要特别注意应对的方式，要亲切、礼貌，以免给对方留下不愉快的印象。对方打错电话时，接听者不能粗鲁地说类似"你打错电话了"这样的话并强行挂断电话，而应该礼貌地说："没关系"，并告知对方自己的电话号码，请对方进行核实。

四、代接、代转电话的礼仪

代接、代转电话一般多发生于同事或家人之间。在工作中，当接听者接到其他拨打者的电话时，先要弄明白"对方是谁"和"现在找谁"这两个问题，以便及时准确地找到拨打者想要联系的人。如果拨打者想要找的人不在，接听者要及时地向对方说明，再询问对方需不需要自己帮忙转达。

1. 礼貌接听

同事之间相互代接电话是经常会发生的事情，所以接听者在代接电话时要有礼貌，不要流露出不耐烦的语气和情绪，不要随便地拒绝对方请自己代找别人的要求，尤其不要对对方所要找的人口有微词，或是对方要找的人就在自己的身边却偏偏告之其不在，如果因为个人情绪等原因非要说"没有你要找的这个人"则更属无礼。接听者礼貌的做法是告诉对方"请稍等，我帮您转接""他（她）现在不在座位上，需要留言吗"等。

2. 尊重隐私

在代接电话时，接听者不要充当"包打听"的角色，不要向拨打者询问对方和其所找之人的关系。当拨打者希望接听者将某事转达给某位同事时，接听者要诚实守信、不曲解原意地进行转告，而且没有必要对不相干的同事提及。当拨打者所要找的人就在附近时，接听者也不要大呼小叫弄得众人皆知。当拨打者想要找的人来接听电话的时候，接听者不要旁听，更不要插嘴。此外，在没有经过同意的情况下，接听者也不要随便地说出拨打者所要找的人的行踪、私人手机号码等。

3. 准确记录

对于拨打者要求转达的具体内容，接听者要认真地做好记录，最好能再重复一遍，以确认自己的记录是否正确无误。即接听者要认真地记录下拨打者的工作单位、姓名、通话时间、通话要点、是否要求回电话、回电话的时间、回电对象等几项内容。

4. 及时传达

如果拨打者要找的人就在旁边，接听者要立即通知对方。如果接听者答应替拨打者代为传话，那么就要尽快落实，不要置之脑后或是故意拖延时间。通常情况下，接听者不要把代人转告的内容再托付给其他人来转告，这样既容易使内容失真，也容易耽误时间。一般来说，接听者要将留言记录当面转交给对方，若不能当面转交的可以放置于对方的办公桌上，并留下自己的姓名，以便对方进行查实。

五、手机使用的礼仪

手机是现代化的、灵活方便的移动通信工具，已经成为人们在日常生活中越来越重要的交际工具。在使用手机时，通话者除了应该遵守基本的电话礼仪以外，还应该注意以下六个方面：

1. 避免在公共场合接打电话

在公共场合保持安静既是每个公民都应遵守的社会公德，也是个人修养的一种体现。在开会、会晤、洽谈时我们最好不要使用手机，这样既不会打断讲话者的思路，也可以避免分散他人的注意力，显示出对别人的尊重。在要求"保持安静"的公共场所（如图书馆、音乐厅、美术馆、电影院、歌剧院等地方）均不适合使用手机，通常我们应该关闭手机或将其调至静音状态，以免产生噪声打扰他人。如果我们不得不当众使用手机时，应事先向周围的人致歉，并到不会影响他人的地方把电话讲完后再返回。如果我们不方便通话，可以告诉拨打者稍后自己会给他回电话，不要勉强接听。在观看体育比赛、到医院看病时我们也应使手机保持"安静"状态。例如，在体育场馆观看比赛项目时，运动员就需要有安静的比赛环境。在办公室、地铁、公交车、超市、商场、楼梯、电梯等公共场合，旁若无人地大声接打手机也是有失礼仪的，此时通话者应尽量压低自己的声音，以免影响他人。

2. 恰当地设置铃声

我们在设置手机铃声的音量时不要设置的太大，也不要设置容易让人发笑的铃声。另外，在公共场合，我们应将手机铃声设置为静音，以免影响别人。

3. 注意携带方式

手机是通信工具而不是装饰品，我们应将其放在公文包、小型提包或衣服口袋里。在正式的场合，我们不要将手机拿在手上、挂在脖子上或别在腰带上，这样显得既不美观也不严肃。

4. 尊重他人的隐私

在一般情况下，我们不要借用他人的手机，更不要随意翻阅他人手机的电话簿、通话记录、照片和短信、微信等。未经机主本人允许，我们不要将其手机号码随便地告诉他人。

5. 文明发送短信

工作短信的发送时间应该恰当，我们最好在工作时间内发送，以保证接收者能及时地接收并进行处理。工作短信也不宜在周末发送，如果遇到紧急情况必须发送短信时，我们应先致歉，然后再说明缘由。

工作短信应该做到语言规范，开头的称谓要恰当、礼貌，要表达清楚接收者的身份。短信的内容要简洁明确，条理清楚。如果是比较重要的事情，我们可以在结尾处注明"收到请回复，谢谢"，以确保信息传递到位。此外，我们一定要在短信的最后署上姓名。

6. 注意使用安全

在使用手机时，我们必须牢记"安全至上"的原则，否则会害人害己。例如，我们不要在驾驶汽车时使用手机进行通话或者查看信息等，以防发生车祸；不要在病房、加油站等地使用手机进行通话，以免它们所发出的信号干扰医疗设备或引发火灾、爆炸等；在飞机飞行期间使用手机时应遵守中国民用航空局的相关规定，将手机关机或调成飞行模式，否则机载通信导航有可能受到手机信号的干扰而造成严重后果。

技能训练

1. 情景模拟

教师请学生根据以下三个情景分别设计具体的情节，分组进行接听电话的练习：

（1）接到客户的抱怨电话，虽然你作为客服人员已经向这位客户耐心地进行了解释，但这位客户依旧在进行抱怨；

（2）接到找总经理的电话，总经理正在主持会议，但对方表示情况非常紧急，一定要马上与总经理通话；

（3）你接到一个电话要找你的同事，但这位同事正好上洗手间了。

2. 任务实训

李丽是跨国化妆品企业A公司的办公室秘书，负责接打电话的工作。李丽觉得这个工作对于大学毕业的她来说实在是太简单了。

电话铃响了，李丽拿起电话，声音圆润地说："您好，A公司，请讲。"电话里传来对方焦急的声音："A公司吗？你们王总在吗？我有要事找他。"

李丽一看，王总正在办公室里看文件，她立即说："王总在，您稍等。"

李丽放下话筒，走到王总的身边说："王总，您的电话。"

"谁打的电话？"王总问。

李丽答道："不知道，好像对方挺着急的。"

项目八　通信礼仪

只见王总一皱眉，拿起了话筒。不一会儿，李丽听到王总在电话里和对方吵了起来。王总挂断了电话后生气地对李丽说："以后有找我的电话先问问清楚。"李丽的脸红了，但却一脸茫然。

这时，电话铃又响了，李丽拿起电话，没精打采地说："您好，A公司，请讲。"

"请问李佳在吗？"对方轻声地问道。

李丽吸取刚才的教训，问："请问您是哪位？"

"我是她的男朋友。"

"哦，那请您稍等。"

李丽想这个电话肯定要转给总经理助理李佳。她看李佳正在对面的办公室里复印资料，于是大声地喊道："李助理，你男朋友的电话，快来接。"

只见李佳一脸不高兴地匆匆赶来，一边走一边说："轻点，轻点，别大声嚷嚷。"这时桌上的两部电话同时响了起来，李丽拿起其中的一部，没好气地说："你好，A公司，请讲。"

"我是高明，请你转告李佳，我明天早上9点下飞机，叫她派车来接我，同时带上编号为TC5193的那份合同，我有急用，千万别忘了。"这个电话里的声音有些含糊不清。

此时，另外一部电话仍然在响，李丽拿起电话："喂？"

"化工公司吗，我找李主任。"

"什么化工公司？"

"你们是生产肥料的化工公司吗？我找推销部李主任。"

"我们是A公司，你打错了。"李丽说完后把电话重重地挂断了。

李丽没想到接听电话这么麻烦，她刚想喘一口气，这时李佳走过来问：

"李丽，高副总有没有来过电话？"

"是叫高明吗？刚来过。"李丽这才想起要把高明的电话内容转达给李佳。

"他说了些什么？"李佳问。

"他说要你接机，好像还要带份文件。"

"哪个航班？几点钟去接？带哪份文件？"李佳问道。

"这个，我记不清了。"李丽红着脸低下了头……

[实训要求]

（1）学生每4～6人为一组，根据职业情景分角色进行模拟实训。实训可以在模拟的公司、办公室或实训室里进行，最好能配置真实的电话机。

（2）学生分组讨论在案例中秘书李丽在接听电话的过程中有哪些不当之处，以及正确地接听电话的方法；组内成员将案例中正确接听电话的场景模拟演示出来。

（3）小组进行模拟展示汇报、小组互评、教师点评，总过程不能超过30分钟。

知识拓展

对于私人电话和投诉电话的应对[1]

一、对于私人电话

在职场中，对于私人电话，接听者应该长话短说，不要在电话中说一些无关紧要或者无聊的话，要尽快开始工作。因为自己的私事而经常使用单位的电话是非常不好的，这样会影响其他人的工作，因此我们要尽量少使用单位的电话打私人电话。

二、对于投诉电话

对于投诉电话，接听者应当及时妥善地进行处理。在投诉的电话中，通常投诉者都会非常愤怒。但是，接听者的情绪不能受到对方的影响，应当始终保持冷静。接听者可以先向投诉者致歉，然后再仔细地倾听对方的诉说，以便了解清楚投诉者所投诉事情的具体情况。

即使是经常打来的投诉电话，接听者也不能在投诉者正在说话的时候随意打断对方，这样只会使对方更加愤怒。在充分听取了投诉者的陈述后，最为重要的是接听者要真诚地向对方道歉，并且说明今后将要采取的措施。当接听者自己不能处理时，应认真做好记录，并及时向上司汇报，尽快制订出切实可行的解决方案，并及时回复投诉者。

任务2　电子邮件礼仪

热身活动

美琪查收邮件[2]

A集团的总经理秘书小李有个习惯，每天早上到办公室整理好所有的东西后她会习惯性地打开电子邮箱，查看前一天接收到的电子邮件。近来，小李发现在与所有合作伙伴的电子邮件往来中，好像无主题、格式也显得很随便的电子邮件基本上都来自于B物流公司。这让小李感到很奇怪，以前他们公司发来的电子邮件可不是这样子的，难道换秘书了？正好小李有事情需要与B物流公司的陈经理联系，她准备打个电话顺便验证一下自己的猜测。小李拿起电话，拨通了B物流公司的电话。

---

[1] 汪彤彤. 职场礼仪[M]. 2版. 大连：大连理工大学出版社，2014：201. 有改动。
[2] 余平. 秘书礼仪[M]. 武汉：华中科技大学出版社，2012：84. 有改动。

"您好，哪位？"电话中传来一个陌生的女声，确实已经不是以前的秘书小张了，记得以前拨通这个公司的电话后总能听到小张柔和的声音："您好，B物流公司。"

小李说："您好，我是A集团的秘书小李，你们陈经理在吗？请她接一下电话。"

B物流公司的女秘书回答道："稍等。"

与陈经理说完正事后，小李开玩笑地说："陈总，你们这个秘书是不是刚毕业的大学生呀？"

陈经理奇怪地问："咦？你怎么一下子就猜中了呢？"

小李说："呵呵，我是从她发的电子邮件中看出来的。"

"你就是厉害，这个新来的秘书是刚毕业的大学生，礼节上的很多东西还没有培训到位，发给你们的电子邮件应该也犯了些错误吧？"陈总经理问小李。

"没有，陈总您忙吧，若有什么事情我们再联系。"小李笑着说。

"好的。"那边陈经理挂断了电话，小李继续查收电子邮件……

教师请学生思考并讨论以下问题：

（1）小李是如何猜到B物流公司更换了秘书呢？
（2）我们在发送电子邮件时应注意哪些问题？

电子邮件是通过计算机网络在人们之间传递各种信息，它是一种非常重要的网络交流方式。随着网络时代的到来，电子邮件已经成为现代通信不可缺少的工具之一，在人们的工作、学习和生活中得到了普遍使用。电子邮件具有快捷、方便、经济、高效的特点，但人们如果不规范地使用也会带来一些不利的影响。相关数据显示，每分钟全球发送1.88亿封电子邮件。但是，在这些电子邮件中有相当数量的是垃圾邮件或不必要的电子邮件，还有一些需要阅读者花费很多的时间去辨认其主题和内容的电子邮件。因此，我们在处理电子邮件的时候都应重视其使用规范，并遵守相关的网络礼仪。

一、电子邮件的格式

1. 主题

添加主题是电子邮件和普通信件的主要不同之处。主题是收件人了解电子邮件的内容的第一信息，因此要提纲挈领。在主题栏里，发送者要用简短的几个字概括出整封电子邮件的内容，这样可以让收件人迅速地了解电子邮件的内容并判断其轻重缓急，然后视情况分别进行处理。所以，电子邮件的主题栏一定不要留下空白，主题栏的信息要能正确地反映电子邮件的内容和重要性。发送者切忌使用含义不清的主题。收件人在回复对方的电子邮件时，可以根据回复内容的需要更改主题，不要直接点击"回复"按钮，致使主题栏里的内容过多、重点不够突出，给收件人造成不必要的麻烦，甚至会影响电子邮件的处理。

2. 称呼与问候

电子邮件的开头要对收件人有所称呼，这样既显得发件人有礼貌，又能明确地提醒收件人此电子邮件是面向对方的，希望对方给出必要的回应。如果收件人有职务，发件人应按其职务尊称对方，如"×经理"；如果发件人不清楚收件人的职务，则应按通常的"×先生""×女士"等来称呼。

电子邮件的开头和结尾最好要有问候语，如在电子邮件的开头写一个"您好"，在结尾写一个"祝您工作顺利"之类的问候语。若是发送给尊长的电子邮件，发件人在结尾应使用"此致，敬礼"。发件人在撰写电子邮件时还应注意正文的格式：开头的部分是称呼，需顶格写，问候语在称呼后换行空两格后书写；结尾的"此致"紧接上一行的结尾或开头空两格，而"敬礼"则再换行顶格写。

3. 正文

电子邮件的正文应简明扼要地说清楚发件人希望收件人知道的事情。如果电子邮件的具体内容确实很多，那么发件人在电子邮件的正文部分应只作简要介绍，然后再单独写个文件作为附件来进行详细的描述。

正文的行文要通顺，要多用简单的词汇和短句准确、清楚地表达出正文的内容，不要出现让人觉得晦涩难懂的语句。另外，如果发件人发送的图片和文件的内容较多，那么应当压缩以后用附件的形式发送，同时在正文中告知收件人。

4. 附件

如果电子邮件带有附件，那么发件人应在正文里面提示收件人要注意查看附件，并对附件的内容作简要说明，特别是当电子邮件带有多个附件时。附件的数量不宜超过4个，数量较多时应将其打包压缩成一个文件。如果附件是特殊格式的文件，那么发件人要在正文中说明其打开方式，以免影响收件人的使用。如果附件过大，发件人应将其分割成几个小文件后分别发送。

5. 落款

每封电子邮件在结尾都应有落款，这样收件人就可以清楚地知道发件人的相关信息。发件人应视具体情况，在电子邮件的右下角签署自己的真实姓名。如果是比较正式的电子邮件，落款可以包括姓名、职务、所在的企业、电话、传真、地址等信息，以方便收件人进行联络。但是，落款不宜行数过多，一般以不超过4行为宜。

二、发送电子邮件的礼仪

1. 格式要正确、规范

与其他的网络交流方式相比，电子邮件更加规范、正式。电子邮件和普通书信一样，无论是称呼、问候语还是正文、祝福语、落款都要礼貌、规范、得体，以显示出发件人对收件人的尊重。另外，在撰写英文电子邮件时，发件人不要全部采用大写字母。

发件人还要认真地填写收件人的电子邮箱的地址，以便准确无误、及时快速地将电子邮件发送给对方。

电子邮件的主题是电子邮件内容的概括和总结，通常收件人会根据主题来判断电子邮件的重要性。一般来说，没有主题的电子邮件往往容易被忽略，所以主题应一目了然，这样才能吸引收件人及时翻阅电子邮件，加快收件人回复电子邮件的速度，也可以避免电子邮件被淹没在垃圾邮件中而被误删。另外，发件人最好在主题中就能说明电子邮件的主要内容，如使用"工作计划""会议通知""聚会照片""课题"等字样，以便使收件人能一目了然。

2. 内容要精练

和普通书信的功能一样，电子邮件的功能是为了通报信息、联系业务、交流情感。在撰写电子邮件的内容时，发件人不可长篇大论，要便于收件人进行阅读。如果有篇幅较长的文字、表格或过多的图片，那么发件人最好以附件的形式来发送。

在回复电子邮件的时候，收件人没有必要引用发件人的全文，特别是当原文较长的时候。收件人只需引用发件人的电子邮件开头的一部分，然后再加上自己要回复的那部分内容就行了，否则容易产生混淆，从而影响信息的接收。

如果事情复杂，发件人最好使用序号将电子邮件的内容列成几个段落以进行清晰明确的说明。每个段落要简短、不冗长，这样便于收件人及时准确地获取信息。

此外，发件人最好在电子邮件中一次就把相关信息全部说清楚、说准确，不要过段时间再发送一封什么"补充"或者"更正"之类的电子邮件，这样会让收件人觉得发件人做事不够严谨，从而怀疑其工作能力。

3. 注意表述的语气

根据收件人与自己的熟悉程度、层级关系以及电子邮件是内部沟通还是外部沟通的不同，发件人要在电子邮件中选择恰当的语气进行表述，以免引起收件人的不适。无论怎样，发件人的语气应友善平和。此外，发件人还要注意和收件人使用一致的语言。比如，在进行内部沟通时，发件人可以使用内部员工都能理解的术语和名词；在进行对外沟通时，发件人应换成大众都能理解的说法或对专业名词做出解释。

4. 注意保密

电子邮件也需要注意对其内容进行保密。对于重要的保密邮件来说，发件人要避免使用免费的电子邮箱来发送，同时做好相关的保密措施。发件人可以对电子邮件进行加密，以保证自己所发送的电子邮件不会被收件人以外的其他人截取或偷阅。

5. 注意检查拼写

在发送电子邮件之前，发件人要仔细地阅读一遍，注意检查行文是否通顺、拼写是否正确等，这既是对收件人的尊重，也是自身良好素养的体现。

6. 合理提示重要信息

在发送电子邮件时，发件人不要频繁地使用大写字母、加粗、斜体、添加颜色、加大字号等方式对一些信息进行提示。虽然合理的提示是必要的，但过多的提示则会让收件人抓不住重点，从而影响其阅读效率。

7. 慎重使用表情符号

发件人在电子邮件中可以适当地使用表情符号，这样可以让收件人感到轻松与亲切，让双方的关系更加亲近。但是，在发送电子邮件之前，发件人必须确认收件人是否能够领会自己所发送的表情符号的含义。此外，发件人在重要的电子邮件里随便地使用表情符号会显得不够郑重，所以最好不要使用表情符号。

8. 认真对待重要的电子邮件

如果有比较重要的电子邮件，发件人最好先给收件人发送一封确认信，待确定收件人乐意接收电子邮件时再发送。对于重要的电子邮件，发件人应在计算机脱机的状态下撰写完，并将其保存好，到准备发送时再复制到要发送的电子邮件中发送给收件人。此外，发件人还可以请求收件人在收到后给予回执，以确认其是否收到电子邮件。

9. 不发送垃圾邮件

电子邮件的优点是速度快、效率高。如果收件人的电子邮箱里装满了垃圾邮件，那么就会影响他的正常使用。所以，发件人不要发送无聊、无用的垃圾邮件，无端增加网络的拥挤程度，更不要在电子邮件中附带恶意程序，攻击他人的计算机。

三、接收与回复电子邮件的礼仪

1. 接收电子邮件的礼仪

（1）及时收取。

收件人应当定期打开电子邮箱查看有无新的电子邮件，一般每天至少应检查一次电子邮箱，以免遗漏或耽误重要、紧急的电子邮件。

（2）恰当处理。

收件人要对接收到的、有保存价值的电子邮件进行分类保存。需要由相关部门或人员处理的电子邮件，收件人要及时地进行转发。

（3）注意安全。

收件人要及时删除垃圾邮件。为了防止电子邮件带有病毒，收件人也不要轻易地打开来历不明的电子邮件或附件。

（4）定期整理。

收件人要养成定期整理电子邮箱的习惯，对不同类型、不同内容的电子邮件应区别对待，或保存或删除，以免电子邮箱过于拥挤。对于需要保存的电子邮件，收件人应当下载或复制到本地硬盘或U盘上，也可以将其打印成文稿。收件人应该及时删除不是很重要、无实际价值或者已被复制的电子邮件，以便节约空间、接收其他重要的电子邮件。

2. 回复电子邮件的礼仪

（1）及时回复电子邮件。

一般来说，收件人应在收到电子邮件的当天予以回复，以确保信息的及时交流和工作的顺利开展。特别是对于一些紧急的、重要的电子邮件，收件人应在两个小时内及时回复。若事情复杂或涉及较难处理的问题，收件人无法及时回复时，可以先用电话、短信、微信等方式告知发件人自己已经收到电子邮件，稍后自己会选择合适的时间另外发送电子邮件进行回复，不要让发件人苦苦等待。若收件人由于出差或其他原因而不能及时查阅电子邮件，在收到电子邮件后应向发件人致歉。针对这种情况，收件人最好提前设定好自动提醒功能，以提示自己要注意查阅并回复电子邮件，以免影响工作。

（2）进行有针对性的回复。

当收件人答复发件人的问题时，最好把相关的问题抄到自己回复的电子邮件中，然后附上答案。收件人可以对自己的回答进行必要的阐述，以便让收件人一下子就能理解，从而避免双方再反复进行交流，浪费了时间和资源。

（3）避免就同一个问题多次回复讨论。

对于较为复杂的问题，如果出现收件人频繁地回复电子邮件发表自己看法的情况时，这说明电子邮件已经不是双方最好的交流方式了。此时，收件人应及时对之前的讨论结果进行整理和归纳，然后采用电话沟通、面谈等方式与收件人进行沟通和交流，以提高工作效率。

（4）区分单独回复和回复全体。

如果只需要发件人单独一个人知道的事情，收件人单独回复发件人一个人即可。如果需要发件人和抄送人等与电子邮件相关的人员都了解的事情，收件人可以使用"回复全部"的功能进行回复。

如果收件人对发件人提出的问题不清楚或有不同的意见,应该与发件人单独沟通,这时千万不要使用抄送的功能或"回复全部"的功能。

技能训练

1. 任务实训

宏远公司成立于2000年10月,公司总部位于A市。其产品在国内市场占有率连续5年位于前三位,深受广大消费者的喜爱。为了拓展国内外市场,宏远公司积极寻求国内外的合作伙伴。经过一段时间的接洽,宏远公司与上海的凯达公司达成了初步合作意向,双方欲共同投资、合作经营。应宏远公司的邀请,凯达公司一行人将于2019年4月15日来A市进行为期3天的考察活动,考察期间除了参观宏远公司及A市的市容以外,双方还要就合作的具体事宜进行洽谈,争取最终达成共识,正式签订合作协议。宏远公司的总经理李军将接待任务交给了办公室,并由总经理助理刘丽负责整个接待工作的安排及公司各部门的协调工作。

刘丽从接到任务后就开始着手进行接待凯达公司一行人的准备工作。4月8日上午,接待计划由总经理李军审核通过后,刘丽按照李军的要求与凯达公司的总经理秘书王琛就接待日程安排进行了沟通。刘丽先通过电子邮件给王琛发了一份己方制作的接待日程表,告诉对方如果有不同的意见或要求可以及时地反馈给她,以便进行调整。当天,王琛收到电子邮件后及时请示了总经理,并在下午回复了刘丽,电子邮件的内容主要有:宏远公司安排的日程他们还是比较满意的,只是凯达公司一行人于4月15日上午抵达A市后,希望中午安排的欢迎宴会改为便餐,以便下午他们有更多的时间参观宏远公司。

[实训要求]

(1)学生每2人为一组,分别以刘丽的身份发送一封电子邮件给王琛,再以王琛的身份接收电子邮件并进行回复。

(2)刘丽在电子邮件中的接待日程表要以附件的形式发送。

(3)教师请学生分组展示自己撰写的电子邮件,然后对电子邮件的格式是否符合礼仪要求相互进行评述。最后,教师进行总结点评与指导。

2. 任务实训

天地信息服务公司是专业的信息服务商,该公司的主要业务是通过电子邮件的形式为企业提供信息服务,并按年度收取一定的服务费。在一般情况下,客户在正式购买其服务之前都要对该公司的信息服务先试用一段时间。李红是天地信息服务公司的营销员,她大部分的工作时间都是用电话给陌生的客户打电话,遭到拒绝是家常便饭。于是,李红开始尝试用电子邮件和客户进行沟通,但往往是电子邮件发送出去之后就石沉大海了。李红开始思考如何有效地利用电子邮件来提高营销的成功率。

天浩公司主要经营石油化工方面的业务。刘飞是天浩公司的总经理助理,直接对总经理负责。李红通过电话沟通得到了刘飞的电子邮箱,给他发送了关于信息试用的电子邮件。信息试用一段时间后,李红准备用电子邮件进一步与刘飞进行沟通,为接下来成功地进行营销打好基础。

[实训要求]

教师请学生帮李红给刘飞撰写一封电子邮件,询问其对天地信息服务公司的信息服务的试用效果。

知识拓展

在电子邮件中要注意区分收件人、抄送和密送的功能

在使用电子邮件时,我们要注意区分收件人、抄送和密送的功能。

收件人是指要处理这封电子邮件所涉及的主要问题的联系人,其理应对电子邮件予以回复和响应。

抄送是指除了收件人以外,发件人同时将这封电子邮件发送给了其他的一个或多个联系人,并且收件人也知道抄送的具体情况。抄送人只需要了解这件事情,但没有义务对电子邮件做出回复和响应。当然,如果抄送人有自己的看法、意见或建议等,可以直接给收件人回复电子邮件。

密送是指除了收件人或抄送人以外,发件人同时将这封电子邮件发送给了其他的联系人,但收件人和抄送人不会看到其是谁。

收件人和抄送人的排列应遵守一定的规则,比如按部门排列、按职务从高到低或从低到高都可以。

任务3　网络即时通信礼仪

微信也是职场社交礼仪的"考场"

微信原本是人们用来进行沟通和交流的一款网络即时通信软件,如今,它承担着人们进行职场交流的重担——召开会议,布置工作,传送文件。因此,微信也是职场社交礼仪的"考场"。在这里,一个字、一句话、一个称谓、一个表情、一个语气都需要我们仔细斟酌。若有些许疏忽,轻则被批评,重则可能会因此丢掉工作。

下面截图中的案例告诉我们，在职场中微信礼仪不容忽视。

教师请学生思考并讨论：我们在使用微信、QQ等网络即时通信软件与人进行沟通和交流时应该注意哪些问题？

知识平台

随着现代信息技术的不断发展和计算机应用的普及，网络在人类的生产和生活中扮演着越来越重要的角色。近年来，微信、QQ等网络即时通信软件由于其便捷性、即时性等特点，受到越来越多人的青睐。与此同时，人们在使用网络即时通信软件进行沟通和交流时也应当遵守与真实生活中相同的行为规则，在社交场合交谈的一般规则都适用于网络即时通信。此外，网络即时通信也有自身特定的礼仪规范。

一、使用网络即时通信软件的礼仪

各种网络即时通信软件的流行使得人与人之间在空间上的距离大大缩短。网络即时通信软件也不再像过去那样仅仅用于娱乐休闲，而是在人们的日常工作和商务往来中扮演着非常重要的角色。但是，这种沟通方式并不是真正的面对面交流，常常由于缺少神情、体态等所传达的相关信息而出现误会，甚至会因为交流的某一方不懂礼仪而产生矛盾与争执。因此，我们学习和掌握必要的网络即时通信礼仪是非常必要的。

1. 遵守法律

遵守法律是对每个网民最基本的要求。人们在使用网络即时通信软件进行沟通和交流的过程中应做到"五禁止":禁止中伤、诽谤他人;禁止从事宗教、政治方面的劝诱行为;禁止发布虚假信息;禁止传播低俗暴力的信息;禁止出现一切违反社会公德的行为。

2. 语言文明

我们在使用网络即时通信软件进行沟通和交流时,使用文明的语言是基本的礼仪。例如,使用"您好""很高兴认识您""谢谢""再见"等文明用语,这样会使双方的交流更加愉快,并给对方留下良好的印象。同时,严禁使用侮辱、谩骂等不文明的语言。因为这些语言不但会使对方感到不愉快,而且还会降低自己的人格,让自己很难在网络上得到别人的尊重。

3. 尊重对方的人格

在使用网络即时通信软件进行沟通和交流时,双方的人格是平等的。不管我们在现实生活中是什么样的身份和地位,在网络上都是以普通网民的身份出现的。我们只有尊重对方,才能赢得对方的尊重。在沟通和交流的过程中,我们不能口无遮拦、出言不逊,不能侮辱对方的人格,更不能进行人身攻击。

4. 尊重个人的隐私

日常的社交礼仪和生活礼仪同样适用于人们使用网络即时通信软件进行沟通和交流。一般来说,我们不要追问涉及对方隐私的问题,如对方的姓名、工作单位、家庭住址、职务级别、经济状况等,尤其不要询问女性的年龄、身高、体重、婚姻等。如果我们确有必要知道对方的情况时,应该首先把自己的情况主动地告知对方。如果遇到对方有意避而不答的情况时,我们也不要继续追问。网络即时通信软件的聊天记录是个人隐私的一部分,如果未经对方的同意,不能将其擅自公开。

5. 真诚交流

在保护个人隐私的前提下,人们在使用网络即时通信软件进行沟通和交流时应真诚坦率,对于对方善意的招呼、问候要及时回应,不可置之不理,不可满口谎话、怪话,不要发送令人费解的话,不要重复发言,不要讽刺、挖苦对方。否则,网络即时通信交流就失去了意义。

6. 保证安全

在使用网络即时通信软件时,我们必须谨言慎行,切不可掉以轻心、泄露机密。我们特别要注意:严格保守国家机密或组织机密,尽量避免谈及与自己所知机密相关的话题,更不可以借网络传播渠道故意泄密;不要随便留下单位的电话号码、个人联系方式等个人资料,以免被骚扰;不要在公众场合使用公用账户、私人密码。不论是单位还是个人，都应对计算机采取病毒防范措施，在计算机中安装防火墙和杀毒软件，这已成为确保网络安全的基本措施。

二、微信、QQ使用的礼仪

根据大数据监测平台Trustdata发布的2019年6月移动互联网全行业排行榜的数据显示，微信和QQ分别位列国民应用月活跃用户量的第一位和第三位。微信和QQ在我国几乎成为全民级移动通信工具。我们在工作和生活中也常常使用它们，这就需要我们在沟通和交流的过程中注意以下礼仪：

1. 尽量使用真实的姓名和头像

如果我们的微信、QQ大多只用于工作，那么最好将昵称设为真实的姓名，可以再加上公司的名称，头像最好使用本人近期的照片，这样便于他人识别。

2. 恰当选择聊天时间

我们利用微信、QQ进行沟通和交流时应选择恰当的时间，晚上10点以后早上7点以前不宜在微信群、朋友圈或QQ群里发送信息，这是对别人的一种尊重。若因特殊情况不得不在这个时间段里发送信息，我们也要适当地表达自己的歉意。

3. 编写简洁、准确的文本信息

我们利用微信、QQ进行沟通和交流时，内容应简短明了，要有针对性，千万不要长篇大论。我们在编写文本时，要确保正确无误。如果我们不小心把带有错别字的文本发送出去了，那么要及时地撤回，如果信息来不及撤回就要再补发一条进行说明。

4. 条件允许时才可以发送语音

在事先征得对方的同意后，我们才可以用语音的形式与人进行沟通和交流，同时还要确保自己周围的环境不是太喧闹或嘈杂。我们在发送语音信息时要使用普通话，语音的内容要清晰、准确，如果有名字、专有名词、电话号码、地址等重要信息还要再用文字发送一遍。考虑到对方的上网环境，一段语音最好不要超过30秒钟。需要注意的是，我们尽量不要发送语音给自己的上司或重要客户。

5. 及时回复信息

收到信息后我们应当在第一时间就进行回复。如果有特殊情况，比如开会或开车等，要事先说明情况并约好回复时间，也可以在状态设置里设置自动回复功能。考虑到对方可能在忙或不方便等诸多情况，我们不要催促对方回复信息。若有紧急事项，我们可以用打电话、发短信等形式再次与对方进行沟通和交流。

6. 恰当地使用表情符号

我们在利用微信、QQ进行沟通和交流时不仅可以借助语言，而且还可以借助表情符号来表达特定的意义和感情，以便使表达更为具体、直观、生动、形象，增加

语言的幽默感。不过,在使用表情符号之前,我们一定要搞清楚其所表达的真正含义,不要随便地使用以免引起误会。

7. 不宜发送重要或紧急的信息

我们可以通过发送电子邮件来传达重要的事情,重要且需要马上得到回复的事情最好打电话与对方进行沟通和交流,这样的事情都不宜通过微信或QQ来发送。因为如果对方因某种原因而接收不到信息或者正好有事不能及时地阅读信息时,都有可能会耽误事情的处理。

8. 不在群里发送不良信息

在微信群或QQ群里聊天时,我们可以扮演话题引导者和气氛活跃者的角色,但要把握好尺度,不要时不时地就发一些垃圾信息,不停地刷屏。此外,我们尽量不要在群里发送广告,以及强行要求他人点赞,更不要发送一些没有根据的内容,不造谣、不传谣,不煽动他人的情绪,远离不良信息。

技能训练

1. 案例分析

近期,国家互联网信息办公室在全国范围内集中部署打击利用互联网造谣和故意传播谣言的行为,相关部门查处了一批利用互联网制造和故意传播谣言的人员,关闭了一批造谣、传谣的微信、微博账号,公安机关依法对相关涉案人员进行治安拘留等处罚。

5月2日,由于天气的原因,原定于5月3日举行的昆明东川泥石流越野赛的比赛延期到5月4日。当晚,互联网上出现了散布"东川泥石流车赛因发生严重事故停赛"的谣言。警情发生后,东川警方迅速组成专案组,连夜展开调查,最终确定了发帖人为来东川打工的张某。翌日上午,民警在张某的住处将其抓获。据张某交代,5月2日他在QQ群内看到了一张抢险救援的照片,便移花接木将图片加标题发布在贴吧中,捏造了越野赛发生严重事故的信息。根据《中华人民共和国治安管理处罚法》第二十五条的规定,散布谣言,谎报险情、疫情、警情或者以其他方法故意扰乱公共秩序的,处5日以上10日以下拘留,可以并处500元以下罚款,情节较轻的,处5日以下拘留或者500元以下罚款。[①]

问题:(1)人们在网上发布信息的界限应该是什么?
(2)你们知道编造、传播网络谣言的后果是什么吗?

---

① 孙伟. 传播网络谣言典型案例[EB/OL]. [2019-09-05]. http://roll.sohu.com/20130528/n377248949.shtml. 有改动。

2. 分组讨论

针对班级QQ群、微信群等信息的发布，你认为有什么不满意之处？今后，每位同学在发布信息时应该注意什么？

知识拓展

微信中只回复"嗯"字是不是不礼貌

2019年6月初，一名女网友发帖称：自己在微信中回复了老板一个"嗯"，结果被老板批评："和领导、客户都不要回复'嗯'，这是微信的基本礼仪。"此事引发了网友的热烈讨论。

有的网友认为用简明扼要的"嗯"字可以表达清楚的，为什么要被说为不礼貌呢？女网友对此也深感委屈。但也有不少的网友认为这个老板没有错，这名女网友应该学习基本的微信礼仪。而且，老板能够对她耐心地指导，看似严厉，实则是在帮助她尽快成长。

一个"嗯"字引发了网友这么大的关注度，说明这是一件比较有意思也比较值得关注的事情。大多数网友的观点认为这名女网友回复老板一个"嗯"的背后，确实暴露出了其基本微信礼仪的缺失。尽管这样的微信礼仪只是一种约定俗成，但这样的约定俗成确实值得遵守。

为什么一个"嗯"字就可能引起老板的不满？因为这个"嗯"字的背后透露出一种敷衍、不耐烦、不礼貌。从本质上讲，网络即时通信软件是一个社交工具，而社交的本质在于沟通和交流。我们整日面对的，看似是冷冰冰的屏幕，可这张屏幕连接的是两个或多个有血有肉的人。表达中能否将真情实感融入字里行间会影响信息的传递和对方的情绪。

那么，我们到底应该怎样回复老板才好呢？有的网友给出了参考答案，比如："是的，全部已经安排好了，您放心吧""好的，明白，收到，您放心，已安排""明白，老板"等。最简单的做法是在"嗯"字的后面再加上一个"嗯"字，变成"嗯嗯"，这样显得热情、积极、礼貌了很多。多一个字还是少一个字的微妙差别所导致的不同表达结果，尽管我们无法从语言学、交际学、心理学等角度来进行分析，却不得不承认这种区别是客观存在的，并且为大多数人所认同。

项目九　活动礼仪

---　学习目标　---

1. 了解会务工作的基本内容，掌握组织与参加会议的基本礼仪，能够做好各项会议的组织准备工作，能够礼仪规范地出席会议。
2. 了解签约仪式的准备工作和程序，掌握签约仪式的基本礼仪，能够按照相关礼仪要求组织安排签约仪式。
3. 了解庆典的准备工作和程序，掌握庆典仪式的基本礼仪，能够按照相关礼仪要求组织安排庆典仪式。
4. 掌握组织与参加舞会的礼仪要求，能够按照相关礼仪要求组织舞会，能够礼仪规范地参加舞会。

任务1　会议礼仪

新品展示会为何失败

小张从大学毕业差不多3年了，目前就职于一家民营企业，工作表现一直不错，很受领导的器重，前几天刚被提拔为办公室主任。看着同事们羡慕的眼神，小张更是意气风发、斗志昂扬。再过几天就是公司一年一度的新品展示会了，这是公司最为重要的一次会议，决定着公司下一年的销售情况，而小张则全权负责这次会议的组织安排工作。

小张很认真地设计了会议的每个议程，并安排相关人员对应负责，经过3天的埋头苦干，看着制作完成的议程表，他露出了满意的笑容。

新品展示会这天，小张一早就来到公司，场景的布置、设备的提供、客户的进场等都井然有序，整个展示会进展得顺利。这时，忽然传来一阵嘈杂声，他循声走过去，看到有几位客户站在公司的一款新产品前面，其中一位客户问解说员："请问一下，你们公司推出的这款新产品的特性是什么？与之前的产品相比它在哪些地方有所改进？"

解说员愣了一下，含糊地说："这款新产品很好，比以前的老产品先进很多。"

那位客户接着追问："我当然知道它比老产品先进了，不然你们公司也没有必要花费资金来进行研发。我的意思是希望你详细解说一下这款产品的优势所在。"

解说员憋了半天，脸涨得通红，只好无奈地说："我不太清楚，你去问我们的研发人员吧。"

几位客户都在旁边窃窃私语："这是什么解说员啊？对自己公司的产品都不熟悉""企业是怎么培训他们的""这样的产品可信吗"……

新品展示会的结果可想而知，小张被领导狠狠地批评了一顿。

教师请学生思考并讨论：小张很认真地进行新品展示会的准备工作，但却事与愿违，为什么会出现这种情况呢？

会议是人们在日常的工作中一个不可缺少的组成部分，组织会议或参加会议也是每个职场人士经常要经历的事情。因此，职场人士有必要了解筹办会议的准备事项和参加会议的礼仪常识。

一、会议的通用礼仪

1. 组织会议的工作内容与基本礼仪

会议组织者要根据会议召开的目的和预计出席的人数来决定会议的准备方法和组织方法。一般来说，会议组织者应做好以下两个方面：

（1）制发会议通知。

会议通知是会议组织者向与会者传递会议信息的载体，是会议组织者同与会者之间进行会前沟通的重要渠道。会议组织者应至少提前两周发出会议通知，以便与会者有时间将会议回执返回，并事先做好参加会议期间的工作安排。在会议通知上，会议组织者要写明会议的名称、会议召开的时间和地点（附导向图）、与会者的范围、会议议题或会议日程、对方答复是否出席的期限、会议组织者及其联络地址和电话号码、会场有无停车场和其他事项（如有无会议资料、有无就餐安排）等内容。一般来说，会议组织者应将会议回执附在会议通知的最后一并发出。会议回执是与会者的信息反馈，会议组织者可以根据会议回执了解与会者的相关信息，并提前做好会议准备工作。除了非正式会议和工作例会以外，所有的会议均应拟定正式的会议通知，再通过邮寄或发送电子邮件的方式传递给有关人员，并通过电话、会议回执或回复电子邮件等方式进行确认。非正式会议的组织者可以先给与会者发传真或打电话，然后再寄送会议通知；也可以先将会议通知以电子邮件的形式发送给与会者，然后再以电话等方式进行确认。

（2）会场的选择与布置。

会议组织者要选择合适的会议地点，需要综合考虑的因素包括：

① 交通要便利，本地及外地的与会者均方便前往；

② 会场的大小要合适，要与会议的规模相符，会场过大或过小均达不到理想的会议效果；

③ 会场的设施要齐全，服务良好；

④ 环境要优雅，不受外界的干扰；

⑤ 停车与住宿要方便，周边要有停车场或足够的停车位以及干净、便捷的宾馆；

⑥ 场地租借费用要合理等。

会场的布置包括主席台的设置、座次安排、会场内花卉的陈设等方面。为了保证会议的质量，会场的整体布局要做到庄重、美观、舒适，会标要醒目、准确。大中型会议会场的布置要保证有一个绝对的中心，所以应设置主席台，以突出会议的主持人和发言人。小型会议会场的布置要便于与会者相互交流，突出便捷性和高效性。

大中型会议座次的排列主要包括以下三个方面：

（1）主席台的座次安排。

主席台既是与会者瞩目的地方，也是会场布置工作的重点。主席台的就座者是会议组织者的负责人、贵宾或主席团成员，因此各种大中型会议的会场均应设置主席台，以体现出庄重的气氛且有利于会议主持人主持会议。座谈会和日常的工作会议一般不设置主席台。无论是否设置主席台，会议组织者都要注意，应使会议主持人面向与会者。

主席台的座次安排要遵循三个原则，即前排高于后排、中央高于两侧、右侧高于左侧（适用于商务活动场合）。此外，还应注意以下惯例：

① 依据职务的高低和代表会议选举的结果安排座次。按照国际惯例，职务最高者居中，然后按照先右后左、由前至后的顺序依次排列。

② 为了工作方便起见，会议主持人有时需要在前排靠边的位置就座，有时也可以在依照职务高低排好的座位就座。

③ 主席台座次的编排应编制成表，先报主管领导审核，然后贴于贵宾室、休息室或主席台入口处的墙上，也可以在出席证、签到证等证件上标明。

④ 在主席台的每个座位所对应的桌子上要放置座位名签。

（2）发言席的位置。

发言席一般可以设置于主席台的右前方或者左前方，且设有专门的发言台。会议组织者也可以把发言席设置在主席台右侧最外边的一个位置，以方便发言人就座。

（3）群众席的座次排列。

① 大中型会议群众席的座位安排。

大中型会议群众席的座次安排应根据会场的整体布局，划分出若干个大区域，并贴上标识牌、指示牌、座位名签，使与会者能顺利地入座。会议组织者也可以按照会场内的座位排号分区，计划好每个单位各占几排；或正式代表坐前排，列席代表坐后排。如果有颁奖环节，为了领奖者上台方便并保持会场的秩序，会议组织者应为接受表彰或领奖的人员划分出专门的区域，以便他们可以统一就座或有序地进场、退场，因此他们的座位一般可以安排在前几排。

② 小型会议群众席的座位安排。

小型会议因为参加者较少、规模不大，一般不设置专用的主席台。面对会议室正门的位置为会议主席的座位。有时，会议主席的位置也可以依景设座，即背依室内主要景致的位置（如字画、会议条幅等）为会议主席的座位。群众席的安排应考虑与会者就座的习惯，可以在会议主席的两侧自左而右依次就座，也可以没有固定座位，由与会者自由地选择座位就座。在与会者彼此不熟悉的情况下，会务工作人员应在每位与会者面前的桌子上摆放座位名签，以便他们互相了解、结识。

（4）资料准备。

与会议有关的会议资料应由会议组织者来准备。会议资料要简短，尽量使用图表、数字来说明问题，使与会者能一目了然。在会议资料数量较大、要求比较详细时，会议组织者至少应在会议召开一周前将其发给与会者。

（5）会议接站与会议签到。

会议接站与会议签到工作组织的好坏直接关系到会议组织者的形象，因此会议组织者不能马虎大意，要认真对待，以免造成不良后果。

① 接站。

在举办大型会议时，由于与会者来自不同的地方，而且人数众多，所以会议组织者要做好接站工作。会务工作人员可以在机场、车站等设立接待站，安排专人负责接站工作。在接站时，会务工作人员可以手持醒目的牌子或横幅，上面要注明"××会议接待处"字样。接待站一般两人一班，当一位会务工作人员引导与会者上车时，另一位会务工作人员可以留下来继续等候其他的与会者，以免漏接或错接。如果无人跟车的话，与会者抵达宾馆或会场后，会议组织者应有专人负责迎接，引导其报到。

一般来说，与会者应持会议通知报到，会务工作人员应在报到处的周围设立引导牌，标明报到的具体位置。会务工作人员要热情、主动地迎接、问候与会者，向与会者表示欢迎。在证实了与会者的身份后，会务工作人员要引导与会者登记、交费，领取会议资料和各种票证。在必要时，会务工作人员还要引导与会者到其住宿的房间，并简要介绍开会的要求、宾馆及会场周围生活服务设施等情况。

② 签到。

签到既是与会者到会时的一道必要手续，也是会场管理的一项重要内容。会务工作人员应到会场的入口迎接与会者，组织与会者签到登记，然后引导与会者入座。

签到的目的在于方便会议组织者及时了解到会人数,以便妥善地安排会议的各项事务和活动。到会人数的多少对于一些重要的会议来说是非常重要的,关系到选举结果和通过的决议是否有效的问题,因此会务工作人员要组织好签到工作,了解与会者到会的情况,安排好会务工作。

③ 资料发放。

如果会议资料比较多,那么会议组织者可以事先将其集中放入资料袋内,由会务工作人员在与会者报到时进行发放。资料袋内可以装上会议文件(如会议日程、会议须知等)、会议证件(如出席证、通行证等)、会议用品(如记录本、笔等)、房间钥匙、餐券等,方便与会者使用。如果会议资料较少,会议组织者可以在会议正式开始前发放至与会者的座位上。

(6)会场服务。

会场服务主要包括引导与茶水服务、文件分发、设备的操作与维护、会场内外的沟通与联系。

① 引导与茶水服务。

引导与茶水服务包括会务工作人员引导与会者入席、退席,供应茶水或饮料,指引与会者使用会场的相关设施,照顾与会者会间休息,满足与会者的临时需要等。

② 文件分发。

有些文件(如领导的讲话、会议快报、会议简报等)需要在会场中分发。需要在会场中分发的一般性文件或资料,会务工作人员可以在每个座位上摆放一份,也可以在入场时依次分发到每位与会者的手中。如果会议所分发的文件或资料需要收退的,会务工作人员应在文件或资料的右上角写上收到文件或资料的与会者的姓名,以便文件或资料的收退。

③ 设备的操作与维护。

在开会的过程中会使用音响、照明、录音、录像、空调、供水等设备,所以应有专人负责操作,在出现问题时要有人及时进行修理。

④ 会场内外的沟通与联系。

在会议期间,会场内外随时要进行文件或资料的传递或事项的沟通,如有关部门转送给领导批办的文件,突发的紧急情况,重要的电话、信件等,会务工作人员应及时传送给领导或相关人员。

(7)组织会议活动。

不同类型的会议,会议的活动内容也有所不同。一般来说,各种会议都要安排集体摄影活动,而选举、颁奖、参观考察等活动应视会议的具体需要来安排。

① 选举活动。

各种代表会议、股东大会等往往有选举投票环节,是否达到法定人数关系到选举结果和通过的决议是否有效的问题。因此,会务工作人员在签到工作结束后应及时地向会议主持人汇报与会者到会的情况。

另外，会议组织者还要提前确定好投票地点，并准备好选票和票箱，安排好唱票间隙的活动。如果会议选用计算机处理选票，那么会务工作人员也应提前做好相应的准备工作。

② 颁奖活动。

表彰大会往往设有颁奖活动。会务工作人员安排具体的工作要细致周到，特别要注意：

a. 领奖台上奖品的排列顺序应与领奖人上台的顺序相吻合；

b. 会务工作人员应事先向领奖人说明上台领奖的礼仪和程序；

c. 重大会议的颁奖仪式应提前安排领奖人在台下前排按照顺序就座，必要时可以事先进行预演；

d. 会务工作人员应事先告诉领奖人如果发现奖品错发将在会后进行调换，不能在会场调换，以免出现混乱场面。

在正式颁奖时，会议组织者还要有专人负责指挥整个颁奖活动。

重大会议的颁奖活动还应安排好礼仪服务工作。会务工作人员要向礼仪人员说明颁奖的礼仪要求与具体程序，上下台的引领、献花等环节要有专人负责，在会前准备时礼仪人员应事先进行演练。另外，礼仪人员的服装一般要选择红色，以烘托热烈、庄重的会场气氛。

③ 集体摄影活动。

会议的集体摄影活动看似简单，但在细节方面却很容易出现问题，所以会议组织者应提前做好周密的安排，如要选择高水平的摄影师，拍摄背景要突出会议主题，安排好与会者的座次与站位等。特别是大中型会议人数众多，在集体摄影中，人员队列的安排应有平面布置图；进场、退场的路线和先后次序应有明确规定；各排之间应留有足够的高度差，前后排人员要错开站位；领导人的座次应在椅背上用纸条将姓名标出；整个集体摄影活动要有专人负责统一指挥。

④ 参观考察活动。

会议组织者应围绕会议议题组织相关的参观考察活动。会议组织者事先要进行周到、细致的准备，如参观考察的时间、地点、参加人员，车辆、用餐等的安排；活动中应有专人跟队，以保持联络畅通；应能及时地处理参观考察活动中发生的紧急突发状况，如有人突发疾病、交通工具发生故障、人员掉队等。

（8）会后事务处理。

会议结束以后，会议组织者要做好以下收尾工作：

① 人员离会。

会议结束时，会务工作人员要做好与会者的送行工作：应提前为与会者订好返程的机票、车票、船票或准备好送行的交通工具；应结清各项账目（如会务、食宿等相关费用）；检查会场，防止与会者遗留重要的文件、物品等。对于个别需要暂留的与会者，会议组织者也要安排好他们的食宿。

② 会场清理。

会务工作人员要收回所有应该收回的文件或资料，撤去会场上布置的会标等宣传品。如果会务工作人员发现会场有遗失的物品，那么要妥善地进行保管并同失主取得联系。会务工作人员还要认真地清理、收拾会场，使会场恢复原状，并及时归还借用的相关物品，办理好归还手续。

2. 参加会议的基本礼仪

（1）与会者的礼仪。

与会者在出席会议时应注意以下三个方面：

第一，仪表整洁。与会者应衣着整洁、仪表大方，不可过于随便。如果会议是在户外举行的，那么与会者应事先向会议组织者询问清楚是否可以穿着休闲服。

第二，准时入场。与会者应准时入场，一般要在规定的会议开始之前提前五六分钟进入会场。确因其他原因迟到的，与会者要向会议主持人及其他的与会者点头致歉。

第三，举止得体。在会场里，与会者应进出有序，按照会议组织者的安排落座；坐姿要端正，不可东倒西歪或趴在桌子上；不要搔首、掏耳、挖鼻、剔牙、剪指甲，甚至脱掉鞋等。与会者在会场里不得抽烟。若会议开始前，会议主席未介绍与会者，与会者可以主动伸手和旁边的人握手，并且进行自我介绍。

会议开始时，与会者应将手机关闭或调至静音状态。会议进行中，与会者应认真地倾听报告或他人的发言，选择要点做好记录。与会者若要对他人进行拍照或录像时需经对方同意，但不要随便将照片、录像通过QQ、微信、微博等发布到网络上。与会者切忌私下交头接耳、玩手机、看书报、抽烟、吃零食、打瞌睡、乱扔垃圾。会议发言人的发言结束时，与会者应鼓掌致意。中途退场时，与会者应轻手轻脚，不要影响其他人。

会议结束后，与会者要按照顺序离开会场，不要拥挤或横冲直撞。另外，与会者还应与会务工作人员及住宿的宾馆等就相关费用结算清楚，并开具发票，以便日后报销。

（2）主席台上的就座者的礼仪。

主席台上的就座者应遵守相应的礼仪规范：进入主席台时，应该井然有序，若此时与会者鼓掌致意，也应微笑着鼓掌回应。有些会议，座位上或主席台的长桌上已标明就座者的姓名，这时就应按照会务工作人员的引导准确入座。会议进行中，主席台上的就座者应认真倾听会议发言人的发言，不要与其他人交头接耳，更不能擅自离席。确有重要和紧急的事情需提前离开会场时，主席台上的就座者应同会议主持人打招呼，最好征得其同意后再离席。

（3）会议主持人的礼仪。

会议主持人在主持会议时，要注意介绍与会者，要控制好会议进程和会议时间，以避免会议跑题或议而不决。会议主持人一般由具有一定职位的人来担任，其礼仪表现对会议能否圆满成功地举行有着重要的影响。

会议主持是一门学问、一门艺术。会议主持人在主持会议时应注意以下五个问题：

① 会议主持人应衣着整洁、大方庄重、精神饱满，切忌不修边幅、邋里邋遢。

② 会议主持人走上主席台时步伐应稳健有力。入席后，如果是站立主持，会议主持人应双腿并拢，腰背挺直；单手持讲话稿时，应用右手持稿的中下部，左手五指并拢自然下垂；双手持讲话稿时，应与胸齐高。如果是坐着主持，会议主持人应身体挺直，双臂前伸，双手轻按于桌沿，并将讲话稿平放于桌面。在主持的过程中，会议主持人切忌出现搔头、揉眼、身体歪斜等不雅动作。

③ 会议主持人在主持会议时应口齿清楚、思维敏捷、简明扼要。

④ 会议主持人应根据会议的性质来调节会场的气氛，或庄重，或幽默，或沉稳，或活泼。

⑤ 会议主持人在主持会议期间看到熟人时不能打招呼，更不能寒暄闲谈，可以在会议开始前向其点头、微笑致意。

（4）会议发言人的礼仪。

会议发言有正式发言和自由发言两种。前者一般是领导作报告，后者一般是讨论发言。

正式发言者应仪表整洁、步态自然、从容自信地走上主席台或发言席。在发言之前，正式发言者可以面带微笑，环顾一下会场的四周。若会场里响起掌声，正式发言者可以适时地鼓掌表示答礼，等掌声停止后再开始发言。发言时，正式发言者应口齿清晰、简明扼要，掌握好语速和音量，以便使会场中所有的与会者都能听清。正式发言者一般应使用普通话，不能大量地运用方言土语。如果发言时需要看发言稿，正式发言者要时常抬头扫视一下会场，不能只顾低头读稿、旁若无人。正式发言者的发言内容要中心突出、材料翔实、感情真挚、语言生动，切忌进行自我宣传、自我推销，更不能有对与会者不尊重的语言、动作和表情。在发言中，正式发言者还要注意观察与会者的反应，以便根据具体情况对内容作相应的调整。正式发言者还要严格遵守会议组织者规定的时间，发言完毕后应向全体与会者表示感谢。

自由发言者则比较随意，但也应听从会议主持人的指挥，注意发言的顺序和秩序，不能争抢发言；发言应简练，观点应明确；对持有不同意见的与会者，应求同存异、以理服人，态度要平和，不能对其他的与会者嘲讽挖苦或进行人身攻击。

如果有的与会者需要对会议发言人进行提问，那么会议发言人应礼貌作答，对不能回答的问题可以礼貌地说明理由；对提问者的批评和意见应认真听取，即使提问者的批评是错误的也不应失态。

二、洽谈会的礼仪

洽谈会也称磋商会、谈判会，是指双方代表或多方代表就某些重大问题或共同关心的问题，如贸易项目、政治、经济、文化等领域的问题进行的磋商和谈判活动。磋商和谈判的目的是要使参加洽谈的各方能在求同存异的前提下取得谅解和达成共识，或签订某些协议、做出某项决定等。

1. 洽谈会的准备工作

（1）明确目标。

洽谈目标是指洽谈人员在洽谈会中想要达到的具体目标。它指明了洽谈的方向和要达到的目的，确定正确的洽谈目标是保证洽谈会成功的基础。通常，洽谈人员应当根据各方的实际情况来确定洽谈的目标层次，并考虑好不同层次的洽谈目标的优先顺序。

（2）收集信息。

在洽谈之前，洽谈人员要通过各种渠道了解并分析对方的各种信息，包括现实情况、历史资料、对方的意图和背景、人员组成、谈判的底线和可能提出的条件等，以便制定相应的策略。洽谈人员还应收集与洽谈议题及洽谈目标有关的信息，如在商务洽谈中应了解货物的品名、规格、价格、付款方式及市场、技术、资金等方面的信息。洽谈人员只有掌握了这些资料，才能在洽谈中掌握主动权。

（3）配备人员。

洽谈人员的组成应该包括精通业务、具备经济和法律知识、拥有决策权的主谈人，懂技术的专业人员，如对方是外国人，还应包括有洽谈经验的翻译人员。己方主谈人的级别应当与对方主谈人的级别大致相等，并有权代表本组织。

（4）准备洽谈议程。

洽谈议程是决定洽谈效率的重要环节。每次洽谈之前，参加洽谈的各方事先都要对时间、地点、内容、方式等进行周密的安排，以免在礼仪上有不周到之处。若任何一方在时间、地点等方面需要变更的，必须征得另一方的同意。

2. 组织洽谈会的礼仪

（1）布置座位。

双边洽谈通常使用长方形或椭圆形的谈判桌，双方的洽谈人员要相对而坐。以正门为准，若长方形的谈判桌横放，按照"面门为上"的原则，客方面向正门，主方背对正门，双方洽谈人员的座次安排如图9-1（a）所示。若长方形的谈判桌一端面向正门竖放，则应以进门的方向为准，按照"以右为上"的原则，客方居右、主方居左，双方洽谈人员的座次安排如图9-1（b）所示。

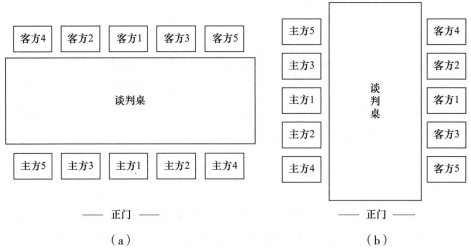

图9-1 双边洽谈的座次安排

各方的主谈人员应在己方一侧居中而坐，其他人员的座位遵循"右高左低"的原则，按照职位的高低自近而远分别在主谈人员的两侧就座。在涉外洽谈中，我国习惯把翻译人员安排在主谈人员的右边。记录人员的位置可以安排在后排，如果参加洽谈的人数较少，也可以安排在谈判桌就座。

在举行多边洽谈时，根据国际惯例，一般使用圆形或多边形的谈判桌。在具体就座时，依旧讲究有关各方的洽谈人员尽量同时入场、同时就座，主方洽谈人员不应在客方洽谈人员就座之前就座。小规模的洽谈会可以不摆放谈判桌，只在室内摆放沙发，按照"以右为上"的原则，采用客方在右边、主方在左边的方式就座洽谈。

（2）迎送客人。

在洽谈前，主方应提前到达洽谈地点。主方的接待人员和工作人员应在大门口迎候客方的相关人员，并将其引入接见厅或会谈室。洽谈活动结束后，主方应视情况将客方送至门口或车前，并与其握手道别，目送客方离去。

（3）合影留念。

在合影前，主方应提前安排好合影事宜。人数较多时，主方要准备合影需要的椅子和高低错落的合影架，以便使位于后排的人高于前排的人。按照国际惯例，客方的主谈人员应在主方的主谈人员的右边，两者处在中心位置，其余人员按照身份的高低从右到左依次排列。主客双方要尽量交叉排列，两端一般应安排主方的人员。

（4）招待茶水和饮料。

在洽谈时，各国用来招待洽谈人员的茶水和饮料各不相同。在我国，洽谈会一般只准备茶水，夏天加冷饮。如果会谈时间过长，那么可以适当地增加咖啡、红茶和点心等。

（5）采访管理。

洽谈会是否允许记者进行采访，何时安排记者进行采访，以何种方式接受采访或发布消息，洽谈各方应该在准备阶段就制订好计划，并报领导批准。在洽谈会开始前，洽谈人员可以安排几分钟的采访和摄影时间，在洽谈开始后除了特别安排的电视采访以外，一般不安排其他的采访。

3. 洽谈人员的礼仪

（1）仪表得体。

洽谈会是组织和组织之间的交往，所以洽谈人员应该展现出职业、干练、有效率的形象。洽谈人员在仪容仪表上有严格的要求，例如：男士不能蓬头垢面，不能留胡子或大鬓角；女士应选择端庄大方的发型，化职业妆。彩色的头发、时尚的发型、浓艳的妆容或具有浓烈气味的化妆品都不应出现在洽谈人员的身上。

此外，洽谈人员一般应穿着正装，以表示对洽谈会的重视：男士应穿着深色的西装和白衬衫，打素色或带条纹的领带，配深色的袜子和黑色系带皮鞋；女士应穿着西装套裙和白衬衫，配肉色丝袜和黑色带跟皮鞋。如果是非正式洽谈会，洽谈人员也可以穿得随便一些，给人以轻松、随和的感觉，这样更容易拉近彼此之间的距离，有助于交流。

（2）见面礼仪得当。

双方的洽谈人员在见面时应面带微笑，用正确的称谓与对方握手问候，必要时双方还可以互换名片。洽谈人员应根据座位名签就座，或由接待人员引导入座。双方落座后可略作寒暄，在进入正题之前宜谈论一些轻松的话题，如旅途经历、季节气候或以往的合作经历等，但开头的寒暄不宜太长，以免冲淡了洽谈的气氛。

（3）语言恰当。

洽谈人员在洽谈的过程中要注意语言的规范性和灵活性，要注意使用礼貌用语，以体现自身的职业道德和商业形象。在洽谈中，无论出现什么情况，洽谈人员都不能使用粗鲁、污秽或具有攻击性的语言。此外，洽谈人员还应注意语言要抑扬顿挫，要避免出现吐舌挤眼、语句不连贯、嗓音微弱或大吼大叫等情况。双方洽谈人员的语言都是用来表达各自的愿望和要求的，因此洽谈语言的针对性要强，要做到有的放矢。模糊、啰唆的语言会使对方心存疑惑或感到反感，降低了己方的信心，反而成为洽谈的障碍。洽谈形势的变化是难以预料的，而且洽谈人员往往会遇到一些意想不到的事情，这就要求洽谈人员具有灵活的语言应变能力与应急手段，能够巧妙地摆脱困境。

（4）礼貌问答。

在洽谈中，洽谈人员要礼貌地进行提问，问话的方式要委婉，语气要亲切平和，用词要仔细斟酌，不能把提问变成审问或责问。洽谈人员咄咄逼人的提问容易给对方以居高临下的感觉，使其产生防范心理，这样不利于双方进行洽谈。对于需要提问的问题，洽谈人员应事先列好详细的提纲，如果不做好准备就贸然提问是不尊重对方的表现。一般来说，洽谈人员提问的时机应选择在对方发言完毕之后、对方发言停顿间歇、自己发言前后以及在会议议程规定的时间等进行。当对方回答问题时，洽谈人员作为提问者应耐心倾听，不能因为对方的回答没有使自己满意就随便插话或随意打断对方的话。在一般情况下，洽谈人员插话应借助一些特定的礼貌用语来进行，如"对不起，我能打断您一下吗"或"请停一下"等。

在洽谈的过程中，另一方的洽谈人员作为被提问者在回答问题时要本着真诚合作的态度，针对提问者的真实心理，实事求是地回答对方的提问，不能闪烁其词、态度暧昧、顾左右而言他。如果对方对某个问题不甚了解，被提问者应以浅显易懂的语言进行解释，切不可流露出不耐烦的表情。如果有些问题涉及商业秘密和技术机密，被提问者应委婉地进行说明，避免出现令人尴尬和双方僵持的局面。

三、新闻发布会的礼仪

新闻发布会又称记者招待会，是社会组织直接向新闻界发布有关组织的信息、解释组织的重大事件而举办的活动。它是社会组织传播各类信息的最好形式之一。一般来说，当社会组织发生某个重大事件，或有新产品开发、上市，或遇到公关危机事件等时，为了扩大宣传、解析事件或澄清事实，社会组织就需要召集新闻记者，召开新闻发布会。

1. 新闻发布会的准备工作与礼仪

（1）选择时机。

选择恰当的时机是新闻发布会取得成功的保障。主办方在选择召开新闻发布会的时机时：一是要确认新闻的价值；二是要确认新闻发布会召开的最佳时机。通常，主办方召开新闻发布会既要避开节假日、本地的重大活动等，也要避免与新闻界的宣传报道重点相冲突。

（2）确定主题。

新闻发布会应该有明确的主题：或是解释一个重大事件的细节，公布事情的真相；或是介绍一个新产品等。每次新闻发布会的主题都应集中、单一，不可以把几个主题放在一个新闻发布会上。

（3）确定邀请对象。

新闻记者是新闻发布会的主角之一，主办方应根据新闻发布会的主题有选择性地邀请相关的新闻记者来参加。新闻记者可以来自于综合性、专业性或是全国性、地方性的新闻媒体。除了新闻记者以外，主办方还可以邀请其他的单位、部门或公众群体来参加新闻发布会。

（4）确定主持人和发言人。

新闻发布会的主持人大都由主办方的办公室主任或公关部经理来担任。主持人应仪表堂堂、年富力强、见多识广、反应敏捷、语言流畅、幽默风趣，善于把握大局，长于引导提问，具有丰富的会议主持经验。

新闻发布会的发言人是新闻发布会的主角，通常由主办方的领导人来担任，其基本条件包括：第一，应该在组织中身居要职，有权代表本组织讲话；第二，具有良好的形象和表达能力，知识面要广，要有良好的语言表达能力、倾听能力及反应能力；第三，有执行原定计划并加以灵活调整的能力；第四，有现场调控能力，可以充分地控制和调动新闻发布会现场的气氛。

（5）其他各项准备工作。

新闻发布会召开之前，主办方应做好其他各项准备工作，包括印发请柬，布置场地，准备录音或录像的辅助工具，准备参观现场或展览的实物、图片，编印文字资料等。新闻发布会召开的地点应选在交通便利又比较热闹的场所，这样既方便新闻记者参加，又能引起社会各界的关注。主办方应将请柬提前发送给新闻记者以示尊重。请柬要附带宣传提纲，以便新闻记者提前准备好在新闻发布会上需要提问的问题。主办方的工作人员应事先做好调查访问，以便了解或估计新闻记者可能提出的问题，帮助主持人、发言人做好充分的准备。

2. 新闻发布会中的礼仪

（1）参加者应服饰得体。

一般来说，新闻发布会都比较正式，所以主持人和发言人要仪表整洁、着装正式，男士可以穿着中山装、西装、长裤长衫，女士可以穿着套装、套裙。而参加新闻发布会的记者在着装上没有严格的要求，只要穿着得体、便于工作即可。有些新闻记者为了获得提问的机会会选择穿着颜色醒目（如红色）的衣服出席新闻发布会。

（2）做好签到工作。

在新闻发布会上，主办方应做好新闻记者的签到工作，以便了解到会人数。主办方还要安排专人引导新闻记者就座，同时回答他们初步的问询。

新闻记者签到时，主办方应发给其一份事先准备好的新闻资料袋，内装新闻发布稿、技术性说明（在必要时发放）、会议者主持的材料和照片以及会上要展示的产品或设施、模型的照片等。

（3）安排好拍照。

如果新闻发布会上允许拍照，主办方应事先通知新闻记者，同时还要安排专业摄影人员在现场进行拍照，以便将这些照片提供给未能在现场的新闻媒体。

（4）做好采访服务。

主办方应该控制好新闻发布会的召开时间，会议要有正式的结尾。在必要时，主办方应设法邀请新闻记者做深入的采访。在新闻发布会的现场，主办方应为新闻记者提供方便，做好会场服务工作。对于前来参加新闻发布会的新闻记者，主办方要一视同仁。新闻记者也要服从主办方的安排，有礼貌、有次序地进行提问，严格遵守会场秩序，不要制造混乱。

3. 新闻发布会的善后工作

新闻发布会结束后，主办方的工作人员应及时了解与会者对新闻发布会的意见，收集与新闻发布会有关的资料，了解新闻发布会召开的效果，以便策划下一步的宣传活动。

技能训练

1. 任务实训

华明公司是进入我国市场较早的外国显示器企业，一直以来都是由3位总代理商在华北、华东和华南地区进行分区代理。在长期的发展过程中，由于地域的局限难免造成代理商之间相互竞争。因竞争而产生的矛盾在某种程度上对华明公司的发展很不利，甚至阻碍了3位总代理商各自的发展。因此，只有三方相互合作才能获得多赢并促进共同发展，才能给代理商和消费者带来更多的利益。

为此，华明公司决定于5月13日—15日在重庆乐园度假村酒店举行2019年度显示器总代理商会议。届时，华明公司与3位总代理商的负责人（华北地区总代理商北京A贸易公司，王总经理；华东地区总代理商上海B显示设备有限公司，刘总经理；华南地区总代理商广州C实业有限公司，韩总经理）共聚一堂，将就国内显示器市场的渠道管理进行沟通与协调。

教师请学生模拟本次会务工作的以下场景：

（场景一）4月1日，华明公司的高秘书到重庆乐园度假村酒店去预订会场，与酒店的张主管讨论会场布置情况。张主管让酒店的技术助理小刘协助高秘书进行现场布置，高秘书向小刘提出了会场布置的要求：本次会议的与会者为50人，会场座位格局为半圆形，要有投影仪和投影屏，要安排好每个人的位置，还要准备横幅、鲜花等进行装饰。教师请学生演示会场布置的过程。

（场景二）5月13日上午8:30，高秘书将3位总代理商的负责人引至会场，华明公司的吴总经理和郭副总经理到酒店的门口迎接，吴总经理与客人都认识，郭副总经理与客人是初次见面。教师请学生演示接待工作的过程。

（场景三）5月13日上午9:00，第一次会议开始，与会者进入会场签到，负责签到的会务工作人员是小陈。出席本次会议的主要人员有华明公司的吴总经理、郭副总经理、负责商务执行的宋经理、负责人事行政执行的温经理、负责技术执行的方经理、高秘书，以及3位总代理商的负责人王总经理、刘总经理、韩总经理及他们的助理。华明公司其他各主要部门的负责人也一同出席了会议。会议由吴总经理主持，他先把3位总代理商的负责人介绍给大家，再发言致欢迎词。会议由高秘书负责记录，会务工作人员小陈负责分发会议资料，同时负责倒茶等后勤服务。教师请学生演示会议开始的过程。

［实训要求］

学生每10人为一组，教师为10位学生进行编号，即1—10号。实训在实训室里进行。每组学生在实训的过程中必须制作一份会议签到单。

场景一：由3号学生扮演高秘书，4号学生扮演张主管，2号学生扮演技术助理小刘。

场景二：由1号学生扮演高秘书，4号学生扮演吴总经理，5号学生扮演郭副总经理，6号学生扮演王总经理，7号学生扮演刘总经理，8号学生扮演韩总经理。

场景三：由2号学生扮演高秘书，9号学生扮演吴总经理，10号学生扮演郭副总经理，1号学生扮演宋经理，2号学生扮演温经理，3号学生扮演方经理，4号学生扮演王总经理，5号学生扮演刘总经理，6号学生扮演韩总经理，7号学生扮演小陈。

2. 查阅资料

涉外双边会谈通常采用长方形或椭圆形的会议桌。多边会谈或小型会谈可以采用圆形或方形的会议桌。不管采用什么形状的会议桌，都是以面门为上座，宾主相对而坐，主人背向门落座，而让客人面向大门。其中，主要会谈人员居中，其他人员按照礼宾次序向左右两侧排列。

问题：（1）翻译人员和记录人员的位置在哪里？

（2）为什么这样安排他们的位置？我国和其他的国家有什么不同吗？

知识拓展

远程会议礼仪[1]

目前，最现代的会议形式是远程会议，其主要形式有电话会议、电视会议和网络视频会议。远程会议借助现代通信技术、计算机网络技术、视听技术等现代化手段，使分散在不同会场的与会者能够进行远距离的沟通和交流，具有共时性和跨越空

---

[1] 余平. 秘书礼仪[M]. 武汉：华中科技大学出版社，2012：138. 有改动。

间的特点。远程会议一般设有主会场和分会场,居于支配地位的会场为主会场,其他会场则为分会场。

远程会议的优点是可以省去与会者旅途奔波的时间,节省住宿与餐饮的会议费用开销,有时还可以避免在会议中出现激烈的辩论和紧张的气氛;缺点是它终究无法取代人们在同一空间内进行面对面的交流的临场感。

与会者参加远程会议时要注意以下三个方面的礼仪:

一、重视个人形象

如果召开的是电视会议或网络视频会议,则通过电视机或摄像机所展现的与会者的形象与平常的样子会有较大的不同。因此,与会者要注意个人的穿着打扮等外在形象。一般来说,服装通过摄像会产生放大效果,如果男士穿着花格子的西装上衣,看起来就会显得十分刺眼,一旦上了屏幕就会显得十分不得体。那些不习惯上电视或摄像机的与会者要避免姿态僵硬、神情不自然,说话声音忽大忽小,也不要经常变换姿势,显示出一副坐立不安的样子。

二、注意说话的声音

在远程会议中,每个人的发言不仅本会场的与会者在听,同时还通过话筒和计算机网络传送到其他各个会场。由于话筒对发言者声音的敏感度较高,发言者在讲话时与话筒的距离及角度发生细微的变化都会使声音造成一定程度的失真,再经过信号放大,声音的失真程度也随之放大,这就要求与会者要尽量将周围的噪声干扰降到最低,从而保证可以正确地传达会议内容。

三、避免习惯动作

在参加电视会议或网络视频会议时,面对摄像镜头,与会者的任何表现都会被拍摄下来:如老是打断别人的发言,不耐烦地在纸上乱画,搔头发、咬指甲、交头接耳、东张西望等,这些个人习惯动作呈现在视频画面上会显得很不雅观,与会者要尽量避免。如果与会者在主会场或自己是会议的主要角色,就更应该注意这些细节。

任务2 签字仪式礼仪

美方代表为何差点"临场变卦"

经过多轮洽谈之后,天地公司终于同美国的卡博特公司谈妥了一笔大生意。双方在达成合作意向之后,决定举行正式的签字仪式。由于当时双方的洽谈地点在天地公司所在地——上海,故此次签字仪式便由天地公司负责。天地公司的总经理将这项工作交给了总经理助理高叶,要求他不能出任何差错。新入职的高叶不敢怠慢,安排好美方人员的相关接待工作、签字文本的制作之后,他又提前布置好签字桌,铺上暗红色的台布,摆放好签字文具和座位名签,还在签字桌上摆上了中美两国的国旗,中方的国旗在签字桌的右侧,美方的国旗在签字桌的左侧。在签字仪式举行当天,让天地公司的代表感到出乎意料的是,卡博特公司的代表差一点要在正式签字之前"临场变卦",幸亏天地公司的总经理及时发现了问题所在,经过一番努力之后才完成了签字仪式,实现了双方的首次合作。

教师请学生思考并讨论:这次签字仪式的问题究竟出在哪里?

在商务或政务交往活动中,双方经过洽谈,就某项重大问题、重要交易或合作项目等达到一致,需要把谈判成果和共识用准确、规范、符合法律要求的格式和文字记载下来,经双方签字盖章后形成具有法律约束力的文件。围绕这一过程,一般都要举行签字仪式。工作人员在组织和筹划签字仪式时,特别要注意相关的礼仪规范。

一、签字仪式的准备工作

1. 签字人员的确定

(1) 主签人。

就签字仪式而言,主签人的安排是很关键的,原则上是根据签字文件的性质由签约的双方各自确认。需要注意的是,双方主签人的工作性质应基本一致,且身份应大体对等。

(2) 助签人。

参加签字仪式的各方应商定助签人,并安排双方的助签人负责洽谈签字仪式的相关细节。

(3) 陪签人。

陪签人即参加签字仪式的双方的观礼人员。一般来说,观礼人员基本上是双方参加洽谈的全体人员,若一方要求某些未参加洽谈的人员出席签字仪式,则另一方应予以同意。但是,双方参加签字仪式的人数最好大体相等。有些商务贸易组织为了表示对签字仪式的重视,往往由职务更高的领导人出席签字仪式,但他们不是主签人,在此情况下,就不应机械地坚持"对等""相当"的要求。

2. 待签文本的准备

负责为签字仪式提供待签文本的主方应会同有关各方指定专人来共同负责待签文本的定稿、校对、印刷与装订。待签的正式文本,应该以精美的白纸印制而成,按大八开的规格装订成册,并用高档一点的材料做成封面。按照常规,主方应为在待签文本上正式签字的有关各方均提供一份待签文本。在必要时,主方还可以再向有关各方提供一份待签文本的副本。在签署涉外商务合同时,依照国际惯例,待签的合同文本应同时使用有关各方法定的官方语言,或是使用国际上通用的英文、法文等。在使用外文撰写待签的合同文本时,主方应反复推敲、字斟句酌,不要望文生义或不解其义而乱用词汇。

3. 签字厅的布置

签字厅布置的总原则是要庄重、整洁、安静。签字仪式既可以安排在宽敞明亮的大厅内,也可以安排在谈判室内。正规的签字桌应为长桌,台布颜色的选择应视各方的喜好而定,并且不违犯任何一方的忌讳。按照签字仪式的礼仪规范,签字桌应当横放于室内,在面对正门的一侧摆放适量的座椅:在签署双边性合同时,主方可以放置两张座椅作为双方主签人的座位,一般座次是主方居左、客方居右;在签署多边性合同时,主方可以仅放置一张座椅,供各方主签人在签字时轮流就座,也可以为每位主签人各自提供一张座椅。

签字桌上应摆放好待签文本以及签字笔、吸墨器等签字时所需要使用的文具。在签署涉外商务合同时,主方还需要在签字桌上插放相关各方的国旗。在插放国旗时,其位置与顺序必须按照礼宾次序而行,双方的国旗必须插放在己方主签人座位的正前方。

4. 签字仪式的座次排列

在正式签署待签文本时,各方签字人员对于礼遇问题均非常在意。因此,工作人员对于在签字仪式上最能体现礼遇高低的座次问题应当认真对待。在签字时,各方签字人员的座次是由主方代为先期排定的。一般而言,在举行签字仪式时,座次排列有以下三种基本形式,它们分别适用于不同的情况:

(1) 并列式座次排列。

并列式座次排列是举行双边签字仪式时最常见的一种形式。它的基本做法是:签字桌在室内面门横放。双方的主签人居中面门而坐,客方居右,主方居左。双方的助签人分别站立于各自一方主签人的外侧,以便随时为主签人提供帮助。双方出席签字仪式的观礼人员依照排位的高低,依次从左至右(客方)或从右至左(主方)排列成一行,站立于己方主签人的身后(如图9-2所示)。

(2) 相对式座次排列。

相对式座次排列主要适用于双边签字仪式,它的基本做法是:主签人与助签人的座次排列与并列式座次排列的相同,但是要将双方出席签字仪式的观礼人员在签字桌的另一侧并排排列(如图9-3所示)。

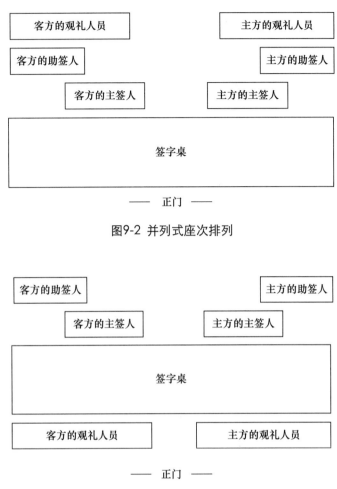

图9-2 并列式座次排列

图9-3 相对式座次排列

（3）主席式座次排列。

主席式座次排列主要适用于多边签字仪式，它的基本做法是：签字桌要在室内横放，签字席必须设在面对正门的位置，但只设一个，并且不固定就座者。各方的主签人在签字时必须依照有关各方事先商定的先后顺序依次走上签字席就座并签字，然后退回原处就座。各方的助签人应随主签人一同行动。依照"右高左低"的顺序，站立于主签人的左侧。在举行签字仪式时，所有各方人员（包括主签人在内）皆应背对正门、面向签字席就座（如图9-4所示）。

5. 签字人员的服饰

在出席签字仪式时，参加签字仪式的全体人员应当穿着正装，如男士应穿着深色西装套装、中山装，并配以白色衬衫与深色皮鞋，还必须系上单色领带，以示郑重；女士可以穿着西装套裙，并搭配颜色和款式相协调的高跟鞋。为签字仪式服务的礼仪人员、接待人员可以穿着自己的工作制服或是旗袍一类的礼仪性服装。

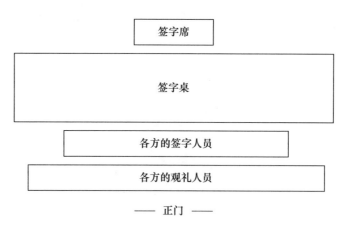

图9-4 主席式座次排列

二、签字仪式的程序

签字仪式举行的时间不应太长,但其程序必须十分规范,气氛要庄重而又热烈。

1. 入场就位

签字仪式开始后,有关各方人员应先后步入签字厅,在各自既定的位置上就座。在入场阶段,主方可以提前安排工作人员播放一段轻快柔和的音乐作为背景音乐。

2. 签署文件

主签人正式签署待签文本,通常的做法是由双方的助签人协助主签人翻揭文本,指明签字处,主签人在待签文本上签字,并由助签人将文本相互交换后,再由对方的主签人在待签文本上签字。

依照礼仪规范,每位主签人在己方所保留的待签文本上签字时应当名列首位。因此,每位主签人均须首先签署将由己方所保存的待签文本,然后再交由对方的主签人签署。这种做法通常被称为轮换制,它的含义是在待签文本签名的具体排列顺序上,应轮流使有关各方有机会居于首位一次,以显示机会均等,各方的地位完全平等。

3. 交换文本

交换文本就是主签人交换已经由双方正式签署好的文本。此时,各方参加签字仪式的人员应该起立并真诚地相互握手、相互祝贺。此外,双方还可以相互交换方才用过的签字笔作为纪念。

4. 饮酒庆贺

签字仪式的最后一项活动是饮酒相互道贺。在双方的主签人握手庆贺后,由主方开启香槟,礼仪人员端上香槟酒,双方共同举杯以示祝贺。这是国际上通行的一种增加签字仪式喜庆色彩的做法。

项目九　活动礼仪

5. 礼貌退场

在退场时，主方要让双方的最高领导人和客方先行，然后己方再退场。有时，签约仪式结束后，双方可以共同接受新闻媒体的采访。

技能训练

1. 查阅资料

教师让每位学生上网查找一张关于签字仪式的图片和一篇新闻报道，并以此为例具体说明签字仪式的座次排列、会场布置以及工作人员安排等礼仪要求。

2. 任务实训

我国的宏远汽车有限公司（以下简称宏远公司）坐落于苏州工业园区，是苏州地区的一家汽车制造企业。随着国内市场客户结构中的私人客户的比例不断提高，年轻的消费群体对轿车提出了时尚化和个性化的要求。为此，宏远公司决定在"满足客户的一切需要"和"不断创新"这一工作理念的指导下，开发新一代的时尚型轿车。宏远公司准备与成都新安汽车有限公司（以下简称新安公司）合作，共同拓展西部市场。经过前期洽谈，双方就合作达成了一致意见，宏远公司决定于2019年12月5日在希尔顿大酒店与新安公司举行签字仪式。新安公司的赵总经理和林秘书一行6人在苏州出席了签字仪式。

签字仪式的组织工作分为以下五个场景：

（场景一）2019年11月15日，宏远公司的总经理秘书张华走进了韦总经理的办公室，告诉他签字仪式安排在12月5日，并向他请示有关工作。韦总经理说李董事长很重视这次合作，他让张秘书认真地拟定这次签字仪式的程序，要求整个仪式务必做得尽善尽美。

教师请学生拟定一份签字仪式的程序。

（场景二）2019年11月18日，张秘书将签字仪式的程序给韦总经理看过后，就着手开始准备签字仪式的相关文件。张秘书从负责技术执行的周经理那里拿到了已经起草好并经双方同意的《技术合作协议》，张秘书对这份协议书进行了认真的校对，确认无误后将其印制、装订成待签文本。待签文本包括正本2份、副本2份。

教师请学生演示张秘书准备待签文本的过程，并制定一份《技术合作协议》的样本。

（场景三）2019年11月20日，张秘书到希尔顿大酒店与酒店大堂的许经理共同布置签字仪式会场。张秘书告诉许经理，此次签字仪式双方共有12人参加，其中双方的主签人各1名、助签人各1名、陪签人各4名。签字仪式的现场设长方型签字桌，桌上摆放座位名签、文具，会标要用红底金字，要准备香槟酒和酒杯，四周要用鲜花来装点。

教师请学生演示布置签字仪式会场的过程。

（场景四）2019年11月22日，签字仪式已准备就绪，为了扩大宣传，张秘书特地给××有线电视台的林记者打了电话，邀请他来报道这次的签字仪式。林记者一口答应，并说要约《××日报》的杜记者一起参与。张秘书表示十分感谢，并告知其签字仪式的具体时间及安排。

教师请学生演示张秘书打电话给林记者的过程。

（场景五）2019年12月5日上午9：00签字仪式正式开始，出席人员有：主方的主签人李董事长，助签人张秘书，陪签人韦总经理，负责商务执行的顾经理，负责人事行政执行的何经理，负责技术执行周经理；客方的主签人赵总经理，助签人林秘书，陪签人王副总经理，技术部沈经理，开发部钱经理，销售部孙经理。签字仪式由宏远公司的韦总经理主持，双方按预定的位置入席，签字完毕后张秘书推出已经斟好的香槟酒，双方共同举杯庆贺。电视台的林记者和报社的杜记者在旁边进行拍摄。

教师请学生模拟签字仪式的过程。

［实训要求］

学生每14人为一组，教师为14位学生编号，即1—14号。实训在实训室里进行。

学生必须先拟定签字仪式的程序和制作《技术合作协议》的样本。其中，《技术合作协议》的样本只要有协议的结构样式即可，不必写具体的内容。这两份文稿均需打印，完成时间不超过40分钟。

文稿完成后，学生再按照场景顺序进行演示。5个场景的演示过程总共不能超过80分钟。

（场景一）由1号学生扮演张秘书，3号学生扮演韦总经理。

（场景二）由2号学生扮演张秘书，3号学生扮演韦总经理，6号学生扮演负责技术执行的周经理。

（场景三）由3号学生扮演张秘书，14号学生扮演许经理。

（场景四）由4号学生扮演张秘书，13号学生扮演林记者。

（场景五）由5号学生扮演张秘书，1号学生扮演李董事长，3号学生扮演韦总经理，2号学生、4号学生、6号学生分别扮演顾经理、何经理、周经理，7—12号学生分别扮演赵总经理、林秘书、王副总经理、沈经理、钱经理、孙经理，13号学生扮演林记者，14号学生扮演杜记者。

每组在实训的过程中必须制作完成4份材料，即签妥的文本正本2份、副本2份。

知识拓展

"谅解备忘录"知多少

谅解备忘录是国际协议一种通常的叫法，其相应的英文表达为"Memorandum of Understanding"，有时也可以写成"Memo of Understanding"或"MOU"，直译为谅解备忘录。用我们的说法就是协议，意指"双方经过协商、谈判达成共识后，用文本的方式记录下来"，"谅解"旨在表明"协议双方要互相体谅，妥善处理彼此的分歧和争议"。在日常生活中，Memorandum（Memo）常用来表示"为防止遗忘而写的便条"，如记事本（Memo Pad）。此外，与其搭配的词组有业务备忘录（Engagement Memorandum）和查账备忘录（Audit Memorandum）。

谅解备忘录的组成内容一般包括：

（1）合作机会；

（2）保密；

（3）协议语言；

（4）协议期限；

（5）不可变更；

（6）终止；

（7）法律适用；

（8）其他的细节；

在谅解备忘录中，除了保密、终止、法律适用、费用分摊、排他性谈判、争议解决条款以外，其余的条款对双方都不具有法律约束力。

在正式条约签订之前，达成谅解备忘录的双方对该协议均不具有任何法律义务。

任务3　庆典礼仪

"凤凰来仪"开盘典礼

2019年12月26日，凤凰置业有限责任公司开发的楼盘——"凤凰来仪"的开盘典礼在该楼盘的销售中心举行。凤凰置业有限责任公司和参与该项目建设的有关单位的领导、业主代表、新闻媒体记者以及公司全体员工参加了开盘典礼。

开盘当天，销售中心前的广场上人山人海，前来看房、购房的人络绎不绝。该公司的工作人员热情地接待了来自本市和周边地区的大批客人。借此开盘典礼之际，凤凰置业有限责任公司推出了一系列的促销方案，受到了社会各界的广泛关注与一致好评。当天，楼盘一期推出的100多套房源在短短一天的时间内便销售一空，从而让这次庆典活动取得了较好的经济效益和社会效益。

教师请学生思考并讨论：举行像开盘典礼这样的庆典仪式，主办单位需要提前做好哪些准备工作？

在社会组织值得纪念的日子或者其经营活动取得重大成就时，为了表示庆贺或纪念都可以举行庆典活动，以此来宣传本组织的形象，吸引社会公众的关注。

一、庆典仪式的准备工作

主办单位筹备的庆典仪式要想方设法营造出一种欢快、喜庆、隆重而令人激动的氛围，而不应令其过于沉闷、乏味。在筹备时，主办单位既要遵行礼仪惯例，也要具体情况具体分析，安排好庆典仪式的具体内容，争取体现出本单位的特色。在举办筹备和举行庆典仪式的整个过程中，主办单位在经费的支出等方面要量力而行、厉行节约，反对铺张浪费。

1. 舆论宣传工作

主办单位举办庆典仪式的主旨在于塑造本单位的良好形象，所以就要对其进行必不可少的舆论宣传，以吸引社会各界的注意，争取社会公众对本单位的认可或接受。为此，主办单位要确定庆典仪式的主题，精心地进行策划，并进行适当的宣传：一是选择有效的大众传播媒介（如网络、电视、报刊等）进行集中性的广告宣传，其内容多为庆典仪式举行的日期、地点、优惠活动等；二是邀请有关的新闻媒体在庆典仪式举行时到场进行采访、报道，以便对本单位进行进一步的正面宣传。此外，主办单位还可以用制作宣传海报、印刷宣传品等形式进行宣传。

2. 来宾邀请工作

主办单位要拟定出席庆典仪式的宾客名单。政府与部门领导（如地方政府领导、上级主管部门与地方职能管理部门的领导）、合作单位代表、同行单位代表、社区负责人、知名人士、员工代表、公众代表、媒体人士等都是主办单位在确定宾客名单时应予以优先考虑的对象。宾客名单确定以后，主办单位应认真书写用以邀请来宾的请柬，并装入精美的信封中，由专人提前送达宾客的手中，以便对方早作安排。

3. 场地布置工作

由于庆典仪式的规模和类别不同，所以庆典仪式的举行场地既可以是主办单位所在地之外的广场，也可以是主办单位所在地之内的大厅；主办单位在举行庆典仪式时可以宾主一律站立而不设座位，也可以根据需要布置主席台或座椅。为了显示隆重与敬客，主办单位可以在来宾尤其是贵宾站立之处铺设红色的地毯，并在场地的四周悬挂横幅、标语、气球、彩带、充气装饰品等会场装饰物，以此体现出热烈隆重、张灯结彩的喜庆气氛。此外，主办单位还应当在场地醒目之处摆放来宾赠送的花篮、牌匾。来宾的签到簿、本单位的宣传材料、待客的饮料等也需要提前准备好。对于庆典仪式举行时所需使用的音响、照明、摄影等设备及剪彩用品，主办单位必须事先认真地进行检查、调试，以防其在使用时出现差错。

4. 接待服务工作

主办单位要安排专人负责庆典仪式举行日来宾的接待工作，除了要告诉本单位的相关人员在来宾的面前要以主人翁的身份热情待客、主动相助以外，更重要的是要分工负责、各尽其职。在接待贵宾时，主办单位的主要负责人要亲自出面，在接待其他的来宾时则可以由礼仪人员负责。若来宾驾车前来，主办单位还要为来宾准备好专用的停车场、休息室。如果来宾在庆典仪式结束后当日不返程的，主办单位还需要为其安排住宿或其他活动等。

5. 礼品馈赠工作

主办单位在举行庆典仪式时赠予来宾的礼品，若能选择得当，必定会产生良好的效果。根据常规，主办单位向来宾赠送的礼品：一要具有宣传性。主办单位可以选用本单位的产品，也可以在礼品及其包装上印上本单位的企业标志、广告用语、产品图案、庆典日期等。二要具有荣誉性。礼品要具有一定的纪念意义，能够使来宾对其珍惜、重视，并为之感到光荣和自豪。三要具有独特性。礼品应当与众不同，要具有本单位的鲜明特色，使人一目了然，并且可以令人过目不忘。

6. 拟定庆典程序

庆典程序一般包括来宾签到、主持人宣布庆典开始、介绍来宾、主办单位的领导致辞、嘉宾致贺词、剪彩等环节。为了使庆典仪式顺利地进行，在进行筹备时主办单位必须要认真地拟定庆典仪式的程序，并选定称职的庆典仪式主持人，事先确定致欢迎词、致贺词的人员名单。若举行剪彩、揭牌、挂牌等仪式，除了确定参加仪式的本单位的负责人以外，主办单位还应确定拟邀请参加仪式的政府领导人、行业知名人士等人员的名单，并事先与其进行沟通，请对方提前做好准备。

7. 准备相关资料

庆典仪式上所需的资料包括领导人的发言稿，本单位准备对外进行宣传的资料、图片、实物等。发言稿应言简意赅，并能够起到沟通感情、增进友谊的作用。若要在新闻媒体上公开发布消息，主办单位还应与新闻记者一同商议并拟定好稿件。

8. 邀请司仪与礼仪人员

在必要时，主办单位可以从礼仪公司聘请专业的司仪来主持庆典仪式。一般来说，庆典仪式的签到、迎宾、引导工作以及揭牌、挂牌、剪彩等礼仪服务工作都要由礼仪人员负责。主办单位要事先向司仪和礼仪人员交代清楚庆典仪式的程序和他们所要负责的工作，要求他们事先熟悉流程与场地，做好充分的准备。

9. 安排助兴节目

主办单位也可以在庆典仪式上可以安排一些助兴节目，如锣鼓、鞭炮礼花、舞狮舞龙、乐队演奏、民间舞蹈、歌舞节目等，以此来渲染隆重、热烈、喜庆的庆典氛围。主办单位还可以邀请来宾为企业题词以作纪念。无论是哪一种节目，主办单位都应提前协调好，做好表演的各项准备工作。此外，主办单位还要选择合适的庆典乐曲，以备在庆典仪式开始前的暖场及剪彩等环节播放。

10. 做好经费预算工作

对于任何庆典仪式，主办单位都应在筹划之初就做好经费预算工作并报请相关领导批准。在整个活动中，一切支出都应严格按照审批的预算标准执行，所有的费用情况应由专人负责。庆典仪式结束后，相关人员要统一列出明细账目，并如实地向领导汇报费用的支出或使用情况，并与财务部门做好费用结算工作。

二、庆典仪式的程序

依照常规，一般的庆典仪式主要包括以下程序：

第一项，来宾签到就座（或就位）。在庆典仪式开始前，主持人邀请来宾就座（或就位），出席者应保持安静。

第二项，主持人宣布庆典仪式正式开始，并介绍来宾。

第三项，主办单位的主要负责人致辞。其内容主要包括对来宾表示热烈的欢迎，介绍举办此次庆典仪式的缘由、主题、意义等，最后还要向来宾表示感谢。

第四项，嘉宾代表致贺词。一般来说，出席庆典仪式的上级主要领导单位、协作单位及社区关系单位均应有代表讲话或致贺词，主办单位要事先安排好来宾致辞的先后顺序。

第五项，宣读贺电、贺信。对于外来的贺电、贺信等，主办单位可不必一一宣读，但对其署名单位或个人应当公布。在进行公布时，主办单位可以依照"先来后到"的顺序或是按照具体名称的汉字笔画的多少等进行排列。

第六项，举行剪彩或揭牌仪式。主持人请相关人员上台，由礼仪人员协助其完成剪彩、揭牌等。

第七项，其他活动。主办单位可以邀请来宾进行现场参观、联欢、座谈以及欣赏文艺节目等。之后，主办单位还可以宴请来宾，以示感谢。

在庆典仪式的程序中，前四项是必不可少的，后三项可以由主办单位根据庆典仪式的内容酌情安排。

 技能训练

1. 案例分析

在一次商务活动中,我国A企业的代表与外国B企业的代表协商签订了一份商务合同,之后举办了一场有关商品的剪彩仪式。在剪彩仪式中,A企业的代表在致辞时说道:"先生们,女士们,大家下午好!我非常高兴……"此时,B企业的代表中有2位女士、3位男士均表现出不愉快的表情。后来,在剪彩的过程中,这位A企业的代表一不小心把剪下的红缎带大花掉落在主席台上。虽然他一再解释是由于自己的疏忽造成的错误,但B企业的代表仍然非常生气,离席而去。

问题:(1)为什么B企业的代表在A企业的代表致辞时露出不愉快的表情?

(2)B企业的代表为何离席而去?

2. 任务实训

德国丰收汽车集团公司(以下简称丰收汽车集团)为了实现在中国市场的战略性拓展,在A市投资建立了第一家全资的本土化的分公司。以下是该分公司举行开业庆典的具体场景:

(场景一)2019年6月10日刚一上班,德国丰收汽车集团(A市)公司的孙总经理将王秘书叫到办公室,向他布置了筹备开业庆典的相关事宜。孙总经理说,开业庆典已定于6月26日正式举行,总部和A市市政府对此事都非常重视。丰收汽车集团的行政总裁马克先生等集团高管届时将专程从德国飞到A市参加开业典礼。A市市政府对丰收汽车集团在A市投资建厂给予了高度关注和大力支持。公司总部的领导和当地政府的领导将共同为新公司剪彩。

(场景二)王秘书经过认真的筛选后,最终选择了宏远公关公司为此次的开业庆典提供全程服务,包括负责新公司开业典礼的各项会务活动及会务所需的礼仪服务、物品等事宜。2019年6月17日上午9:00,按照事先的约定,宏远公关公司的负责人徐亮来到德国丰收汽车集团(A市)公司沟通开业庆典方案的准备情况。王刚与徐亮就开业庆典中的来宾接待、会场布置、典礼流程等问题进行了比较详细的沟通,并提出了一些要求。

(场景三)经过认真的筹备,2019年6月26日上午9:00开业典礼如期举行。在庆典仪式上,李市长代表A市市政府致欢迎词,向丰收汽车集团远道而来在A市投资建厂表示真诚的欢迎,并详细介绍了A市支持外商投资的各种政策以及A市良好的投资环境,同时向来访的丰收汽车集团公司的客人赠送了礼品。上海、南京等地各大新闻媒体对此次开业庆典活动进行了广泛的报道。

[实训要求]

学生每5人一组,教师为5位学生编号,即1—5号。实训在实训室里进行。学生必须先结合本任务实训的场景拟订一份开业庆典方案,并将此份开业庆典方案制作成PPT的形式,以便进行沟通和汇报展示。

开业庆典方案完成后，学生再按照场景顺序进行演示。

（场景一）由1号学生扮演王秘书，2号学生扮演孙总经理。

（场景二）由3号学生扮演孙总经理，4号学生扮演王秘书，5号学生扮演徐亮。

（场景三）教师将每两组学生进行合并，即每10人一组模拟开业庆典的过程。

知识拓展

商务活动的礼仪禁忌[①]

一、服饰装扮禁忌

在商务活动中，参与者忌穿着奇装异服和不分场合地乱穿衣，忌不修边幅、蓬头垢面，也忌过分打扮、浓妆艳抹等。

二、签名禁忌

在商务活动中，参与者免不了要签名，有两种情况：一种是报到时在签到簿或纪念册上签名；另一种是在活动期间应邀签名。前者忌抢先在最佳位置用很大的字签上自己的名字，后者忌漫不经心随意应付。另外，签名时字迹一定要工整。

三、介绍禁忌

在商务活动中，参与者忌频繁地进行自我介绍，更忌在进行自我介绍时罗列官衔或自我炫耀，张扬自己的成就或卖弄自己的作品。

如果是由主持人依次进行介绍，那么主持人必须事前进行周密的调查，了解每个参与者的姓名和基本情况：一忌不知姓名就介绍，这会使被介绍者感到难为情；二忌介绍时表情有冷热差异；三忌介绍时区别对待，对喜欢的人大加赞扬，对其他人只提名道姓。被介绍时，被介绍者要有所表示，或起立致敬，或欠身微笑，或含笑点头，忌表情呆滞、不加理睬，或言笑不停，对介绍置若罔闻。在介绍某个人时，全体成员都应注目示敬，忌东瞅西看、毫不在意。

数人在一起，由熟人进行介绍时，要将男士介绍给女士、年少者介绍给年长者、职务低者介绍给职务高者。被介绍的双方要热情握手，忌一冷一热。若双方希望发展交情，可以互换名片，忌一厢情愿。

四、发言禁忌

在商务活动中，发言忌夸夸其谈，时间过长；听别人的发言忌精力分散，频频看表。

[①] 余平. 秘书礼仪[M]. 武汉：华中科技大学出版社，2012：192. 有改动。

五、离场禁忌

如需提前离场或临时有事离场,应尽量在转换发言人或发言告一段落时进行,忌在别人发言时去上厕所或起身做别的事情,这会使发言者误认为自己的发言不受欢迎而影响其情绪。

在活动中,特别是在各种座谈会上,容易产生认识分歧和理论争辩。在这种情况下:一忌进行人身攻击,因为人身攻击超越了座谈会的范围,既贬低了自己,又严重失礼,伤了和气;二忌自我卖弄,贬低对方。这些做法往往会导致双方不欢而散。

任务4　舞会礼仪

"舞会王子"为何不受欢迎

小张很高兴,因为他听说单位今晚有舞会。在学校读书时小张就喜欢跳舞,是学校的"舞会王子",舞跳得非常好,工作后这还是他第一次参加单位的舞会。晚饭后,小张好好地收拾了一下自己,换了衬衣、梳了头,然后又放了一块口香糖到嘴里。一切准备就绪后,小张就兴致勃勃地来到单位。舞会开始后小张很活跃,一会儿请这位女士跳,一会儿请那位女士跳。

可是,不一会儿,小张就发现许多女同事都开始躲避他,自己越来越难请到舞伴了。小张觉得有点郁闷,后来他请自己的师傅跳了一曲,并问师傅为什么大家都不愿和自己跳舞。师傅告诉他:"小张啊,尽管你舞跳得很好,但你和舞伴跳舞的时候太随便了,总是把人搂得太紧,舞曲结束了又不把舞伴送回原地,这样可不太有礼貌呀。"小张这才恍然大悟:原来自己在学校和同学跳舞时都很随便,而到了单位才发现跳舞有很多讲究。

教师请学生思考并讨论:小张在舞会中为什么不受欢迎?

在现代社会中,舞会既是人们相互交往的重要形式之一,也是人们经常进行的高雅社交娱乐活动。舞会可以帮助人们结识朋友、加深友谊、消除疲劳、陶冶性情。因此,舞会受到社会各阶层人士的欢迎。职场人士熟悉和掌握舞会中的礼仪就显得尤为重要。

一、组织舞会的礼仪

1. 安排时间

舞会一般以两个小时为宜,通常安排在晚上8:00—10:00,一首舞曲的时间长短大约以五六分钟为宜。如果时间过长,跳舞者容易产生疲劳,而如果时间过短跳舞者又难以尽兴。同时,在每首舞曲之间应为跳舞者留出休息时间。

2. 布置舞场

舞场的大小应根据来宾的数量而定。舞场的布置要求是典雅、大方。灯光的亮度要适中,音响声音的大小要合适,有乐队在现场演奏舞曲则效果最佳。如果是专场舞会,舞会组织者还应在舞场的周围张贴写有"欢迎"字样的标语,以示主人热情友好之意。另外,舞场的周围还要摆放足够的座椅,准备好饮料、水果、点心等。

3. 选好舞曲

好的舞曲是创造舞会高雅、美妙气氛的保证。舞会组织者可以根据来宾的文化层次、年龄、喜好等特点选择舞曲,并将不同风格的舞曲穿插播放。若来宾以中老年人居多时,舞会组织者可以选择节奏稍缓的曲目,如世界名曲;若来宾以年轻人居多时,则舞会组织者可以多选择一些节奏感较强、较欢快的流行曲目。一般来说,尾曲要用《友谊地久天长》来表示舞会的结束,以便进一步渲染舞会欢乐、美好的氛围。

4. 安排舞伴

舞会组织者应事先考虑到来宾的男女比例,根据需要安排一定数量的舞伴。对于主要来宾,舞会组织者还可以适当地安排舞伴轮流向主要来宾邀舞,以使其尽兴。

5. 做好安全保卫工作

在舞会进行过程中,舞会组织者应做好安全保卫工作,安排专人在舞场的入口处进行监督,谢绝闲散人员、衣冠不整者入场;要有专人保管衣物;发现个别来宾的行为有失风范时,要礼貌得体地进行劝阻,对于严重者应劝其退场。

二、舞会主人的礼仪

舞会的主人除了要尽量布置好舞场,站在门口恭迎来宾以外,还要在舞会进行中注意以下三个方面的礼仪:

第一,舞会的主人应该服饰优雅、举止大方、妆容得体,这是对来宾的基本尊重。

第二,舞会的主人要注意照顾每位来宾。在舞会开始前或在音乐的间歇,主动地给没有舞伴的男士介绍舞伴,将男士介绍给女士,安排他们坐在一起,然后鼓励他们一起跳舞。但是,舞会的主人在进行介绍时要考虑他们的身高是否合适、性格是否相近等因素。舞会开始后，如果有的来宾迟迟没有被邀请起舞，这时男女主人就应该承担起这个责任与其共舞。

第三，舞会的主人要善于调控舞会的气氛与节奏。在第一首舞曲开始时，男女主人先共舞，以创设轻松、愉快的舞会氛围，调动来宾跳舞的兴致与热情。如果主人没有舞伴，可以选择一位关系比较要好的异性朋友带头先下舞池；以后，每首舞曲都应该轮着去跟所有的异性朋友跳舞。若别人有舞伴同来的，就只能邀别人一次。

在舞会进行的过程中，如果所有的来宾都一一起舞，为了使舞池不致太拥挤和做好舞会服务工作，男女主人应该从舞池中退出来。总之，舞会的主人要控制好场内的气氛，使整个舞会自始至终地保持着热烈、欢快的气氛和文明、健康、优雅的情调。

三、参加舞会的礼仪

1. 妆容服饰礼仪

在仪容方面，舞会的参加者均应提前沐浴，并梳理适当的发型。男士必须剃须，女士在穿着无袖装时必须剃去腋毛。另外，参加者在参加舞会前还要漱口，不要吃带刺激性气味的食物，也不宜喝酒。

参加社交舞会，虽然在服饰方面没有特殊的规定，但参加者必须穿戴整齐：男士可以穿着西装，打领带，擦亮皮鞋；女士应化晚妆，妆容可以比白天稍浓，这样在灯光昏暗的舞场中才有美化效果。在正规的舞会上，女士的头发最好盘起来，梳成发髻；参加一般的舞会，女士的发型随意，可以是直发，也可以是蓬松的长波浪。另外，女士既可以穿着质地讲究的晚礼服，也可以穿着裙装，并搭配高跟鞋和首饰，再喷洒上宜人的香水。

2. 邀舞礼仪

舞曲响起后，一般由男士主动邀请女士共舞。男士彬彬有礼的邀舞会让女士乐意接受。

男士在邀请女士共舞时，男士应先向女士点一下头或者欠身施礼，然后伸出右手邀舞，并目视对方轻声地说"请您赏光"或"我可以请您跳舞吗"。通常，在舞会中，男士可以邀请任何女士跳舞，但不能整个晚上只同一位女士跳舞。男士在邀请不相识的女士时，应先观察其是否有男士相伴，如果有的话一般不宜上前进行邀请。带女伴的男士要记得在第一首舞曲和最后一首舞曲播放时邀请自己的女伴共舞。在邀请有男士或长辈陪同的女士跳舞时，男士应先征得其陪同者的同意，并在跳完舞后把女士送回原处，向其陪同者点头致意。女士也可以主动地邀请男士跳舞，具体做法与男士邀请女士跳舞相类似。

在较为正式的舞会，尤其是在涉外舞会上，同性之间要避免相邀共舞。

一般来说，以下八类对象是舞会的参加者自选舞伴的最佳选择：

第一类，年龄相仿者。年龄相似的人，一般相处比较融洽。

第二类，身高相当者。如果双方的身高相差悬殊，会令人感到尴尬。

第三类，气质相近者。邀请气质相近的人共舞，彼此之间容易产生好感从而能和睦相处。

第四类，舞技相近者。在舞场上，舞技相近者可以称得上棋逢对手、相得益彰，有助于舞会的参加者更好地发挥舞技，从而产生满足感。

第五类，较少有人邀请者。邀请较少有人邀请的人，既是对对方的一种重视，也不易遭到回绝。

第六类，未带舞伴者。邀请未带舞伴的人共舞，成功的机会往往较大。

第七类，希望结识者。舞会的参加者若想结识某人的话，可以找机会邀请对方共舞一曲，以跳舞为媒介，可以更容易接近对方。

第八类，打算联络者。舞会的参加者在舞会上碰上久未谋面的旧交，可以请其共舞一曲，以便拉近双方之间的感情。

3. 应邀礼仪

邀请者以礼貌的邀舞开始，被邀请者必须还以礼貌的应邀，这样才能达到一次愉快的共舞。

女士在接受男士的邀舞时，可以先说一声"谢谢"，也可以微笑着起身向舞池走去。如果女士已经接受了某位男士的邀请，应对后发出邀请的男士表示歉意。如果女士愿意同后发出邀请的男士跳舞，可以告诉先发出邀请的男士下一曲再与其共舞。如果两位男士同时邀请一位女士跳舞，最礼貌的做法是同时礼貌地拒绝这两位邀请者，也可以先同其中一位男士跳舞并礼貌地对另一位男士说："对不起，下一曲与您跳好吗？"在舞会上，女士一般不宜对男士的邀请表示拒绝。如果出于某种原因，女士不想接受对方的邀请时，可以委婉地推辞："对不起，我很累了，想休息一会。"只要做得得体，这样也不算失礼。为了尊重邀请者，在一首舞曲内女士不应再接受其他男士的邀请，直到此曲终了。但是，需要注意的是，若之后这位男士又来邀舞时，女士便不宜再加以拒绝。

四、跳舞的礼仪

1. 舞姿优美

在跳舞时，舞会参加者的舞姿要端正、大方、轻盈、优雅，整个身体应始终保持平、正、直、稳，无论是进退还是向前后左右移动都要掌握好重心。如果舞会参加者的身体摇摇晃晃，肩膀一高一低，甚至踩了对方的脚，这些都是很不恰当的。

2. 姿势规范

在跳舞时，舞伴之间不宜相距过近，双方的身体应保持30厘米左右的距离。男士正确的手势是用右手的手掌心轻扶女士的后腰；左手应让左臂以弧形向上与肩部成水平线举起，掌心向上，手指平展，只将女士的右手轻轻托住，而不是随意地捏紧或握住，更不能生拉硬扯。女士的左手应轻轻地放在男士的右臂上，而不应勾住男士的脖颈或扑在男士的身上。男士不要把女士搂得太紧或把女士的手握得太牢，这样容易引起误会。女士也要放轻松，不要把全身的重量都压在男士的身上。

3. 神态自若

在跳舞时，男女双方的神态都要自然大方、轻松愉快，动作要协调舒展、和谐默契。男女双方都不要目不转睛地凝望着对方，也不要表情扭捏显得很不自然。男女双方都应面带微笑、说话和气、音量适中，不要旁若无人地大声谈笑。

4. 舞步适当

在跳舞时，通常由男士领舞，舞步的大小、节奏的快慢由男士来掌控。跳四步舞时，男女双方的舞步可以稍微大些，表现出庄重、典雅和明快的姿态。跳三步舞时，男女双方应保持一臂的距离，让身体略微昂起向后，使旋转时的重心适当，表现出热情、舒展和流畅的情绪。跳探戈舞时，因男女双方的步伐与舞姿变化较多，舞步可以稍大些，但对男士的引带技巧有着特别高的要求，切忌只关注自己的舞步却忽略了女士的步伐变化。跳伦巴舞时，男女双方可以随着音乐的节奏轻轻地摆动腿部及脚踝，但臀部不应大幅度地摆动。

5. 礼貌优雅

上场时，男士应主动地跟在女士的身后，让女士来选择跳舞地点。下场时，男士不宜在舞曲未完之前先行离去。当一曲结束后，男士应热情大方地对女士说一声"谢谢"，然后再离开，也可以伴送女士回到原来的座位并进行适当的交谈。但是，如果女士已有男伴，男士切不要硬挤过去，特别是不要始终盯着女士，以免发生误会。在跳舞时，男女双方若不小心踩了对方的脚，应马上向对方道歉。如果女士发现男士故意搂紧了自己，可以礼貌地说："我累了，想休息一会儿。"

一般来说，在跳舞时由男士带领女士跳舞，女士应密切配合。无论舞步娴熟与否，男士应带领女士与舞场中其他人的舞蹈方向保持一致（一般按逆时针方向绕行），而不要在舞场中横冲直撞。

五、私人舞会的礼仪

在私人舞会上，第一曲舞由主人夫妇、主宾夫妇共舞，第二曲舞由男主人邀请主宾的夫人、男主宾邀请女主人共舞。接下来，男主人还必须依次邀请在礼宾次序上排第二位、第三位的男士的女伴各跳一支舞，而那些被男主人依照礼宾次序相邀共舞的女士的男伴则应同时回请女主人共舞。就来宾方面而言，男宾至少要邀请女主人跳一次舞。如果女主人还有女伴、女儿等在场，男宾也应一一邀请对方。男宾还应有礼貌地邀请受冷落的女士共舞，这样不但可以显示出男士的绅士风度，而且还能缓解女士的尴尬处境。

技能训练

1. 案例分析

小张是一位很帅气的小伙子，穿着很时尚。有一次，小张买了一件很漂亮的大衣，正好周末单位要举办舞会，他便穿着新买的大衣如期来到会场。舞会上大家都在翩翩起舞，小张的兴致很高，便邀请一位正坐着休息的女士跳舞，那位女士看了小张一眼很礼貌地拒绝了他，接着小张先后又分别邀请了两位女士，结果均被拒绝。这时，一位朋友来到小张的旁边拍拍他说："小张……"，小张这才明白刚才自己为什么被拒绝。

教师请学生思考并讨论：小张被拒绝的原因是什么？

2. 任务实训

2019年6月26日上午，德国丰收汽车集团（A市）公司开业典礼成功举行。当天晚上，该公司举行庆祝舞会款待来宾。参加舞会的人员有丰收汽车集团行政总裁马克先生及其助理海伦女士、公司孙总经理（其夫人由于身体不适未能参加舞会，由公关部程经理担任其舞伴）、赵副总经理、各部门经理、员工代表、媒体代表、同行业代表，大约共有30人。舞会的主持人由王秘书担任，舞场的气氛热烈、欢快、融洽，舞会开的很成功。

[实训要求]

学生每5人一组，教师请学生创设庆祝舞会的情景，分角色进行模拟，展示舞会的基本礼仪：

（1）主人迎接来宾的情景；

（2）邀舞与应邀等舞会礼仪；

（3）跳舞过程中的礼仪。

知识拓展

舞会的文明规范

交谊舞是一种形式活泼、内容健康、节奏欢快、群众性强的集体活动。它通过优美动听的音乐旋律和男女舞伴协调的舞蹈动作表现出一种整体的美。为了使舞会的气氛热烈，达到社交目的，参加舞会的每个人都应该遵守一些必要的文明规范：

（1）提前了解舞会的性质，然后决定参加舞会的服饰和做适当的修饰。不可浓妆艳抹地参加舞会，不能穿着汗衫、背心、牛仔裤和短裤去参加舞会。女士一般也不宜穿着职业套装参加舞会。

（2）自觉地维护舞场的卫生与秩序，不吸烟，不乱扔果皮、纸屑，不乱倒茶水。

（3）不要在舞场中大声喧哗，不借酒闹事，不在舞池中穿行或聊天。

（4）要尊重舞伴，切勿放浪形骸，使对方感到难堪。即使是热恋中的情侣，也不应显得过分亲昵。

女士在参加舞会时应特别注意以下四个方面：

（1）在跳舞时，当有男士询问自己的姓名时，如果不想让对方知道，可以只告诉他自己的姓。当有男士询问自己的地址时，如果不愿意告诉对方，可以说"××知道我住在什么地方"等。面对这样的委婉拒绝，男士也会知难而退。

（2）如果有男士询问一些有关自己的事情时，女士大可坦白地告知对方。如果女士不愿意让对方知道，可以拒绝回答，但不可编造谎言。

（3）注意自己的仪态。舞会中的灯光通常比较暗，男士只能看见女士的仪态，所以女士要随时注意保持优美的仪态。

（4）男士要送女士回家，而女士又是和另一位同伴前来的，此时女士不能抛下同伴不管。假如女士没有男伴同行，而在舞会中有男士想要送女士回去而女士又不愿意时：若彼此相熟很久，女士可以直接回绝对方；如果彼此是新交，女士应该礼貌地说一声"对不起"，并告诉对方已经有人送自己了。女士在说话时要婉转得体，对方便不会感到难堪。

通常，参加舞会的人在舞会上结交新朋友有三种方法：第一，主动地把自己介绍给对方；第二，请主人或其他与双方都熟悉的人士代为介绍；第三，通过邀请舞伴的方式直接或间接地认识对方。在舞会上结识新朋友之后，一般不宜长时间深谈。舞会结束后，男士可以护送女士回家，但不要勉强，更不要勉强女士留下联络方式。

项目十 接待礼仪

---| 学习目标 |---

1. 能够做好来宾的迎接和送别工作，掌握确定接待规格的依据和方法。
2. 学会制订接待计划，掌握接待计划的内容，能够做好团体接待工作。
3. 能够按照规范做好涉外接待工作。

任务1 个人接待

尴尬的何秘书

何秘书是一位刚参加工作不久的新人。这天上午，她正在办公室里忙碌地准备着公司将在下午召开的招聘面试会。她把参加面试的人员名单打印出来一份，并通知面试人员下午进行面试的时间和地点。这时，突然传来一阵敲门声，何秘书头也没抬地说了声"进来"，然后又继续打电话。

"何秘书，在忙什么呢？这么认真啊。"背后传来一个声音。

何秘书回头一看，原来是与公司有长期合作关系的某酒店的马总："哎呀，马总，您有什么事吗？"

"呵呵，不是你们总经理约我今天来结账的吗？还是你给我打的电话。"

"啊，对对，我马上带你去。"何秘书拍拍脑袋，急忙带马总去总经理的办公室。到了总经理办公室的门口，何秘书让马总自己进去，总经理在里面等他，说完转身就走了。

回到办公室后何秘书又继续忙自己的事，这时市场部的王经理带了一位客户过来。原来是宏达公司的胡总，他上次来跟总经理洽谈下半年销售合作事项。王经理问何秘书："总经理在吗？"何秘书说："在呢。"

"那我们进去了。"王经理说，何秘书"哦"了一声后就继续做事。过了一会儿，办公室内线电话响起，何秘书抓起电话问："找谁啊？"对方在电话里说："何秘书,麻烦你倒4杯茶过来。""啊,4杯?好好,我马上来。"原来是总经理的电话。何秘书马上找出茶杯去泡茶,一倒水却发现水流了出来,原来是一个杯子的杯底破了,她又赶紧换了个杯子,等她把茶水准备好想送过去时却发现总经理已经把客人送出来了。何秘书端着茶进也不是退也不是,只好尴尬地站在那里。

下班时,总经理要何秘书晚上回家后把公司的相关工作制度好好看看,明天早上交一份学习体会给他。

教师请学生思考并讨论:何秘书在工作中有哪些地方需要改进?

接待工作是一种常见的礼仪性活动。联系接洽、迎来送往、咨询服务是我们在日常工作中的一项重要内容。接待礼仪是否标准规范,接待服务是否周到细致,常常会直接影响接待工作的成效。

一、接待工作的类型

按照不同的标准,接待工作可以进行不同的分类:

(1)按照接待对象人数的多少,接待工作可以分为个人接待和团体接待。

(2)按照接待对象是否进行了预约,接待工作可以分为随机性接待和预约接待。

(3)按照接待对象的地域范围,接待工作可以分为涉外接待和国内接待。

二、预约接待的接待规范

1. 热情迎客

如果预约的客人已经来到,接待人员应该起立迎接并作简单的问候。有时,对于重要的客人,接待人员需要到电梯口或大门口进行迎接。如果是第一次来访的客人,接待人员还需要向对方主动地进行自我介绍,并向客人施礼致意。

2. 导引奉茶

在引导客人时,接待人员应走在客人的左前方进行引导,在客人视觉约45°的位置,身体稍转向客人一方。如果遇到拐弯处,接待人员应先停下来为客人指示方向,并提示"请走这边"。若是熟悉的客人,接待人员可以与其并肩前行。客人和接待人员在路上并排行进时,讲究"以右为尊""内侧为佳"或"居中为上"。如果客人和接待人员单行行进,则讲究"居前为上"。若客人不熟悉道路或道路状况不佳时,应由接待人员在其左前方进行引导。在引导客人上楼时,接待人员应让客人走在前面,自己走在后面,若是下楼时则正好相反。上下楼梯时,接待人员应该特别注意客人的安全。进入无人操控的电梯时,接待人员首先进入,并负责开关电梯。进入有人操控的电梯时,接待人员要最后入内。离开电梯时,接待人员一般是最后一个离开的,并在电梯到达时邀请客人先走出电梯。在出入房门时,接待人员要负责为客人开门或关门。

客人来访,接待人员一般应马上为其奉茶。在奉茶前,接待人员要先征求客人的意愿,也可以事先了解清楚客人的喜好,按顺序为客人奉茶,然后再为本单位的人奉茶。俗话说:"酒满茶半。"接待人员在奉茶时不要加得太满,以八分满为宜。此外,水温也不宜太高,以免客人不小心被烫伤。

3. 适时沟通

在客人来访时,接待人员除了必要的问候、引座、奉茶以外,还要适时地与客人进行沟通和交流。在沟通时,接待人员要先确认来访者的身份与预约事项。如果来访者提前到达,在可能的情况下,接待人员要尽量安排人员提前接待。如果被访者确实无法提前接待,那么接待人员可以寻找适合的话题与客人交谈一会儿,切莫冷落了客人。在交谈时,接待人员要选择那些容易引起客人兴趣的话题,对于第一次交往的客人不宜提出太深入或太特别的话题,最简单的是从天气或者从当时的环境谈起。

4. 礼貌送别

一般来说,接待人员应将客人送到电梯前,由接待人员按下电梯按钮,等客人上电梯后向其微笑告别,待电梯门关后再离开;若送到楼梯口,接待人员要等客人转过楼梯看不到后再回身。对于某些重要的客人,接待人员需要送到轿车边,为客人打开车门,根据礼仪规则和客人的实际情况安排好座位。关好车门后,接待人员要恭敬地站立,与客人挥手告别,等客人离开自己的视线后再转身返回。

三、随机性接待的接待规范

1. 礼貌迎客

有来访者到来时,接待人员应该立刻停下手上的工作或停止谈话,抬头致意。如果接待人员正在打电话,可以用手势示意,请来访者稍候。在必要时,接待人员要主动地向对方进行自我介绍。

2. 问清来访者的身份和来访事由

在一般情况下,来访者会主动地做自我介绍(包括出示名片等),并说明来访事由。如果来访者没有主动地说明自己的身份和来访事由时,接待人员可以礼貌地进行询问。

3. 尽力帮助来访者解决问题

如果来访者的来访事项确实属于接待人员的职责范围的话,接待人员可以与来访者进行具体的交谈并尽力满足来访者的合理要求。

如果来访者的来访事项属于其他人员或部门的职责范围的话,接待人员应把来访者引见过去并作介绍。如果被访者恰好不在，接待人员需礼貌地告知来访者，并询问其是否愿意由他人代为解决问题。有时，接待人员也可以请来访者稍加等候或留下通讯方式，自己会代为转达。如果被访者不愿或不能接见来访者，接待人员可以委婉地拒绝来访者提出的要求。

4. 送客出门

对于要离开的来访者，接待人员要起身热情相送。若来访者要到其他的办公室去，接待人员可以告诉其详细的地点和房间号码，如有可能最好事先用电话联系好被访者。来访者辞行时，接待人员应根据来访者的身份确定是将其送到办公室的门口还是大楼的门口。

四、特殊来访者的接待规范

1. 非常重要的客人

对于一些重要的客人，接待人员需要到机场、车站或码头提供接站或送站服务。因此，接待人员必须准确地掌握客人所乘坐的交通工具的具体信息，比如航班号、车次、船次以及具体的抵达时间等。对于这些重要的客人，有时接待人员还需要提前做好食宿安排，在接待过程中要尽可能地考虑周全，提供细致的服务。

2. 投诉的客户

对于前来投诉的客户：第一，接待人员首先应热情迎接、简单问候并将其带至接待室，送上茶饮。第二，接待人员要认真地倾听客户的陈述，明确客户投诉的问题，并对客户表示理解和安慰。第三，接待人员要及时地记录客户的投诉，做好客户投诉的登记工作，并根据本单位的投诉处理标准和相关规定，与客户进行沟通，制订投诉处理方案，并尽快安排相关人员进行处理。对于属于自己处理权限之外的客户投诉，接待人员应该联系相关人员进行处理。如果是不能即时处理的客户投诉，接待人员要根据与客户协商的结果确定投诉处理的最终期限。第四，接待人员要礼貌送客，对客户表示真诚的感谢。

3. 不受欢迎的来访者

在工作中，我们有时也会遇到一些不受欢迎的来访者，比如，上门进行推销的人、多次上门索取赞助费的人、为一点小事纠缠不休的人或者对本单位提出无理要求的人等。对于这些来访者，接待人员首先要以礼待之，显示出自己的涵养和风度，然后尽快弄清楚来访者的身份和来访意图。对于上门进行推销的来访者，接待人员可以明确告知对方本单位现在没有购买的需求和意愿，如果对方愿意可以留下宣传资料和联系方式，待有需要时再与对方联系。对于上门索取赞助费或对本单位提出无理要求的来访者，接待人员在用合适的方法向领导请示汇报后可以委婉地加以拒绝。对于一些不受欢迎的来访者，接待人员要礼貌地接待、耐心地劝解，既要坚持原则，又要灵活妥善地处理。如果来访者有过激反应，接待人员要学会保护自己，在必要的时候可以请相关的部门或人员出面处理。

技能训练

1. 案例分析

王芸是天福科技有限公司的前台接待员。这天，公司来了两位衣着光鲜的客人，王芸微笑着问他们需要什么帮助吗？客人说要见总经理，王芸告诉他们总经理正在主持会议，没有时间会客。客人说："你们总经理这么忙啊，真辛苦。"王芸回答说："可不是吗，下周二新产品发布会就要召开了，全公司的人都在为这事忙呢。"不一会儿，来人客气地告辞了。就在天福科技有限公司召开新闻发布会的前一天，公司最大的竞争对手提前发布了新产品的相关信息，迫使天福科技有限公司不得不临时改变新产品发布会召开的时间，从而损失了大量的客户。

教师请学生思考并讨论：王芸的接待工作有何失误之处？

2. 情景模拟

这天上午10:00左右，陈秘书正在公司的前台值班，此时进来了一位中年客人。他自称是西安某公司的王经理，希望能与公司的刘总经理见面，商谈成为陕西地区的总代理的事。陈秘书知道公司上个星期就确定了陕西地区的总代理。正说着，某银行信贷部的李经理也推门而入，说自己正好路过，好久不见公司的刘总经理，想跟他聊聊天。陈秘书微笑着请他们坐下，送上茶水和公司的一些宣传资料，请他们稍等片刻。

陈秘书转身用内线电话向刘总经理请示，得到刘总经理的许可后，她回头对李经理说："李经理，我们刘总也很想念您，他正在办公室里等您呢，您这边请。"陈秘书给李经理指明方向后又回过头来对王经理说："真不好意思，让您久等了。关于总代理这件事我们当然非常希望能与您合作，不过不巧的是我们公司上个星期就已经确定了陕西地区总代理的人选，很遗憾您来迟了一步。"陈秘书委婉地表示了歉意，看到对方失望的表情，她马上又补充道："不过没有关系，这次不行我们还有机会下次进行合作。您看这样可以吗，您把资料留下，我会及时地向刘总经理汇报的，如果以后有机会我们会第一时间通知您，好吗？"

"好的，谢谢，这是我的名片，以后请多多关照"王经理一边回答一边赶紧掏出自己的名片递给陈秘书。

陈秘书双手接过名片后仔细地浏览着："哦，原来是王经理，失敬失敬！以后我们还要多联系。"

"好的，那我就先告辞了。"王经理起身告辞，陈秘书赶紧起身走在他的左手边将他送出办公室。到了门口，陈秘书与王经理握手告别，欢迎他以后再来，等目送王经理远去之后她才回来。

教师请学生分组、分角色进行情景模拟，在模拟的过程中要注意接待礼仪的行为规范，并在实训室里提前准备好茶杯、茶叶、水、名片、电话机等道具。

3. 情景模拟

A市福达金属制品公司成立于2014年，近年来，该公司以技术为依托、以市场为导向，凭借雄厚的技术力量和生产能力已开发出监控系统控制柜、银行提款机等几十种产品。该公司生产的银行提款机，由于性能可靠、耐用，在市场上深受客户的喜爱。近期，公司又做成了一笔大生意。发货一周后的一天早晨，销售部的小陈刚上班就有一位客户急匆匆地来到公司的销售部，称发给他们的货物数量不够。

教师请学生分组演示小陈接待客户并处理这件事的整个过程。

4. 课堂游戏：超级接待

教师提前准备好各种情景和人员身份的卡片，将学生分成若干组，并请每组选派几名同学轮流上台扮演接待者和来访者。教师请扮演接待者的学生抽取情景卡片，其他的学生则抽取来访者卡片。学生根据情景卡片和来访者卡片的内容模拟接待工作，教师为扮演接待者的学生打分，并结合所学的知识进行点评。

知识拓展

知识拓展1　乘坐小轿车的礼仪[①]

驾驶者的身份不同，乘坐小轿车的座次顺序就会有所不同，我们应该根据实际情况灵活安排。

一、驾驶者是专职司机

在驾驶者是专职司机这种情况下，最好的位置就不是副驾驶座了。实际上这个座位的安全系数最低，一般为秘书、翻译、警卫等人员乘坐。

（1）双排五人座轿车的座次顺序依次为后排右座、后排左座、后排中座、前排副驾驶座［如图10-1（a）所示］。

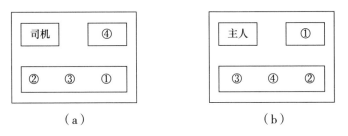

图10-1　双排五人座轿车的座次顺序

[①] 刘晓红. 秘书理论与实务[M]. 2版. 北京大学出版社，2015：94. 有改动。

（2）三排七人座轿车的座次顺序依次为后排右座、后排左座、后排中座、中排右座、中排左座、前排副驾驶座[如图10-2（a）所示]。

二、驾驶者是主人

（1）双排五人座轿车的上座是主人，也就是司机旁边的副驾驶座，其他依次为后排右座、后排左座、后排中座。主宾应该坐在前排副驾驶座上，与身份相当的主人并排而坐，也表示了对于主人的尊重[如图10-1（b）所示]。

（2）在三排七人座轿车上的其余6个座位中，上座也是副驾驶座，其他依次为后排右座、后排左座、后排中座、中排右座、中排左座[如图10-2（b）所示]。

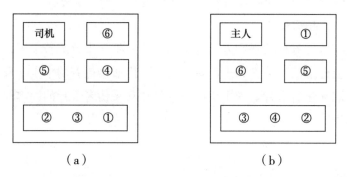

图10-2 三排七人座轿车的座次顺序

吉普车和多排座轿车的座次顺序如图10-3和图10-4所示。

 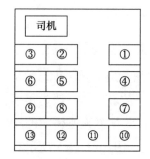

图10-3 吉普车的座次顺序　　　图10-4 多排座轿车的座次顺序

知识拓展2　乘坐电梯的礼仪

在接待和引领客人乘坐厢式电梯时，如果是无人操作的电梯，我们应该先按住电梯的按钮请客人进入。若客人不止一个人时，我们可以自己先进入电梯，用一只手按住电梯的"开"键，另一只手拦住电梯侧门，请客人进入。如果是有专门人员操作的电梯，我们应该先请客人进入电梯，自己最后进入电梯。

电梯到达目的地楼层后,如果是无人操作的电梯,我们应该用一只手按住电梯的"开"键,另一只手做出"请"的手势,请客人先出电梯。如果是有专门人员操作的电梯,我们可以先出电梯,然后用一只手拦住电梯的侧门,另一只手做出"请"的手势,请客人走出电梯。在公共场所乘坐电梯时要遵循"先下后上"的原则。

4个人乘坐厢式电梯,如果右侧有楼层按钮时,4个人的站位如图10-5所示。如果电梯左右两侧均有楼层按钮时,则只需将3号位和4号位互换位置,因为在商务礼仪中通常以右为尊。5个人乘坐厢式电梯的站位如图10-6所示,如果电梯两侧均有楼层按钮时,则只需将1号位和5号位互换位置。

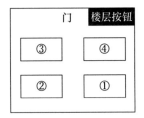

图10-5　4个人乘坐电梯的站位顺序

图10-6　5个人乘坐电梯的站位顺序

在乘坐扶手式或滚动式电梯时,我们应该保持靠右侧站立,左侧最好留出供一个人可以通行的通道。

任务2　团体接待

左右为难的小何[①]

A公司助理小何和司机小王代表他们的上司去机场迎接外地一家公司的考察团。见面之后,助理小何安排对方代表团的团长坐在小轿车的右后座,可是团长不愿意,他自己拉开前面的车门,坐到了司机小王的身边。按照公司关于接待礼仪培训的要求,领导应该坐在小轿车的右后座,那个座位既比较安全,又方便上下车。小何担心一会儿到了公司他的上司会批评他怠慢了客人,可是小何觉得现在如果执意让客人挪到后面去似乎也不太合适。

教师请学生思考并讨论:小何现在应该怎么办?为什么?

----

① 中国就业培训技术指导中心. 秘书国家职业资格培训教程(四级秘书·国家职业资格四级)[M]. 北京:中央广播电视大学出版社,2008:259. 有改动。

知识平台

接待对象的人数在3个人以上的，我们可以叫做团体接待。团体接待与个人接待相比而言，在接待规格、接待准备、接待礼仪规范等方面有较高的要求。

一、接待规格的种类

接待规格是指接待方向来访者提供的各种待遇的总称。接待规格的高低主要取决于来访者的来访事由、职位、与组织的关系、知名度等因素。接待规格往往体现了接待方对来访者的重视和欢迎程度。在我们的日常工作中，一般有高规格接待、对等接待和低规格接待三种接待规格。

1. 高规格接待

高规格接待是指主要陪同人员比主要来宾的职位要高的接待。采用高规格接待，表示接待方对本次接待工作的重视以及对来访者的特别尊重。如上级领导派工作人员来了解情况、迎接某个重要的外国代表团等适用高规格接待。

2. 对等接待

对等接待是指主要陪同人员与主要来宾的职位相当的接待。这是最常用的一种接待规格，所以也叫常规接待。如来访的带队人是总裁，则接待方也应由总裁或董事长出面接待。

3. 低规格接待

低规格接待是指主要陪同人员比主要来宾的职位要低的接待，它适用于上级领导来访等的接待。比如，来访的带队人是总裁，如果接待方的总裁或董事长因病或出差等特别原因不能出面接待，由副职出面接待时属于低规格接待，这时必须向来访者进行解释并致歉，以表示对来访者的尊重。

一般来说，企事业单位在确定接待规格时常常会综合考虑的因素包括：第一，对方与己方的关系。当对方的来访事由重大或者直接关系到己方未来的发展时，己方常会采用高规格接待。第二，一些突发事件或突然的变化常常会影响既定的接待规格。第三，对于以前接待过的客人，己方的接待规格最好参照上一次的标准。

二、接待前的准备

1. 环境准备

接待前需要准备的环境主要是指组织的整体环境和接待室、会客室的局部环境两个部分。组织的整体环境要求安全、整齐、干净、无乱堆乱放现象。接待室、会客室的要求是：地点要安静、无干扰；布置要美观大方，既不能太华丽，也不能太简陋；里面的设施要完善，摆放要整齐。另外，接待室、会客室要经常进行清洁，要保持空气的流通。

2. 收集来访者的资料

接待方充分收集来访者的资料是做好接待工作的前提。来访者的资料主要包括来宾的国籍，来宾代表的机构或组织，来宾的姓名、性别、人数、年龄、身份、职位、民族、宗教信仰、生活习惯、抵达的时间和地点、离开的时间和地点、乘坐的交通工具和行程安排、来访的意图和目的等。

3. 制订接待计划

接待计划是整个接待工作的依据，接待方在制订接待计划时要充分考虑各方面的需要，接待计划要尽量具体、详细、实用，起到指导性和工具性的作用。

接待计划的内容主要包括以下四个部分：

（1）确定接待规格。接待规格的确定最终应由组织的领导来决定。

（2）协商接待日程。接待日程一般需要接待方提前与来访者通过沟通与协商来确定，最后要由双方认可并经上司批准。接待日程的安排包括客人来访的起止时间、每天的活动内容等，安排要具体、细致，时间、地点、活动内容、陪同人员等一般可以以表格的形式列出。

（3）安排接待人员。接待方可以根据接待规格和活动内容来确定接待人员的构成和数量。接待人员事先要进行职责的分工，便于他们做好来访前的准备工作及来访期间的沟通联络、协调服务工作。

（4）预算接待经费。接待经费一般包括场地租赁费、资料费、住宿费、餐饮费、劳务费、交通费、宣传费及其他费用等。接待方要提前落实好接待经费的问题，如果有些接待费用需要由来访者自己解决的，接待方就需要提前与对方协商好。另外，接待经费的支出要符合国家及组织的相关规定。

4. 预订车辆和住宿房间

根据接待规格和组织的规定，接待方要提前确定好餐饮、用车和住宿标准。接待方应该根据来访者的人数和接待规格确定和安排用车。接待方在为来访者选择住宿的房间时要考虑的因素包括：一是交通是否便利；二是环境是否卫生、安静；三是房间的设施是否齐全、方便；四是住宿费用是否在组织规定的标准内。一般来说，接待方在提前预订住宿房间时，应优先为来访者选择朝阳和楼层合适的房间。如果来访者有什么特殊的要求，也应该尽量予以满足。

三、接待的礼仪规范

1. 热情迎客

接待人员可以根据来访者的需要和实际情况，提前到大门口、楼下、办公室门口或对方住所的门外等地方等候迎接。对于远道而来的来访者，接待人员要事先核实清楚来访者乘坐的飞机、火车、轮船抵达的具体时间、地点等，准备好车辆提前到达相应的地点。在迎接来访者时,接待人员不能迟到,这是很不礼貌的行为。如果接待人员与来访者从未见过面,就需要事先制作一面牌子,上面写上来访者的单位名称和姓名,字迹要工整、要大,能让来访者从远处就能看清楚。有时,为了表达对来访者的热烈欢迎,接待人员可以提前准备好鲜花。

当来访者下飞机、火车或轮船并出站后,接待人员应主动上前迎接,致以问候和欢迎,同时做自我介绍。短暂的寒暄后,接待人员要引导来访者到候车处。在带领来访者去宾馆或酒店的途中,接待人员最好向来访者介绍一些当地的风土人情或者组织的情况。到达宾馆或酒店,接待人员在为来访者安排好房间后可以递上日程安排表,并商定好下一项活动的时间就可以离开了,切不可在来访者的房间逗留太久,影响来访者的休息。

来访者到达接待方的办公地点后,主人要起身相迎,并立即请来访者入室。接待方与来访者相见时,无论职位高低、是否熟悉,都应一视同仁。接待方要热情相迎、亲切招呼,主动地同来访者握手问候表示欢迎,然后安排来访者入座。图10-7为政务活动中主方与上级领导会谈时U形接待室的座次安排,图10-8为政务活动中主方与上级领导会谈时横桌式接待室的座次安排,图10-9为商务活动中横桌式接待室的座次安排。

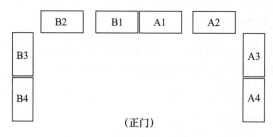

注:A为上级领导,B为主方人员

图10-7 政务活动中U形接待室的座次安排

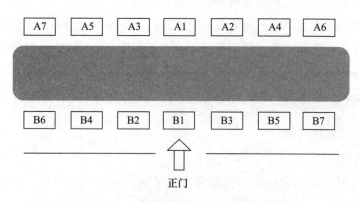

注:A为上级领导,B为主方人员

图10-8 政务活动中横桌式接待室的座次安排

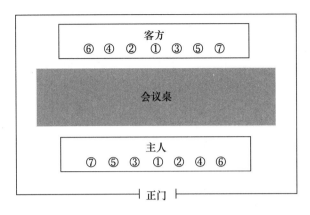

图10-9 商务活动中横桌式接待室的座次安排

2. 周到待客

来访者入座后，接待人员应及时地给客人奉茶。宾主双方在交谈时要以来访者为中心，紧扣主题，并注意谈话的态度和语气。接待方要认真地聆听来访者的谈话，适时地以点头或微笑做出反应，要对来访者的谈话内容表示出深厚的兴趣，切不可在来访者谈话时显得无精打采、心不在焉或频频看表，以免来访者产生误解。

在团体接待过程中，接待方一般会安排一次正式宴请，正式宴请的时间以晚上居多。商务活动中的正式宴请最好事先确定好宴请的地点、菜单和座次。在正式宴请时，宾主双方都应该按照事先安排好桌次和座次入座。

3. 礼貌送客

在确定了来访者离开的时间后，接待方需主动询问来访者是否需要帮助其预订返程的飞机票、火车票或轮船票，并且要提前安排好送站的车辆。在帮助来访者预订返程票时，接待人员一定要与来访者进行充分的沟通，具体的航班、车次、船次等信息一定要在来访者确认后再提交订单。

如果来访者离开的时间是在上午，那么在前一天晚上接待方要到来访者下榻的宾馆或酒店话别，时间不宜过长，最好控制在半个小时以内。如果有礼物相送的话，接待方应在此时送上，这样便于来访者将礼物整理好。如果来访者离开的时间是在下午或晚上，接待方可以在当天上午到宾馆或酒店与其话别。在话别后，接待方要告诉来访者送行的人员、车辆及时间方面的安排，让来访者做到心中有数。

接待方在送站的时候一定要把握好时间：如果是国内航班，一般需要提前1~2个小时到达机场；如果是国际航班，一般需要提前3个小时到达机场。如果是火车或轮船，最好提前1个小时到达车站或码头。

技能训练

1. 案例分析

A贸易有限公司实习销售助理王芸在机场顺利地接到了来自B公司的客户。客人一行共3个人,分别为一男两女,其中男士是B公司某部门的主管,两名女士均为该部门的员工。王芸首先进行了自我介绍并主动热情地伸出右手和他们握手,表示对他们的欢迎。同时,王芸在礼貌性地征得客人的同意后帮助他们提大件行李并靠右引导客人乘车。王芸打开车前门,以手示意,请男客人坐在副驾驶座上,并说:"请您坐在这个位置上吧,这儿视野开阔些,光线也好。"之后,她又打开车左后门对两位女客人说:"请你们和我一道坐在后排座位上,好吗?来,请您先进。"女客人服从了王芸的安排。之后,司机驾车带着王芸和3位客人回到公司,大家一路无话。下车后,王芸引导客人进入会客室,并向本公司的张经理介绍了客人,宾主互换名片。客人入座,王芸退出会客室。

问题:(1)王芸的做法有哪些可取之处?

(2)王芸的做法有哪些不妥之处?她应该如何改正?

2. 情景模拟

A公司是一家具有30多年历史的大型食品生产企业,主要生产乳制品、糖果、糕点等。由于技术先进、质量过硬、风格独特,食品符合大众的品味,市场销路很好,因此该公司连年被评为"消费者信得过单位"。2012年5月,A公司生产的"××"牌系列产品被国家工商行政管理总局批准认定为"中国驰名商标"。2013年8月,A公司又被国家质检总局评定为"中国名牌产品"。面对产销两旺的喜人形势,为了满足与日俱增的市场需求,A公司迅速启动了扩张计划,并向全国铺开。经过几年的快速发展,截至2018年,A公司便由一个传统的食品加工厂发展成一家总资产达20亿元的大型现代化食品生产、研发企业,并在华北、华东等地区建立起了生产基地,成立了3个分公司,总部设在南京,在业界顿时声名鹊起,参观、考察、洽谈业务者纷至沓来。

2019年10月,A市B食品加工厂由于经营管理不善,处于连年亏损状态,准备实施破产重组。通过相关政府部门的牵线搭桥,B食品加工厂的张厂长一行5人将于10月21日来A公司商谈合作事宜。

由于时间紧,A公司原定于10月21日在南京总部召开的第三季度营销工作总结会议(会期为两天)只得推迟至22日召开,公司领导要求集团办公室立即通知3个分公司会议时间的变动情况,并认真做好接待工作。

教师将学生分成几个小组,请学生分组完成以下任务:

(1)教师请学生按照接待对象的不同,分别确定10月21日和10月22日的接待规格,并请一组学生模拟向领导请示接待规格事项的过程。

（2）教师请学生分别制订出10月21日和10月22日的接待计划，内容包括接待规格、日程安排和接待经费预算、人员分工安排等，要求尽可能详细具体、责任明确。

（3）假设张厂长一行5人乘坐高铁从A市来到南京，教师请学生模拟10月21日接待人员在车站接站并乘车到A公司的会议室与公司总经理见面的过程。

知识拓展

接待工作中的送花礼仪

在接待工作中，送花早已成为一种国际惯例。接待人员要掌握有关送花的礼仪，主要应当详细了解有关送花的时机、鲜花的寓意和送花的禁忌等三个方面的具体规范。

一、送花的时机

当重要的客人到达时，接待人员可以献花。接待人员所献之花要用鲜花，并要保持花束的整洁、鲜艳。献花的具体时间通常是在参加迎接的主要领导与主宾握手之后由儿童或年轻女士将花献上。献花可以只献给主宾，也可以向所有的客人分别献花。

二、鲜花的寓意

1. 通用寓意

所谓鲜花的通用寓意，即花语，是指人们借用鲜花来表达的某种情感、愿望或象征的语言。

在全部的花语之中，有相当数量是被用来表达人之常情的。例如，人们通常用丁香表示初恋，用柠檬表示挚爱，用橄榄表示和平，用桂花表示光荣，用白桑表示智慧，用水仙表示尊敬，用百合表示纯洁，用茶花表示美好，用紫藤表示欢迎等。一般来说，我们接待客人所用花束的花材可以选择郁金香、玫瑰、百合等，再点缀满天星。如果我们接待的是年长的客人，可以送上鹤望兰、康乃馨、马蹄莲、红掌等花材；迎接贵宾的鲜花用红花色系与紫花色系比较好，花语以代表"友谊、喜悦、欢迎"的花材为主为佳。

2. 民俗寓意

由于同一种鲜花在不同的国家、不同的民族、不同的场合会被赋予不相同的寓意，所以在送花时，我们必须要先了解清楚交际对象的风俗习惯和鲜花所具有的不同寓意。

同一品种的鲜花，在不同的国家和地区可能寓意不同，甚至相反。例如，中国人喜欢荷花，可是日本人却忌送荷花，他们认为荷花同死亡相关连，所以不要送荷花给日本人。日本人喜欢菊花，但是菊花绝不能送给西方人，因为在西方的一些国家，菊花寓意死亡，只有在丧葬活动中使用。英国人忌送百合花，因为它寓意死亡；德国人忌送郁金香，因为德国人的风俗认为黑色郁金香是一种无情之花；法国人忌送康乃馨，尤其是在对方生病住院期间，因为在法国康乃馨意味着病人快要离开人世。

　　鲜花的颜色万紫千红，艳丽多彩，令人喜爱。但是，不同的国家和地区对鲜花的色彩却有不同的理解。例如，中国人喜欢红色的鲜花，因为在中国人的传统观念中，红色代表大吉大利；而在西方的一些国家，送人红色的鲜花则意味着向对方求爱。在西方人的眼里，白色的鲜花象征着纯洁无瑕，将其送予新娘是对她的最高赞赏；而在中国人的眼里，送给新人白色的鲜花是不吉利的。在墨西哥和法国，黄色的鲜花意味着变节、不忠诚或者分道扬镳；而在日本等国家，黄色的鲜花则给人高贵、明朗和愉快之感。

　　送花的数量也有不同的讲究。比如，在中国，人们在参加喜庆活动时送花往往要送双数，意味着"好事成双"，而在丧葬仪式上则应送单数，以免"祸不单行"。在西方国家，送人鲜花要送单数，西方人认为自然的美是不对称的，选择偶数的花缺乏审美感和鉴赏力，但13枝除外，因为他们认为13是一个不吉利的数字。在日本、韩国、朝鲜和中国的一些地区，由于发音或其他的原因，人们认为数字"4"不吉利，所以在送鲜花时数量不能是4枝。日本人还忌讳送花的数量为"9"，认为送他们9枝花是将其视为强盗。

　　三、送花的禁忌

　　在鲜花颜色的选择上，在接待国内客人时，接待人员要慎重选择白色的鲜花；在接待外国客人时，接待人员不要选择菊花、石竹花等黄色的鲜花。在接待巴西人时，接待人员要特别注意不要选择紫色的鲜花，因为巴西人认为紫色是死亡的征兆，故对紫色的鲜花比较忌讳。

　　在鲜花品种的选择上，菊花、莲花和杜鹃花在涉外交往中不宜用作欢迎花束，也不宜用作礼品。

　　在接待工作中，在一般情况下要赠送鲜花，接待人员不要用干花、纸花或发蔫凋零的花送给客人。在迎宾、欢送等活动中，接待人员大多送花环或花束。送花束时，接待人员最好用彩色透明的包装纸将花包装好，再系一根与鲜花颜色相匹配的彩带，这样即便于携带，又显得花更漂亮。

项目十　接待礼仪

任务3　涉外接待

 热身活动

喋喋不休的小徐[①]

小徐是A酒店客房部刚入职不久的一位员工，对酒店的前台接待工作还不太熟悉。一次，由于客人较多，老员工都无暇脱身，此时恰好有一位来自美国的外宾需要接待，领导考虑到小徐会英语，就派她前去接待。初次见到外宾，小徐还是有些紧张，但又想在领导和外宾的面前好好地表现一下自己。小徐热情地接待了这位外宾，并且不停地与他交谈，询问他从事什么工作、为什么来中国、是否结婚等，外宾的脸色越来越难看，但小徐却丝毫没有察觉。

教师请学生思考并讨论：小徐在接待外宾的过程有哪些不妥之处？

 知识平台

涉外接待主要是指涉及国外来访宾客的接待。在我国，对于港澳台同胞有时也适用涉外接待的程序和方法。

一、涉外接待的基本原则

1. 遵守外事纪律

涉外事务必须按照国家的有关规定统一行动或统一部署、统一对外表态，在地方外事部门的统一管理下，办理有关外事业务，并配合外事部门完成各项外事工作。在开展对外交往活动中，作为接待方，我们对应该报告、请示和没有把握的事都应该及时地向外事部门请示，不能自作主张、自行其是。

在进行涉外接待时，接待方要根据我国的社会经济特点和外事工作的需要进行礼宾活动安排，使礼宾工作与我国的对外开放政策相适应。涉外接待还要讲求实际，做到接待活动安排具有针对性，重礼仪、重实效、不讲排场、不事铺张，对外宾的生活照料应尽量周到。

2. 不卑不亢

在进行国际交往时，接待方的一言一行既体现了一个人的教养和品位，同时也代表着国家的形象和组织的形象。因此，在涉外接待中，接待方的言行应该大大方方、从容得体，既不能畏惧自卑、低三下四，也不能自大狂傲、放肆嚣张。

[①] 袁锦贵. 沟通与礼仪[M]. 北京：电子工业出版社，2013：186. 有改动。

3. 热情有度

接待方在进行涉外接待的过程中，一方面待人要友好而热情，另一方面要把握好分寸，否则就会事与愿违、过犹不及。接待方要以礼待客，但不意味着可以答应外宾的一切要求。在接待外宾的过程中，接待方不要外宾提出什么要求都答应，尤其是关于保密的内容。

4. 尊重隐私

在进行国际交往时，私人问题均被视为隐私问题。接待方要尊重外宾的个人隐私，在与外宾交谈时必须自觉地坚持"八个不问"，即不问收入支出、不问年龄大小、不问婚姻状况、不问健康状况、不问家族住址、不问个人经历、不问信仰政见、不问所忙何事等。

5. 以右为尊

依照国际惯例，在正式的国际交往中的座次安排是以右为尊、右高左低。另外，女士优先也是国际社会公认的一条重要的礼仪原则，它主要适用于成年人进行社交活动之时。

总之，在对外交流和友好往来以及其他对外交往活动中，接待方应当遵循"大小国家一律平等"的原则，尊重不同国家、不同地区的风俗习惯与宗教信仰，不强加于人。对待外宾，接待方既要热情友好、平等相待、文明礼貌、不卑不亢，又要坚持内外有别的原则，在外事活动中强化保密意识。

二、涉外接待前的准备

1. 发出正式邀请

根据工作需要或应外宾的要求，一般需要由我们作为接待方向外宾以邀请函的形式正式发出邀请。在一般情况下，接待方发出正式邀请时要讲究规格对等，即己方出面邀请的相关人士的职位、地位、身份应当大体上与被邀请者的职位、地位、身份相仿。邀请函除了表示欢迎之意以外，一般要写明被邀请者的身份、访问性质以及访问的日期与时间等。邀请函的邀请事务应尽量周详，以便被邀请者可以提前做好相关的准备。此外，邀请函应提前发送，这样被邀请者才有充足的时间对各种事务进行统筹安排。

2. 掌握外宾的情况

为了更好地进行涉外接待服务，接待方必须充分了解外宾的基本情况，对于外宾的人数以及各自的姓名、性别、年龄、民族、宗教信仰、职务级别、饮食爱好、风俗习惯、主要禁忌等要尽可能地掌握。若外宾以前曾经来此进行过访问，则接待方最好对当时的接待规格、接待方案等进行必要的借鉴。

3. 制订涉外接待计划

在制订涉外接待计划之前，接待方要充分了解外宾有无特殊的要求，在力所能及的情况下应当尽可能地满足外宾正当合理的要求，并将其列入涉外接待计划中。涉外接待计划应该尽量周详细致，既要包括会见会谈、参观访问等日程安排的内容，也要包括膳宿安排、交通工具、安全保卫等后勤保障的内容，还要包括新闻报道、人员分工与安排和经费预算等内容。涉外接待计划一般在经过本单位的领导批准之后还要报送当地的外事部门批准或备案。如果是重要的外宾，接待方还需要通报交通、安全和宣传部门。

4. 排定礼宾次序

礼宾次序是指接待方在同时接待来自不同国家和地区的外国团体或个人时，必须按照国际惯例和本国的常规做法来排定其出场先后、席位高低等的具体顺序，并且据此给予对方相应的礼遇。目前，我国在排定礼宾次序时一般采用下列方法：

一是依照外宾所在国家或地区名称的拉丁字母的先后顺序来排列次序。在举行大型的国际会议或体育比赛时，接待方通常采用此种排列方法。

二是依照外宾的具体身份与职位的高低来排列次序。在正式的政务、商务、科技、学术等活动交往中均可以采用此种排列方法。若外宾系组团前来，接待方则应按照团长的具体地位来排列其先后次序。

三是依照外宾抵达现场的具体时间的早晚来排列次序。如当各国大使同时参加派驻国的某项活动时，一般均以其到任的具体时间的早晚来排定礼宾次序。在非正式的涉外活动中，接待方也可以采用此种排列方法。

四是依照外宾告知东道主自己决定到访的具体时间的先后来排列次序。在举办较大规模的国际性招商会、展示会、博览会等时，接待方大都采用此种排列方法。

五是不排列次序。所谓不排列，其实是一种特殊的排列方法。当在现实中很难应用上述几种方法时，接待方便可以采用此种排列方法。例如，在举行圆桌会议时，几方与会者围着桌子随意而坐、不排座次，可以营造出一种轻松和谐的氛围。

在礼宾实践中，上述五种排列方法有时可以交叉使用。但是，无论采用哪种排列方法，我们作为东道主均应事先告知外宾。

三、涉外接待的礼仪规范

1. 安排迎送仪式

本着身份对等的原则，接待方参加涉外迎送仪式的人员最好是与主宾身份相当的接待人员。如果双方互不相识，接待方需要事先准备好一块牌子，上面用对方能看得懂的文字工整地写上来访团的名称或主宾的名字。如果接待方准备献花，一定要选用鲜花，不可以用黄白两色的菊花或百合花，此外献花的人最好选择年轻的女性。

双方见面后，接待方应先把己方的人员介绍给主宾，然后由主宾把客人一方的成员介绍给东道主。双方握手致意，有时外宾可能会行拥抱礼、合十礼、鞠躬礼等，接待方均应做出相应的回应。这时献花的人可以献上鲜花，然后接待人员马上引领外宾上车。在经过外宾的允许后接待人员可以帮助对方提拿大件行李，招待人员要注意关照外宾的行李，提醒对方不要将物品遗忘。

在外宾离开前，接待方通常要到外宾下塌的宾馆或酒店与其道别，这时可以将事先准备好的礼物送上。礼品要选择具有纪念意义但经济价值不高的，并将其登记在册，以便外宾再度来访时可以查询。同时，接待方还应注意礼品不要违反不同宗教、不同民族的禁忌。接待方或相关的工作人员为外宾送行时，为了表示对双方关系的重视，接待方可以一直把外宾送到机场、火车站或码头。同外宾告别后，接待方最好等他们走出视线之外再离开。

2. 安排拜访活动和会见、会谈

在外宾抵达之后，接待方应该在适当的时间到宾馆或酒店拜访外宾，与其确认之后的工作安排，了解外宾还有什么需求。拜访的时间一般选择在外宾抵达的第一天晚上或第二天的某个时候。在一般情况下，如果当天晚上接待方要宴请外宾，就可以不去拜访了。如果接待方第二天宴请外宾，就需要当天晚上去进行拜访。在拜访前，工作人员要先与外宾取得联系，由双方商定好适宜的时间，不可贸然前往。

在一般情况下，接待方应该根据外宾的身份以及来访目的，在外宾抵达的当日或次日安排本单位的领导或部门负责人会见外宾。外宾也可以根据双方的关系及本人的身份、业务性质、来访目的等主动提出拜会接待方的某些领导人或部门负责人。

在我国，一般公务性会见或会谈大多在会客室里进行。接待方一定要事先准备好会客室，要保持卫生和整洁，调节好充足且适宜的光线，室内保持18～25℃的温度和40%～60%的空气湿度。根据工作需要以及单位接待工作的规定，有时接待方还可以准备一些水果、饮料和茶点等。在会见时，座位安排通常为半圆形或U形，宾主双方并排而坐（如图10-10所示）。在安排会见或会谈时，有时也会用长条形的桌子，宾主常常相对而坐（如图10-11所示），此时应遵循"面门为上、居中为上、以右为上"的原则。

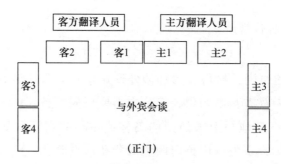

图10-10　U形排列会议桌的座次安排

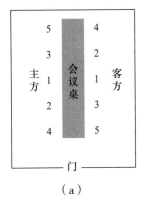
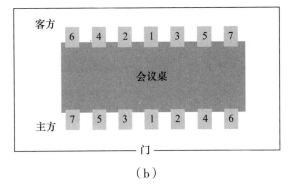

图10-11 长方形会议桌的座次安排

双方见面后,先由外宾一方的主要领导将己方的成员介绍给接待方,然后接待方的主要领导再把己方的成员介绍给外宾一方。根据工作需要,有时还会安排合影,合影可以安排在宾主见面介绍、握手之后,合影完毕后再入座,有时也可以把合影安排在会谈结束时。如有合影,接待方要事先选好背景,安排好合影座次。合影一般由主人和主宾居中,按照"以右为上"的原则,宾主双方间隔排列。

双方的会谈开始前,除了陪同人员和必要的翻译人员、记录人员以外,一般工作人员应退出。在会谈的过程中,旁人不得随意出入。

3. 安排正式的宴请

正式的宴请一般安排在外宾抵达的当晚或次日的晚上,以表示对外宾的热烈欢迎。在正式场合,接待方需要在宴请前发出请柬,以示尊重。涉外接待的宴请一般选择中餐,但要注意环境是否安静雅致,还要特别注意外宾的宗教信仰的禁忌和饮食习惯的差别。在我国,有一些食物是外宾普遍不能接受的,比如鱼翅、海参,还有动物的内脏、翅膀、蹄爪等。另外,我们选择的菜肴要精致、丰盛,最好具有地方特色,但不必豪华、奢侈,更不能浪费。

4. 安排新闻采访和报道或参观、游览活动

如果外宾的身份重要或活动具有重要意义,接待方应该安排相关的新闻媒体进行新闻采访和报道。新闻稿件除了需要提交领导审核以外,还必须经过外事部门的审查。

有时,接待方会根据外宾的来访目的和来访要求安排参观活动。在安排参观活动时,接待方要在不影响正常的工作及生产的前提下选择具有代表性的地点以满足外宾的要求,同时还要注意不能泄露核心机密。

如果外宾是初次到访本地,有时接待方也会安排一些游览活动。接待方要结合外宾的身体、年龄、兴趣等相关情况,安排相应的自然景观或人文景观进行游览。

技能训练

1. 案例分析

（1）泰国曼谷的东方饭店在世界上享有极高的声誉，它以优质周到的服务而闻名于世。有一位纽约商人在周五住进了东方饭店，发现该饭店把他安排在二楼靠近楼梯的房间，他感到非常满意：因为宗教信仰，他不能在周五乘坐电梯。东方饭店员工的服务可谓周到，连客人的宗教习惯也一清二楚。这位商人深受感动，从此以后成为该饭店的忠实顾客。

教师请学生思考并讨论：从上述案例中我们能得到什么启示？

（2）大华公司的陈总经理要设宴招待来访的沙特阿拉伯某公司的总经理穆罕默德一行，助理小王在一家饭店预订了包间，并按照陈总经理的意思准备了一些礼品：送给穆罕默德的国画——熊猫图；送给其夫人的真丝长袍；送给其孩子的"洋娃娃"。小钟还特地选用了红色的包装纸将礼品包装起来。宴请当天，陈总经理发现预订的饭店有问题，赶紧派人另外找了一家饭店，并且把改变后的地址尽快通知了客人。为此，他严厉批评了小王。当客人应邀前来赴宴时，陈总经理拿出礼品说："这是鄙公司送给总经理、夫人及小孩的一点小礼物，实在拿不出手，望笑纳。"说完，他就发现对方的神情不对……

教师请学生思考并讨论：大华公司在接待沙特阿拉伯某公司总经理的过程中存在哪些问题？

2. 情景模拟

江苏A贸易有限公司是一家中外合资企业，小李是这家公司的员工，主要负责接待来访的外商。今天，小李接到王总经理的电话，得知英国B公司将于2019年5月13日来本公司访问。届时，英国B公司一行人将与公司的高层领导举行会谈，他们预计在中国停留10天左右，在本公司会谈及参观的时间大概为两天，王总经理请她做好接待准备工作。

来访人员的详细资料如下：

总经理：迈克（英国人）。

总经理夫人：凯瑟琳（英国人）。

助理：王冰（中国人）。

业务主管：沙阿（沙特阿拉伯人）。

教师将学生分成几个小组，分别完成以下任务：

（1）请讨论一下在接待这个英国外商代表团时应注意哪些问题；

（2）请根据以上情况拟写一份接待方案，包括接待日程安排、经费预算、食宿安排计划等；

（3）请分组模拟接待这个英国外商代表团的过程。

知识拓展

涉外交往中的常见禁忌[①]

由于不同的历史、宗教信仰等因素，不同的国家和民族各具有特殊的风俗习惯和礼节，在国际交往中我们应该学会互相尊重。

一、言行举止方面的禁忌

例如，欧美人忌讳谈论具有私人性质的问题，如个人生活、家庭收入、住址、婚姻状况、年龄等。他们认为随便询问这些私人问题等于冒犯了他人的尊严。

英国人比较注重服饰打扮，在什么场合穿什么衣服都有讲究。下班后，英国人不谈公事，特别不喜欢就餐时谈公事，也不太喜欢邀请有公事交往的人来自己家中吃饭。

德国人纪律性强，在礼节上比较注重形式。在与德国人交往时，他们不喜欢别人直呼其名，而要尽量称呼他的头衔。

在新加坡，任何人随地吐痰、扔废弃物都要受到法律制裁。

二、商标图案方面的禁忌

例如，意大利忌讳用菊花作为商标或包装图案；日本人对装饰有狐狸和獾图案的物品很反感；法国人把仙鹤作为蠢汉的代称；美国人认为蝙蝠是凶神的象征；英国人忌讳有大象的图案，认为大象是蠢笨的象征；瑞士忌讳有猫头鹰的图案，认为它是死人的象征。

三、颜色方面的禁忌

例如，德国人对颜色的禁忌较多，茶色、黑色和深蓝色都是他们的禁忌。法国人和比利时人忌讳墨绿色，因为这是纳粹军服的颜色。日本人忌讳绿色，认为绿色是不吉祥的。在埃及，人们普遍忌讳蓝色和黄色，他们认为蓝色是恶魔的象征，黄色是不幸的象征，遇丧事都穿黄色衣服。印度人视白色为不受欢迎的颜色。

四、数字方面的禁忌

例如，西方人比较忌讳数字"13"和"星期五"，他们认为这个数字和日期是厄运和灾难的象征。在西方，一些高楼的12层上面便是14层，房间的编号一般也是没有13号的。在涉外交往活动中，我们要避开与"13"和"星期五"有关的事

[①] 杨茳，王刚. 礼仪师培训教程[M]. 北京：人民交通出版社，2007：84-88. 有改动。

情,最好不要在这些日子安排重要的政务、商务及社交活动。在日本,人们忌讳"4"和"9"这两个数字,因为在日语中,数字"4"与"死"同音,所以日本的医院都没有4号病房和4号病床;数字"9"的发音与"苦"相近,因此也在忌讳之列。韩国人对数字"4"字也很反感,在饮茶或饮酒时,主人常常以1、3、5、7的单数来敬酒或献茶。

五、饮食的禁忌

例如,印度人忌吃牛肉和猪肉。日本人不喜欢吃羊肉和猪的内脏。加拿大人、美国人和英国人忌食虾酱、臭豆腐等有怪味、腥味的食物和动物内脏及脚爪。伊朗人不吃无鳞的鱼。

六、拍照的禁忌

一般来说,在国外的边境口岸、机场、博物馆、住宅私室、新产品与新科技展览会、珍贵文物展览馆等处,严忌随意拍照。在被允许的情况下,对古画及其他古文物进行拍照时,严忌使用闪光灯。凡在贴有"禁止拍照"标志的地方或地区,人们应自觉忌讳拍照。

沟通篇

项目十一　人际沟通训练

---| 学习目标 |---

1. 了解人际沟通的基本原则，掌握人际沟通的技巧并在生活中能灵活地运用。
2. 了解倾听的含义，掌握倾听的原则和技巧，进一步推动沟通的有效进行。
3. 了解赞美的意义和作用，掌握赞美的基本原则和技巧，学会对沟通对象进行真诚、准确、具体、细致、恰当的赞美。
4. 掌握拒绝的基本原则、方法和技巧，学会使用适当的方法拒绝别人的要求，让被拒绝者能够理解和接受，减少人际沟通中的障碍。
5. 了解批评的原则，掌握批评的方法和技巧，学会在批评别人之前要三思，实现有效沟通。

任务1　人际沟通概述

热身活动

换位思考①

在美国，一位母亲在圣诞节前夕带着5岁的儿子去买礼物。大街上回响着圣诞节的赞歌，橱窗里装饰着枞树彩灯，可爱的"小精灵"载歌载舞，商店里五光十色的玩具应有尽有。"一个5岁的男孩将会以多么兴奋的目光观赏这绚丽的世界啊！"他的母亲毫不怀疑地想。然而，她没有想到儿子却紧拽着她的大衣角呜呜地哭出声来。"怎么了？你要是总哭个没完，圣诞精灵可就不到咱们这儿来啦！"母亲有些生气，语气中充满了严厉。"我，我的鞋带开了……"儿子怯怯地回答。

母亲不得不在人行道上蹲下身来为儿子系好鞋带，母亲无意中抬起头来，啊，怎么会什么都没有，没有绚丽的彩灯，没有迷人的橱窗，没有圣诞礼物，也没有装饰丰富的餐桌……那些东西都放得太高了，孩子什么也没看见，落在孩子眼里的只有粗壮

---

① 汪建民. 受益一生的说话课[M]. 北京：北京工业大学出版社，2015：136. 有改动。

的大腿和妇人们低低的裙摆,在那里互相摩擦、碰撞……真是好可怕的情景!这是母亲第一次从5岁儿子的高度看世界,她感到震惊,立即把儿子抱起来,放在自己的肩上,儿子开心地笑了起来:"妈妈,好漂亮的圣诞节啊!"从此,母亲发誓今后再也不把自己理解的"快乐"强加给自己的儿子。站在孩子的立场上,一位母亲以自己的亲身体验认识了这个道理。

教师请学生思考并讨论:从上述案例中你获得了什么启示?

一、人际沟通的作用

人际沟通是指人与人之间进行信息传递和情感交流的过程。在社会上,我们每个人都和他人存在一定的关系,人与人之间必然要相互接触和相互联系,人与人之间的沟通和交流是人类社会存在的重要方式。人际沟通既是人的一种需求,是人与人建立关系的起点,也是改善和发展人际关系的重要手段。一个人只有和他人进行准确、及时的沟通,才能建立起牢固、长久的人际关系,从而更好地工作和生活。

1. 人际沟通是维持人的身心健康的重要保证

相关的研究表明,有些疾病与人际关系失调、心理失衡有关。因此,积极地进行人际沟通,在沟通中进行情感交流,诉说自己的喜、怒、哀、乐,宣泄积郁、排解忧烦,从而得到他人的理解、支持和帮助,这无疑是维持人的身心健康的重要保证。如果一个人长期缺乏稳定、良好的人际关系,不能积极主动地与他人进行有效的沟通,就很容易出现心理上或生理上的疾病。

2. 人际沟通能够促进人进一步认识自我

善于进行人际沟通的人能够明确他人对自己的态度和评价,并从中正确地认识自己,找出自身的长处、差距与不足,从而做到扬长避短,使自身的素质不断地提高。

3. 人际沟通能协调和改善人际关系

人际关系建立以后,如果缺乏必要、正常的沟通,就会使人际关系陷入停滞状态或流于形式,甚至会恶化或中断。相反,通过适当的沟通,相互交流思想和情感,人际关系就会得到协调和改善,并朝着健康、和谐的方向发展。

4. 人际沟通能够促进社会的整合

整合是指以个体为单位生活与生存的人,通过沟通的纽带而连接成为社会群体。个人是社会中相对独立的个体,社会是由无数的个体组成的。在社会群体中,每个人扮演着各自的社会角色。沟通可以将分散的个体联合起来,组成各种不同的社会群体,形成各种不同的社会关系。因此,人际沟通是整个社会活动的一个重要环节。社会绝大部分的信息传播与反馈都与人的沟通有关。通过人际沟通，可以打开人与人之间存在的闭合的圈子，并使人们联合起来进行社会活动，从而不断地实现社会的整合。

二、人际沟通的基本原则

1. 换位思考的原则

在进行人际沟通的过程中，许多人总是站在自己的角度去思考问题，用自己的价值尺度去衡量别人的工作和生活，这样在沟通的过程中不但无法打动对方，反而会使彼此之间的关系变得疏远。

由于人们的生活经历、受教育程度以及社会地位等的不同，其思维方式、性格特点、处事方式和利益需求也是不同的。所以，人们在人际沟通的过程中对待同一事物就会表现出不同的情感、观点。换位思考原则是指我们把自己的内心感受与对方联系起来，站在对方的立场上思考问题，从而为增进相互之间的理解架起一座便于交流的桥梁。

2. 真诚的原则

人们在进行人际沟通的时候，真诚是最基本的原则。真诚的原则是指在进行人际沟通时，我们要真心诚意、态度诚恳，不虚伪，不说假话。比如，当企业遇到危机事件时，如果能够直面问题、诚恳道歉、勇于承担责任，并采取一些有效的应对措施来纠正错误，那么企业将有机会化解危机并获得社会各界的普遍理解。我们每个人在日常的工作和生活中与人交流时，也需要把自己的真诚传递给对方。当对方感受到我们的诚意时，就会打开心门接纳我们，从而实现彼此之间的有效沟通。

3. 尊重的原则

美国心理学家马斯洛把人类的需求从低到高分为五个层次，即生理需求、安全需求、社交需求、尊重需求和自我实现需求。尊重需求就是每个人都希望自己有稳定的社会地位，都希望自己被别人认可和接受。当一个人被尊重的需求得到满足以后自信心和上进心就会增强。反之，在人际沟通的过程中，随意地伤害别人的自尊心，常常会引起对方的抵触与反抗，从而给沟通带来障碍。

在进行人际沟通的过程中，尊重的原则是指在进行人际沟通时我们要把对方放在平等的地位上进行交流，要有得体的言行举止，要尊重对方的人格和自尊心、风俗习惯和言行方式，使用恰当的称呼语、问候语、介绍语、告别语等，语气要委婉，态度要亲切自然。

4. 适度的原则

适度的原则是指在进行人际沟通的过程中，我们讲话要适度、恰当，既要到位又要留有余地。英国作家和政治家约瑟夫·艾迪生曾经说："假如把人们头脑里的想法敞开，我们会发现聪明人和笨人的思想几乎毫无差别，差别仅仅在于聪明人知道如何精心挑选出自己的一些想法去和别人交谈……而笨人则毫不在乎地让自己的想法脱口而出。"这里所说的"精心挑选出自己的一些想法"就是要做好内容方面的选择、锤炼工作，即把握沟通内容的"度"。

同样的说话内容通过不同的形式表现出来，给别人的感受是不一样的，沟通的效果也是不一样的。所以，在表达的过程中我们还应该注意以下两个方面的内容：

（1）慎重使用程度副词。

在进行人际沟通的过程中，我们要慎重使用表示绝对、完全意义的程度副词，如"最""毫无疑问""不容置疑""所有""全部""肯定"等这类词语。因为这些表示绝对的程度副词没有给人留下质疑的空间和余地，反而显得说话的人不够严谨和可信。

（2）慎重选择句式。

在进行人际沟通的过程中，我们要多使用陈述句、一般疑问句，少使用或者不使用祈使句和反问句。因为祈使句表示命令、禁止等语义，会给对方一种过于强势的感觉，而反问句则显得不够礼貌，这两种句式都会令对方产生排斥心理。

三、人际沟通的技巧

1. 围绕对方的兴趣展开话题

在进行人际沟通的过程中，我们要围绕对方的兴趣展开话题，也就是要站在对方的立场展开谈话，这样比较容易获得对方的好感。每个人都有诉说的欲望，找到对方的兴趣点是打开其话匣子的重要技巧。

例如，有一位著名的赛马手，他很讨厌记者的采访，因为这些记者在采访他的时候总是问："您今年多大岁数""您从事赛马运动多少年""您拿过多少次金牌"等问题。他已经厌倦了回答记者的这类提问，他也曾多次使记者难堪，让他们一无所获地败兴而归。

有一天，这位赛马手又一次赢得了比赛，之后有一位记者走过去采访他。这位记者说的第一句话是："请问骑马时您左蹬比右蹬多放几只眼？"两蹬放眼不一样是骑士常用的平衡术。这位赛马手一听顿时来了精神。记者用内行的语言引起了赛马手的兴趣，采访顺利地完成，后来他们还成为了好朋友。

因此，在人际沟通的过程中，我们一定要围绕对方的兴趣展开话题，这样双方的谈话才比较容易开展，从而实现沟通和交流的目的。

至于如何找到对方的兴趣点，我们可以提前收集一些信息，比如对方的专长是什么，对方的专业是什么等，这些可能都是对方所擅长和感兴趣的话题，就此类话题请教对方比较容易展开话题。

2. 避免与他人争论

在日常的人际沟通中,很多的时候人们是你说你的、我说我的,双方就一个问题一次又一次地重复和强调自己的观点,最后弄得双方不欢而散。

卡耐基指出,"十之八九,争论的结果会使双方比以前更相信自己绝对正确,你赢不了争论,要是输了,当然你就输了;如果赢了,还是输了"。在争论中没有赢家,虽然我们有可能在争论中占了上风,但实际上可能已经伤害了对方的自尊心,甚至对我们产生怨恨。在人际沟通的过程中,我们对于对方的意见要仔细倾听,以便加强沟通和了解。听到不同的意见,我们应该抱着感激的心态,或许这种不同的意见可以使我们避免重大失误。

3. 主动与他人进行沟通

主动沟通应该贯穿于我们整个工作与生活中,也就是当我们遇到一些问题,有了一些新发现或新想法时,都应该主动地与领导或工作伙伴进行沟通,这样既可以避免因为沟通不畅而产生误会或造成工作失误,又可以使工作团队搞好协作,形成合力,共达目标。美国普林斯顿大学对1万份人事档案进行分析后发现:"智慧""专业技术"和"经验"只占成功因素的25%,其余75%取决于良好的人际沟通。在全球化的今天,优秀的沟通者懂得向他人学习,学会与他人在竞争中合作,根据自己的发展需求,拓展社交网络,实现与自己、与他人、与社会的自觉沟通。只有这样,我们才能与他人建立良好的人际关系。

4. 善用询问与倾听

询问与倾听是我们在进行人际沟通的过程中获得对方的相关信息的一种有效方式。通过询问与倾听,我们可以获取更多的信息,了解对方的观点、立场以及需求、愿望、意见与感受,并且运用积极倾听的方式来引导对方发表意见,进而对自己产生好感。一位优秀的沟通者绝对是一个善于询问并积极倾听他人的意见与感受的人。

因此,为了提升个人的竞争力,我们就必须不断地运用有效的沟通方式和沟通技巧,随时与他人进行有效的沟通,只有这样才能与他人建立良好的人际关系。

四、人际沟通中的注意事项

1. 要注意礼仪

与人交往,讲究礼仪是最起码的要求,尤其是面对交往不深的人,正所谓"礼多人不怪"。待人接物时,我们要给对方一种真诚、友好的感觉,营造出一种良好的沟通氛围,使对方更容易接受自己。

2. 不要轻易地打断对方的讲话

说话者在谈论某个问题或叙述某件事情时,倾听者不要轻易地打断说话者的话,应该等对方说完话后再进行提问或发表自己的见解。同时,倾听者在倾听的时候要给说话者以积极的回应,鼓励对方继续说下去。如果中间确有必要插上一两句话的话,倾听者应预先向说话者打招呼,并说一声"对不起"。

3. 注意停顿

在进行人际沟通的时候,说话者学会使用停顿其实也是一种艺术。说话者巧妙地运用停顿不仅能使讲话层次分明,而且还能突出讲话的重点,吸引倾听者的注意力,让倾听者更容易明白自己所讲的内容。如果说话者不懂得运用停顿,滔滔不绝地一直讲下去,势必会使倾听者有一种压迫感,甚至有可能不愿意听说话者继续说下。

4. 恰当地使用幽默

说话者幽默的谈吐不仅能使倾听者感到轻松愉快,而且还可以活跃气氛。实践证明,诙谐幽默的人往往能赢得更多朋友的欢迎与喜爱。幽默的语言就是不按常理出牌,摆脱正常思维,既出人意料,又合情合理。在进行人际沟通的过程中,说话者可以运用大词小用、小词大用、庄词谐用、一语双关、善意曲解等方法制造出诙谐幽默的效果。但是,说话者在使用幽默时要注意时间、场合,不能开玩笑过了头,尤其不能拿别人的隐私或者缺点开玩笑,否则可能适得其反,这样既会损伤对方的自尊心,也会使双方的关系变得十分紧张。

技能训练

1. 案例分析

乔·吉拉德向一位顾客推销汽车,双方讨价还价的过程比较顺利。当顾客正要付款时,另一位推销员跟乔·吉拉德谈论起了昨天的足球赛,乔·吉拉德一边跟这位推销员谈着足球,一边伸手去接顾客的付款。不料,顾客却突然掉头而去,连车也不买了。后来,乔·吉拉德才明白,顾客在付款时谈起了自己的儿子考上了大学一事,而自己却只顾着和同伴谈论足球赛。在这次推销过程中,乔·吉拉德与成功失之交臂。

教师请学生思考并讨论:乔·吉拉德这次推销失败的根本原因是什么?

2. 任务实训

某位同学在一项工作的关键环节帮助了你并到处宣扬,在日常的学习和生活中还经常对你指指点点,以致老师和同学对你的能力产生了怀疑,这时你应该怎么办?

人际沟通的四招技巧

一、同性之间交谈时可以触摸对方的胳膊

在与同性交流的过程中，把手放在对方的胳膊上，可以帮助谈话者双方建立默契。触碰对方的胳膊，你会发现双方的情绪都会变得平和。面对你提出的要求，对方比较容易接受。当然，谈话者在使用这种方式时一定要注意分寸，对于不熟悉的人表现得太亲密会给对方一种不适感。

二、与朋友聊天站得近一点

人与人之间的交流通常要保持一定的距离，这种距离受到个体之间由于相容关系不同而产生的情感距离的影响。一般来说，朋友之间聊天可以保持0.5~1.2米。在与朋友谈话时，双方可以稍微站得近一点，你会发现彼此之间的心也靠得更近了一些。

三、说出你对他人的欣赏

马斯洛的需求层次理论认为，每个人都希望能实现自己的价值，都渴望被别人认可。所以，在人际交往中，如果我们能够发现别人的优点并及时地给予称赞，那么对方就会有一种满足感和受尊重的感觉。

四、不要吝啬你的微笑

微笑是一种令人感到愉快的表情，它可以在瞬间缩短人与人之间的心理距离，给对方留下平易近人的印象，让对方觉得你是一个受欢迎的人。微笑还可以消除双方之间的紧张、尴尬，为人际沟通建立一个轻松、友好的氛围。

任务2 学会倾听

让孩子把话说完

在一期节目上，美国著名的主持人林克莱特访问了一位小朋友。林克莱特问这位小朋友："你长大了以后想当什么呀？"小朋友天真地回答："我要当飞机驾驶员。"林克莱特接着问："如果有一天你的飞机飞到太平洋上空时，飞机所有的引擎都熄火了，你会怎么办？"小朋友想了想："我先告诉飞机上所有的人绑好安全带，然后我系上降落伞先跳下去。"

当现场的观众笑得东倒西歪时，林克莱特继续注视着这位小朋友。没想到，接着这位小朋友的两行热泪夺眶而出。于是，林克莱特问他："你为什么要这样做？"这位小朋友的回答透露出一个孩子真实的想法，他说："我去拿燃料啊，我还要回来。"

教师请学生思考并讨论：阅读了上述案例后你有什么感受？

知识平台

一、倾听的含义

倾听，《现代汉语词典》（第7版）中的解释为"细心地听取（多用于上对下）"。这里的倾听是指倾听者凭借听觉器官接收语言信息进而通过思维活动达到认知、理解的全过程。倾听属于有效沟通的必要组成部分。

倾听的过程包括以下三个层面的内容：

（1）听到，是指倾听者对说话者的口头语言和身体语言所表达出来的信息加以接收的过程。

（2）听懂，是指倾听者对接收到的信息进行解码从而加以理解，即听懂的过程。

（3）确认，是指倾听者在听懂说话者的意思之后通过复述或提问的方式，对自己是否真正、全面、正确地理解了说话者的意思进行印证，以免自己的理解和说话者的本意不一致。这是倾听者对说话者的话进行回应或者反馈的过程。

倾听是倾听者与说话者一起去亲身感悟整个谈话的过程。在倾听的过程中，倾听者不仅要有听的行为，而且还要对说话者的说话内容进行确认和反馈，这样才是一个完整的沟通过程。

二、倾听的作用

莎士比亚说："最完美的交谈艺术不仅是一味地说，还要善于倾听他人的内在声音。"在进行人际沟通的过程中，说话者不仅要表达出自己的观点和想法，而且还要善于倾听对方的讲话。这既是尊重和重视对方的表现，也是了解对方、分辨事实的重要渠道，更是提高沟通效果、建立良好人际关系的基础。

1. 倾听是获取信息、开阔视野的重要途径

在进行人际沟通的过程中，说话者是信息的提供者，倾听者是信息的接收者。倾听者听得越多，获取的信息也就越多；倾听者获取的信息越多，对说话者的了解就会越多；对说话者的了解越多，相应的反馈就会越准确，沟通的目标也就越容易实现。

2. 倾听是获得对方信任的重要方式

人们往往对自己的事情更感兴趣，对自己的问题更关注，更喜欢表现自己。倾听者专心地倾听说话者的讲话，既充分体现出对说话者的尊重和关心，也满足了说话者希望得到别人尊重的心理需求。出于"投桃报李"的想法，说话者也会表现出对倾听者的接纳、信任和喜欢，双方之间的沟通就会变得更加顺畅。

3. 倾听是取长补短的有效手段

在进行人际沟通的过程中，倾听者可以通过认真倾听说话者的谈话来弥补自身的不足，这样既可以学习说话者某些方面成功的经验或汲取说话者失败的教训，也可以学习说话者的语言表达技巧和方法，从而提高自身的沟通表达能力。

三、倾听的基本原则

1. 客观性原则

客观性原则就是要求倾听者在进行人际沟通的过程中，放下成见和偏见，不要对说话者和双方即将谈论的话题过早地进行评判，妨碍自己成为有效的倾听者。因为倾听者会不自觉地被自己的想法所影响，从而漏掉说话者透露出的语言信息和非语言信息。在良好的人际沟通要素中，话语占7%，声音占38%，而其余55%则是表情等非语言信息。一般来说，当倾听者听到与自己不一样的观点时，会在心中对他人所言有所抵触，这种行为会使倾听者产生主观偏见，遗漏一些重要的信息，从而造成人际沟通的障碍，影响人际沟通的有效进行。

2. 积极性原则

积极性原则就是要求倾听者要以积极的态度真诚、坦率地倾听。好的倾听者希望了解一些信息，为此他们愿意尽力去倾听，并希望能从中受益。倾听者有效的倾听不是被动地对说话者所说的内容照单全收，而应该是积极主动地倾听，这样倾听者才会更了解说话的内容、更懂得欣赏说话者，回答问题也更能切中要点。

3. 同理心原则

同理心原则就是要求倾听者应努力理解说话者的意图，站在说话者的角度去思考问题，把自己的想法放在一边，设身处地地站在说话者的立场去领会其想法、情感和意图。在与具有不同文化背景的人进行沟通时，好的倾听者会努力超越自己狭隘的文化观念，对新思想敞开心扉。

4. 完整性原则

完整性原则就是要求倾听者对说话者传递的信息有一个完整的了解：既能获得说话者传递的沟通内容，也能获得说话者传递的价值观和情感信息；既能理解说话者的言中之意，也能发掘出说话者的言外之意；既注意到说话者的语言信息，也关注到说话者的非语言信息。

四、有效倾听的技巧

1. 营造良好的沟通氛围

说话者和倾听者要想实现有效的人际沟通，那么沟通的氛围就十分重要。在营造良好的沟通氛围时，双方要尽可能消除干扰，尽量选择安静、平和的环境，使身心处于放松的状态；提前安排好桌椅的位置，确保双方能轻松地听清彼此的谈话并且感到舒适自在；另外，双方还要主动地关掉手机或将手机设置为静音状态。

沟通的时间和场合也是双方在营造良好的沟通氛围时需要考虑的问题。一般来说，倾听者最好选择说话者精力充沛、不太忙的时候，这样沟通的效果比较好。在沟通时，倾听者还应该避免选择有第三者在场或很正式的场合，因为这样的场合，说话者的心里会有所顾忌或比较紧张，从而影响了双方进行沟通的效果。

2. 鼓励对方先开口表达

在进行人际沟通的过程中，倾听者请说话者先讲话，既表达了对对方的尊重，也体现了倾听者良好的教养。倾听者鼓励说话者先开口，表现出了良好的沟通礼仪，能让说话者感到倾听者重视他的想法，让对方还未开口就已经对倾听者产生好感。同时，倾听者的认真倾听也营造出了一种开放的交流氛围，可以方便自己更多地获取信息，从而实现更好的沟通。

3. 用积极的、开放的身体语言鼓励对方表达

积极的身体语言包括身体前倾、目光接触、微笑、象征性的点头等。在进行人际沟通的过程中，倾听者使用积极的、开放性的身体语言是为了明确地向说话者传递友好的信息，让对方感受到"我对你和你所说的话非常感兴趣""你所说的我是能理解和接受的"等，从而形成对说话者莫大的激励，让说话者的心态更放松、思维更活跃，以便使人际沟通更顺畅。

4. 把握实质性的内容

基于各种原因，人们在进行人际沟通时往往不会开门见山直接地表达自己想要表达的意思。尤其是在中国，受传统文化的影响，人们往往更喜欢婉转地表达自己的一些观点。因此，在倾听时，倾听者更要注意通过各种形式去把握住说话者所表达的实质性的内容。

倾听者想要把握住说话者所表达的实质性的内容，既要排除外界的干扰，也要抓住信息的主要内容，为此倾听者可以一边倾听一边回味说话者的讲话，将其中的重点整理出来，以便更准确地把握对方的观点和意图，并适时地指出说话者谈得不够透彻或需要补充的地方。

5. 专注于对方的讲话

在进行人际沟通的过程中，注意力分散是倾听者获取信息的一大障碍，它很有可能会导致倾听者花费了大量的时间倾听，最终却一无所获，甚至有可能会激怒说

话者。所以，倾听者应该专注于说话者的讲话，可以采用的方法有：对于自己需要掌握的信息，可以请说话者进行复述；对于有疑问的地方，可以请说话者进行解释；还可以做笔记，帮助自己进行记忆。

技能训练

1. 案例分析

第二次世界大战期间，美国赫赫有名的巴顿将军为了显示他对部下生活的关心，搞了一次参观士兵食堂的"突然袭击"。

在食堂里，他看见两个士兵正站在一个大汤锅前。

"让我尝尝这汤！"巴顿将军向士兵命令道。

"可是，将军……"士兵正准备解释。

"没什么'可是'，给我勺子！"巴顿将军喝道。

士兵一边递给他勺子，一边再一次说："可是，将军……"

巴顿将军瞪了他一眼，一把夺过勺子，舀起锅里的汤喝了一大口，随即"哇"地一口吐了出来。

他转向士兵，怒斥道："太不像话了，怎么能给战士喝这个？这简直就是刷锅水！"

"我本来想告诉您这是刷锅水，没想到您……您已经尝出来了。"士兵磕磕巴巴地答道。

问题：（1）巴顿将军在与士兵进行沟通的过程中存在什么问题？

（2）巴顿将军应该怎样倾听士兵的讲话？

2. 复述训练

教师讲述完一个故事或者朗读完一篇文章后，学生进行以下训练：

（1）根据记忆写出这个故事或这篇文章的大意；

（2）写出这个故事或者这篇文章的主题思想以及为主题思想服务的支持性材料；

（3）让学生自愿上台进行复述，大家分组给予评价。

知识拓展

人本主义的倾听——无条件的积极接纳与关怀[①]

卡尔·罗杰斯是人本主义心理学的理论家和发起者、心理治疗家。他提倡在心理咨询中使用释义来帮助来访者。他认为，最好的助人方式就是提供一种积极、包容的

[①] 龙长权，张婷. 沟通心理学[M]. 重庆：西南师范大学出版社，2014：74. 有改动。

气氛，在这种气氛下鼓励来访者自己去寻找帮助自己的方法。

这种咨询方法最基本的要素是"无条件的积极接纳与关怀"，即对来访者给予尊重和关怀，接纳对方好或不好的方面。

下面是一段卡尔·罗杰斯的经典个案片断摘录：

1983年，吉尔参加了卡尔·罗杰斯的培训班。她难以跟自己上大学的女儿分开，并因此焦虑起来。她的自我形象是消极的。在谈话中，卡尔·罗杰斯不仅重复着她的那些消极话语，而且采用夸大的方式复述这些话，一直到最后吉尔开始用积极的自我表述替代了消极的认识。

卡尔·罗杰斯：我想我准备好了。你准备好了吗？

吉尔：好了。我和我的女儿相处有一些问题。她20岁了，在上大学。让她就这么走了，我感到非常痛苦。我对她充满内疚。我非常需要她、依赖她。

卡尔·罗杰斯：需要她留在你身边。这样你就可以为你感到的愧疚做些补偿。这是其中一个原因吗？

吉尔：在很大程度上是吧。她一直也是我真正的朋友，而且是我的全部生活。非常糟糕的是，她现在走了，我的生活一下子就空了很多。

卡尔·罗杰斯：她不在家，家里空了，只留下了妈妈。

吉尔：是的，是的。我也想成为那种很坚强的母亲，能对她说："你去吧，好好生活。"但是，这对我来说非常痛苦。

卡尔·罗杰斯：失去了自己生活中珍贵的东西是非常痛苦的，另外，我猜还有什么别的事情让你感到非常痛苦，是不是你提到的和内疚有关的事情。

吉尔：是的，我知道我有些生她的气，因为我不能总得到我所需要的东西。我的需要不能得到满足。唉，我觉得我没有权利提出那些要求。你知道，她是我的女儿，不是我的妈妈。有时候，我好像也希望她能像母亲一样对我。可我不能向她提那样的要求，也没有那个权利。

卡尔·罗杰斯：所以，那样的想法是不合理的。但当她不能满足你的需要的时候，你会非常生气。

吉尔：是的，我非常生她的气。

在这个片段中，卡尔·罗杰斯不断地引导吉尔诉说，并通过诠释和提问去核查自己是否真正理解了吉尔的意思。在整个谈话中，卡尔·罗杰斯没有出现评判式回应。

任务3　学会赞美

多多益善

有一次,汉高祖刘邦与韩信谈论各位大将的才能,他们认为各有高下。刘邦问韩信:"你看我能指挥多少兵马?"韩信回答道:"陛下最多能指挥十万兵马。"刘邦又问:"那你能指挥多少兵马呢?"韩信自豪地回答:"越多越好,多多益善。"刘邦笑道:"既然你带兵的本领比我大,却为什么被我捉住?"韩信很诚实地说:"陛下不善于指挥兵马,但却善于驾驭将领,这就是我被陛下捉住的原因。"

教师请学生思考并讨论以下问题:

（1）如果你是刘邦,听了韩信的话后,你会有什么感受?

（2）本案例对你有什么启示?

一、赞美的作用

赞美是指人们用语言表达对人或事物的喜爱。在人际交往的过程中,每个人都需要被赞美,渴望被别人所肯定,这是我们每个人发自内心的一种基本愿望。美国哲学家、心理学家威廉·詹姆斯曾说过:"人性内最大的欲望,莫过于受到外界的认可与赞美。"赞美的作用表现在以下三个方面:

1. 赞美可以满足人的本能需要

人人都渴望得到别人的赞美,真心的赞美没有人会拒绝,更没有人会抱怨,这既是人的一种本能的需要,也是人的一种自我价值的体现。马克·吐温曾说过:"一句精彩的赞词可以代替我10天的口粮。"由此可见,渴望得到赞美是每个人内心迫切的需求。因此,赞美是增进人与人之间的了解与友谊、协调人际关系最好的方法。同事之间相互赞美,可以互勉互励、共同提高;同学之间相互赞美,可以加深感情、和睦相处;上下级之间相互赞美,可以增进信任、相互协调,以便更好地开展工作。

2. 赞美可以激励对方

美国著名人际关系学大师卡耐基曾说过:"给人一个好名声,让他为此而努力奋斗。"在人际沟通的过程中,真诚地赞美对方的某些成就或长处,那么对方往往会变得更加通情达理和乐于协作。例如，当一个人计划做一件有意义的事时，开头的赞美能激励他下决心做出成绩，过程中间的赞美有益于他再接再厉，结尾的赞美则可以肯定他的成绩、指出进一步努力的方向，赞美起到了激励的效果。

3. 赞美可以增进友谊，促进沟通

人际交往的黄金法则认为，你希望别人怎么对待你，你就要怎样对待别人。根据行为科学的理论，别人对待你的方式大部分取决于你对待他们的态度。在进行人际沟通的过程中，如果我们对别人表示尊重和理解，真诚地赞美对方，那么也会收获别人的尊重和友谊，增进彼此之间的感情，协调好人际关系。

二、赞美的基本原则

1. 真诚原则

在《现代汉语词典》（第7版）中"真诚"的意思是"真实诚恳；没有一点儿虚假"。赞美必须是真诚的，这是我们赞美他人的先决条件。只有真诚、发自内心地赞美才能获得对方的好感。

真诚地赞美他人需要实事求是、有理有据。在赞美他人之前，我们需要对被赞美者的情况有所了解，比如了解对方的优点和长处，熟悉对方的爱好、兴趣和人品等。这样，我们在与对方进行沟通时，自然而然地就能说出赞美之词，无须遣词造句、刻意修饰。这种真情流露式的赞美往往更容易打动对方。

2. 具体原则

在《现代汉语词典》（第7版）中"具体"的一个解释是"细节方面很明确的；不抽象的；不笼统的（跟"抽象"相对）"。具体的赞美比宽泛的赞美更胜一筹。我们在赞美他人时应该做到不空泛、不含糊，恰如其分的赞美更容易激励对方。

我们要想让自己的赞美不空泛，学会寻找赞美点非常重要。我们要在人际交往的过程中善于发现对方真正的闪光点，比如独特的见解、得体的装扮、小小的成就等。一个人的闪光之处可能微乎其微，但是如果能得到他人的赞美一定会觉得格外欣喜。所以，在赞美他人时，我们要"勿以善小而不赞"，他人在日常工作和生活中的每一点进步、每一个优点都可以成为我们赞美他们的理由。我们要善于发现一些细节，这样可以让我们的赞美更加真实、丰富和动人。

3. 适度原则

"度"在《现代汉语词典》（第7版）中的一个解释是"哲学上指一定事物保持自己质的数量界限。在这个界限内，量的增减不改变事物的质，超过这个界限，就要引起质变"。这里的适度原则就是指我们在赞美他人时不夸大、不滥用，恰到好处、点到为止的赞美才是真正的赞美。

只有把握好赞美的尺度才能达到理想的赞美效果。我们在赞美他人时，不要任意夸大情节、言过其实，否则会产生消极作用；不要过分修饰用词、华而不实，否则将适得其反；不要滔滔不绝地去赞美他人、滥用赞美，否则会引起对方的反感。赞美一旦过了头就会变成吹捧，让人有阿谀奉承、溜须拍马之感。

4. 适时原则

这里的适时主要是指恰当的时间和恰当的场合。在人际交往的过程中，我们认真地把握时机，恰逢其时的赞美可以收到事倍功半的效果。当我们发现对方有值得赞美的地方时，就要及时、大胆地赞美对方，千万不要错过机会；在别人成功的时候，我们适时地送上一句赞美，就犹如锦上添花。

三、赞美的技巧

在人际交往的过程中，学会赞美别人会让我们显得更有涵养、更真诚。然而，赞美并不是直来直去地夸赞那么简单，需要具有一定的语言技巧。

1. 学会从侧面赞美他人

赞美可以是正面的，也可以是侧面的。正面赞美是指在人际沟通中人们用一些褒扬的词汇把对方的某一个或几个方面的优势、特长直接、具体地表达出来。侧面赞美是指人们通过比较法、转述法、暗示法等把对方某一个或几个方面的优势、特长间接迂回地表达出来。比如，借他人之口间接赞美是侧面赞美的一种表现形式，有时如果我们能转述他人对对方的高度评价就会收到意想不到的效果。

2. 尝试用比较法去赞美他人

在众多的赞美方式中，比较有着独特的感染力，因为它语气热烈、对比鲜明，容易给人留下深刻的印象。在大多情况下，我们可以拿自己与别人相比，抑己褒人，常常会收到意想不到的效果。赞美不一定非要使用精妙的形容词，有时候适度的自贬和自嘲能给对方以优越感，让对方感觉到尊重。另外，虚心请教对方可以说是一种变相的比较赞美法。

3. 赞美他人时注意自己的措辞

在赞美他人时，我们一定要注意自己的措辞，以免我们说出的话词不达意、扭曲原意、造成误会。每个国家和每个民族都有自己的忌讳，每个人也都有自己的忌讳，所以，我们在赞美别人时千万不可触及对方的忌讳，否则容易引起他人的反感，甚至愤怒。另外，我们不要只是不假思索地附和他人，在赞美他人时只会鹦鹉学舌或重复别人的话。我们只有针对对方的特色加以赞美，才能真正地打动人心。

四、赞美的注意事项

1. 语言得体

我们在赞美他人时语言要得体。含糊其词的赞美会让人觉得言不由衷，产生一种被敷衍、搪塞的心理感受。另外，语气也要得当，同样一句话，如果语气不当，有时不但赞美的意思表达不出来，反而会起到适得其反的效果，影响他人的情绪。对不同的人进行赞美时语言要因人而异，年龄有长幼之别，突出个性、有特点的赞美比一般化的赞美能收到更好的效果。

2. 兼顾他人

我们在赞美某个人时，还要考虑和兼顾到在场的其他人的心理感受。如果我们在赞美某个人的同时却忽视了周围人的感受，不仅会让他们感到不悦，而且也会让受赞美者觉得难堪，无形之中得罪了别人。

比如，我们想在几个人中赞美其中的一位，可以赞美他个人的行为或突出的贡献，这样其他人就不会觉得很尴尬。又如，如果我们想赞美两个人中的一位，就要注意表达技巧，"A做得不如B"就不如说"B做得最好"。这两种表达方式对于B来讲效果都是一样，而对于A来讲就不同了，第二种表达方式会使他的心理感受好一些。

3. 注意别人的忌讳

我们赞美别人的初衷是好的，但是如果不小心违反了他人的忌讳，就会引起对方的反感。所以，在平时我们要多留心、多总结，才能准确恰当地使用赞美的语言来实现我们与他人进行人际沟通的目的。

技能训练

任务实训：

教师将学生分成几个小组，请学生以小组为单位回答以下问题：

（1）在过去的生活中，你经常会受到别人的赞美吗？谁会经常赞美你？他因为什么事情赞美了你？你听到赞美后的感觉如何？你觉得别人直接赞美你显得虚伪吗？你还希望得到别人的赞美吗？

（2）在过去的生活中，你会经常赞美别人吗？你经常赞美的人是谁？你因为什么事情会赞美别人？你觉得赞美别人会显得自己虚伪吗？

知识拓展

卡耐基教人学会赞美的故事①

卡耐基是20世纪伟大的人生导师。作为一个卓越、成功的企业家和人生导师,他有很多教人学会人性化管理的故事。

有一次,卡耐基接到了一通电话,从电话里传出了一个很忧虑的声音。

"喂,请找卡耐基先生。"

"我就是。"

"谢谢上帝,我想和你讨论一个如何和下属相处的问题。"

于是,卡耐基约这个人在马洛尔大街的一家小酒店里见面。

那个人比卡耐基更早地来到了这家小酒店,他似乎认识卡耐基,见到卡耐基进来就立刻迎了上来。

此人名叫罗慕洛,是一家珠宝店的经理。他开口便说:"现在,我想讨教一下如何和我的下属相处得更融洽的问题,这样才能使我的生意更加兴旺。"

卡耐基问:"你经常严厉地教训和责备你的下属吗?"

"有时我生气了,就会批评他们。"

卡耐基又问:"你经常正面激励和表扬他们吗?"

"我是一个不苟言笑的人。有时,下属的成绩很突出,我也很少表扬他们。"

卡耐基笑了笑,便和他讨论起人在情感上是需要得到表扬和激励的,特别是他们的上司和父母在正面表扬和激励他们时,他们的创造力会比平常提高80%。

卡耐基建议他不妨正面多表扬他的下属,这样更有利于沟通。

卡耐基的这番话使罗慕洛恍然大悟,他对卡耐基说回去试试,便告辞走了。10天后,他们又在上次见面的那家小酒店里见面了。这时,罗慕洛满脸的兴奋,他很激动地说:"卡耐基先生,你这套方法真管用。第二天,我上班时,我的秘书递给我昨天写的文件,我觉得文件写得不错,便结结巴巴地说了一句:'你这份文件写得不错!'没想到我的秘书脸一下子就红了,有点吃惊,她以后工作更卖力了。"他还向卡耐基讲了赞美、激励的其他一些好处。

---

① 马树林,钟晓光. 最感动人的人性化管理故事[M]. 北京:红旗出版社,2014:49-50. 有改动。

任务4　学会拒绝

 热身活动

你能我也能[①]

美国总统富兰克林·罗斯福在就任总统之前，曾在海军部担任要职。有一次，富兰克林·罗斯福的一位好朋友向他打听在加勒比海一个小岛上建造潜艇基地的计划。富兰克林·罗斯福神秘地向四周看了看，压低声音问道："你能保密吗？"

这位好朋友回答道："当然能！""那么，"富兰克林·罗斯福微笑着看看他说："我也能！"

教师请学生思考并讨论以下问题：

（1）富兰克林·罗斯福是在拒绝他的朋友吗？
（2）罗斯福是怎么做到拒绝自己的朋友的？

 知识平台

拒绝有广义和狭义之分。广义的拒绝包括推辞、回避、否定以及表达不同的意见，概括起来就是对他人说"不"。狭义的拒绝是指不答应，明确地表示不愿意、不可以。本书所说的拒绝是指广义的拒绝。

一、拒绝的作用

我们每个人都有希望得到别人的理解与帮助的需要，也常常会接收到来自别人的要求和请求。但是，在现实的工作和生活中，我们不可能做到有求必应，所以，学会适时地拒绝是一种理智的选择。虽然拒绝别人有时会给他人带来不愉快，但是如果不拒绝别人的请求就会给自己带来更大的困扰，也可能会因为无力兑现自己的承诺而给对方带来更大的麻烦。因此，拒绝也是一种理性地解决问题的方式。

所以，我们要学习拒绝的艺术，学习怎样去拒绝别人，又能得到别人的理解。

二、拒绝的基本原则

对于不合理的要求或无法予以承诺的事情，该拒绝的我们一定要拒绝。但是，在拒绝对方时我们需要掌握一定的原则，使自己能轻松愉快地说"不"，并使对方高高兴兴地接受。因此，我们在拒绝别人时应该遵循以下原则：

[①] 程庆珊. 商务沟通[M]. 大连：东北财经大学出版社，2012：44. 有改动。

1. 拒绝时不要伤害对方的自尊心

每个人都害怕被他人拒绝，因此，我们在拒绝他人的时候，要顾及对方的自尊心，这样可以避免使双方之间的关系变得紧张。有时，当我们在拒绝自尊心很强的人时，需要采取间接拒绝或迂回的办法，因为直接拒绝的方式会使他们感觉自己下不了台。

2. 拒绝时不要含糊其词

在现实的工作和生活中，我们每个人都懂得"不"所表达的含义。所以，当我们需要拒绝他人时常常会犹豫不决。由于过于担心拒绝对方所产生的后果，所以我们在表达时会过于委婉和含糊，以至于给对方造成了某种错觉，最后可能造成无法弥补的损失。所以，我们在拒绝他人时一定要简单明确，而且要在第一时间据实表明自己的态度，这样也可以让对方尽早有所准备，去启用其他的解决方案。

3. 拒绝时应带着歉意

一般来说，我们在拒绝他人时都有不得不拒绝的理由和苦衷，我们应该尽可能坦诚地相告，同时表达出自己抱歉和遗憾的心情，以期得到对方的理解。在可能的情况下，我们在拒绝对方的同时可以积极帮助对方考虑另外一种处理问题的方案，以此表达自己对对方的体谅和关心。

三、拒绝的技巧

1. 先同情后拒绝

当他人向我们寻求帮助的时候，由于各种原因，我们可能无法满足对方的请求。在拒绝对方的时候，我们要注意语言的表达，宜采取"先同情后拒绝"的方式。例如，我们可以先告诉对方他的请求并不过分，但是因为各种原因暂时没有办法实现。先同情后拒绝是一个通用的、有效的拒绝方法，这样做的结果一方面不会因我们的拒绝给对方造成心理伤害，另一方面也会使对方对我们的拒绝表示理解。

2. 说出真实情况

众所周知，不合理的要求会给自己或他人带来不利的影响。在拒绝对方不合理的要求时，我们可以明确地告诉对方这么做可能产生的后果，在把利害关系向对方说清楚的时候也就说明了我们拒绝对方的理由。有些人在拒绝他人时不敢实话实说，吞吞吐吐、闪烁其词，这样反而使对方产生了不必要的误会。其实，在人际交往中，拒绝本是一件很正常的事情，只要我们坦诚相待、处理得当，拒绝并不会带来人际关系的疏离。

3. 用微笑来拒绝

有时候，我们不能用语言来直接拒绝对方，这时我们可以用微笑来表明自己的态度。面带微笑、态度庄重地表达拒绝，不仅可以避免使双方感到难堪，而且还能让对方感受到我们对他的尊重,就算被拒绝了也能欣然接受。如果我们再能运用幽默的语言说出拒绝对方的理由,那么就更能缓解因为拒绝而造成的尴尬气氛。

4. 对事不对人

在我们拒绝他人的时候,为了不使对方感到难堪,我们必须让对方了解拒绝的是"这件事",而不是对方本人。我们必须将人和事分开,人归人、事归事。比如,我们不能说"我不能为你做这件事",而应该说"我不能做这件事",这样一来对方就能理解我们的拒绝并不是针对他本人。

四、拒绝的注意事项

在人际沟通中,拒绝他人的时候我们应注意以下事项:

1. 拒绝的表述要清楚

面对别人的请求,虽然我们不忍心拒绝对方,但是千万不要含糊其词,让对方心怀希望,这样做不仅容易误事,而且还有可能引发双方之间不该发生的矛盾。所以,在面对他人提出的令我们无法接受的请求时,我们应该把自己的态度清楚地表达出来,以免节外生枝。

2. 拒绝的措辞要得体

在人际沟通中,对方向我们提出请求或意见,肯定是出于一种需要,或者是不得已而为之,所以我们在拒绝对方时应该体谅对方。在拒绝对方时,我们要使用委婉得体的措辞,这样才可以最大限度地消解对方的失望或遗憾,也才能够最大限度地保护对方的自尊心,同时也体现出我们良好的修养。

3. 拒绝对方要选择场合

拒绝是与他人的意愿相背的一种交际行为,是背离对方的预期的,所以我们在拒绝对方时不宜张扬,而应该选择在合适的场合,最好在只有我们和对方在场的时候拒绝对方,这样可以在一定程度上保护对方的自尊心,避免让其感到难堪。

技能训练

1. 任务实训

有人向你打听你的同学王阳的情况,你虽然不太喜欢王阳,但是你也不愿意在背后说他人的是非。

教师请学生思考并回答:你应该怎样拒绝对方?

2. 任务实训

大海给他的同学小丽打电话,邀请她参加周末举行的晚会。小丽说:"我没有时间，周末就不去参加晚会了。"小丽的拒绝让大海觉得很尴尬，从此以后他不再与小丽交往了。

教师请学生思考并回答：如果你是小丽，你应该怎样拒绝大海的邀请更合适？

3. 任务实训

你的好朋友小李考了几次都没有通过大学英语四级考试，眼看就要大学毕业了，无奈之下他找到你，希望你能帮他代考一次。

教师请学生思考并回答：你应该如何与小李进行沟通才能既达到拒绝的目的，又不伤害双方多年的友谊？

4. 任务实训

（1）观看由郭冬临主演的小品《有事您说话》，谈谈你的感受。

（2）以小组为单位，使用拒绝的技巧改编该小品，并进行表演。

知识拓展

如何拒绝同事又不伤感情

第一，做好心理准备。

首先，我们每个人都应该清楚地认识到自己有拒绝别人的权利。其次，我们可以找一个适合双方谈话的场所，并选好拒绝的时机。我们要提前想清楚自己要拒绝对方所提要求中的哪个部分，并且预先准备好说辞，能明确地传达出"这个部分我没有办法帮你，但如果改成……我就可以帮上忙"的信息。同时，我们还需要针对可能会发生的状况提前想好应对措施。

第二，找出"是"或"否"之外的选项。

当我们遇上他人请求帮助的时候，常常认为自己只能接受或拒绝，这是导致人们无法拒绝的原因之一。其实，我们只要把拒绝他人的请求当成是在跟对方进行交涉，就容易打破心理障碍，没有那么难开口。

假设完全接受对方的请求是100%，彻底拒绝是0%，那么我们不妨试着向对方提出90%、70%或50%的方案。也就是说，如果对方能够将自己求助的"内容""期限"和"数量"等做一些调整，那么我们就有可能接受对方的请求。比如，"如果期限能再延长3天的话我就能办得到"，这可以看作是90%的接受；"我无法担任执行经理，但是参与项目没问题"，这可以看作是70%的接受；"我只有5000元可以借给你，没有1万元那么多"，这可以看作是50%的接受。

第三，在拒绝前先表达感谢和歉意。

拒绝的说法也是有一套固定的模式可循：先以感谢的口吻，谢谢对方提出请求；然后以"不好意思""遗憾"等语句向对方表示歉意，让对方有被拒绝的心理准备；接下来说出自己的理由，并加以明确的拒绝。

第四，使用电话或电子邮件进行拒绝时要有缓冲句和感性的词汇。

在进行电话沟通时，说话者看不到彼此的表情和动作，有时就算我们说话的语气很客气，但是对方还是会觉得我们的态度强硬。因此，我们在使用电话进行拒绝的时候要增加一些可以用来缓冲的句子，比如"我理解你的想法，但是……""你说的也有你的道理，只是……"，这样对方更容易接受我们的意见。而电子邮件则是连声音的抑扬顿挫都没有，容易给人一种公事公办的感觉，因此我们在使用时还要增加一些感性的词汇。

第五，拒绝时要正面朝向对方，表情温和。

我们说话的姿势、表情、音调等也会给对方不同的感觉。在拒绝时，我们要尽量正面朝向对方，并且尽量有意识地舒缓眉头，以温和的表情微笑着讲话是最恰当的。

任务5　学会批评

批评也要留面子①

有一个饭店开张，喜气洋洋，所有的领导和嘉宾都到齐了，有祝贺的，有送礼的，场面很庞大。从经理到服务员个个都在忙里忙外，生怕会有什么闪失。因为今天老板会亲临现场，所以经理要求大家一定不要出错。

会餐的时间到了，有一名服务员负责为大家倒水，倒完水后服务员马上要走。就在这时，经理发现老板的茶水没有倒上，而且唯独他的茶水没有倒。经理非常生气，当场上前训斥这名服务员："你是怎么回事，一点儿专业技能都没有吗？所有人都倒了，老板的怎么没倒呢？平时我是怎么教你的，这种低级的错误也犯，你离开除不远了。"

顿时，场面变得异常尴尬，服务员被说哭了，同时也知道自己犯了错误。但是，在这么多人的面前被说得那么惨，服务员的脸也有些挂不住了。这时，老板赶紧过来打圆场："没关系，这名服务员想给我倒一杯更好的，呵呵。"

第二天，这名服务员递交了辞职信，离开了饭店。

教师请学生思考并讨论：在上述案例中经理的做法有何不妥之处？

---

① 汪建民. 受益一生的说话课[M]. 北京：北京工业大学出版社，2015：173. 有改动。

知识平台

批评，就是评论、评判。批评有两种含义：一种是基于美学意义的解释，指通过运用理论方法对作品进行梳理评论，如文艺批评；另一种是基于狭义的生活习语，是专指对缺点和错误提出意见，如批评服务人员对顾客的傲慢态度。本书所指的批评是第二种含义。俗话说："金无足赤，人无完人。"我们每个人在工作中和生活中都难免会受到批评，也难免会批评别人。就本质而言，批评是令被批评者产生不快，感到心理压力的活动。如何让被批评者能够听进去批评，心悦诚服地接受批评才是关键。由此可见，批评者在进行批评时要讲究语言艺术。

一、批评的基本原则

1. 顾及场合

在使用批评时，批评者要注意场合，要照顾被批评者的自尊心。当众表扬会使人进步，但是当众批评的效果却恰恰相反。因此，批评应该在单独的场合进行，这样既可以使被批评者的自尊心不受到伤害，也可以让被批评者感受到尊重和爱护，容易接受批评，也易于达到沟通的效果。

2. 把握时机

在批评别人的时候，批评者要注意掌握批评的最佳时机。在一般情况下，批评者的批评要及时，但有时故意拖延一些时间再处理也有一定的好处。当失误和问题发生后，批评者不要马上对被批评者劈头盖脸就是一顿批评，而是要给对方留出一段适当的时间：首先要让被批评者反思和反省自己的行为，当被批评者已经认识到自己的言行举止有不当之处时再与其进行面谈，这样被批评者在心理上就不会产生太大的抵抗情绪，也减少了因批评而产生的负效应。

3. 就事论事

在批评被批评者之前，批评者要明确就哪件事情或事情的哪个方面进行批评。在批评被批评者时，批评者有什么问题就说什么问题，不可把"陈芝麻、烂谷子"统统地翻出来，纠缠在一起算总账，这样做只会让被批评者感到反感。另外，批评者不能有意无意地揭被批评者的伤疤，甚至伤害其人格，这样必然会引起对方的愤怒。

4. 讲究适度

批评者在批评被批评者的时候首先语气要温和，要避免使用刺激人、挖苦人的话语；其次，在批评时要点到为止，不能啰唆，使被批评者陷入窘境从而产生抗拒的心理。

人际关系学大师卡耐基把说话啰唆当作影响人们接受批评意见的因素之一。他曾说过，我们每说一句话，都应显示出其说话的价值与力量。没有力量的话就是没有价值的话，等于没说一样。不能达到说话目的的话，那就是废话，废话就意味着啰唆。

二、批评的技巧

1. 先扬后抑式批评

先扬后抑式批评就是批评者在批评被批评者之前，先指出对方的优点再指出缺点的一种批评方式。这种批评的方式是在肯定的基础上再进行局部否定，在批评之前先赞美对方，抓住对方的长处加以赞扬，这样就可以化解被批评者的对立情绪，后面的批评就能在融洽的气氛中进行了。

2. 鼓励式批评

有时候，被批评者在受到批评以后往往会失去积极性和信心，这时批评者可以采用鼓励式批评来达到沟通的效果。鼓励式批评与先扬后抑式批评相类似，只是在肯定了被批评者的优点之后不是直接指出对方的缺点和不足，而是用鼓励的方式对其提出希望和努力的方向。

批评者批评被批评者的目的是为了提醒对方改进缺点和错误。如果批评者当面批评被批评者，可能会让被批评者感到尴尬，甚至有时会造成被批评者的反抗。批评者运用鼓励式批评会让被批评者注意到自己的错误，将会达到很好的效果。

3. "三明治"式批评

所谓"三明治"式批评，是指批评者把批评的意见夹在肯定和鼓励中一起进行，从而使被批评者愉快地接受批评的一种批评方式。"三明治"式批评有以下三个步骤：

首先，批评者要避免在谈话一开始时就直接针对被批评者的失误或错误，而是要先肯定被批评者的可取之处。

其次，批评者向被批评者提出自己的批评意见，并给出解决问题的方向。

最后，批评者对被批评者进行总体肯定性的评价，并告诉对方自己相信对方一定可以有所改进。

4. 幽默式批评

幽默是一种智慧的表现，可褒可贬，可以使人在笑声中受到启发和教育。幽默式批评就是批评者使用有趣而又意味深长的语言、表情和动作，对被批评者的缺点和错误进行善意的批评，从而营造出一种平等、和谐的沟通氛围，使被批评者较为容易地接受批评的一种批评方式，其有利于实现人际沟通的目的。

三、批评的注意事项

1. 切忌批评别人的弱点

导致问题或错误的出现有多种原因，可能是因为被批评者的思想意识、思维方式、方法技巧等造成的，这些问题或错误是可以改变的；可能是因为被批评者的智力水平、个人天赋或才能等方面的不足造成的，这些问题或错误是难以改变的。正所谓"尺有所长，寸有所短"。每个人都有自己的长处和短处，所以批评者对于被批评者因为智力水平、个人天赋或性格缺陷所造成的问题或失误可以不加以批评，而是要发现被批评者的长处，并给予赞美和鼓励，在必要时还可以给予耐心的指导和帮助，相信对方会因为心存感激而更加努力。

2. 切忌没有依据地批评别人

批评者批评被批评者的前提是事实清楚、责任分明、有理有据。批评者在批评被批评者时，应该从实际出发，弄清事实的真相，找出产生问题的原因和责任。在批评时，批评者要做到既不夸大事实也不失察过失，方能让被批评者心服口服。批评者不能仅凭道听途说就信以为真，去胡乱地批评被批评者；或者用感情代替原则随心所欲地批评被批评者。

3. 批评切忌恶语伤人

在进行人际沟通的过程中，沟通的双方都是平等的，批评者在批评被批评者的时候不能以审判者自居，甚至恶语中伤，这样并不能解决问题。人人皆有可能失误，人人皆有自尊心。批评者在批评被批评者的时候要顾及对方的自尊心，不能进行人身攻击，以防矛盾激化，达到无法收拾的地步。因此，批评者应保持冷静，当自己怒火正盛时，最好克制住自己的情绪，待心情平静下来后再去批评被批评者，以免使批评的结果适得其反。

4. 批评切忌没完没了

在进行人际沟通的过程中，并不是表达的越多沟通的效果就越好，批评他人尤其如此。有效的批评往往是批评者一针见血地指出问题的实质，让被批评者感到心悦诚服，喋喋不休、没完没了的指责往往会使被批评者产生逆反心理。尤其是当批评者批评心思敏感的人时更应该点到为止，俗话说"响鼓不用重锤敲"，说的就是这个道理。

技能训练

1. 任务实训

有人认为"批评者在批评被批评者时使用先扬后抑式批评的做法是很虚伪的"，而有的人却认为这是一种很好的批评技巧。

教师请学生思考并讨论：你对上述两种说法有什么看法？

2. 任务实训

在宿舍里，王海把吃完的香蕉皮随手一扔，同宿舍的李强说："这里又不是垃圾场。"

教师请学生思考并讨论：你认为李强的批评有效吗？如果你是李强，你会怎么说？

3. 案例分析

玲玲不小心把一杯牛奶洒在了餐桌上，妈妈看见了，平静地说："我看见牛奶洒了，这里还有一杯，你用抹布擦擦桌子。"说完，妈妈给玲玲拿来牛奶和抹布。玲玲抬头看看妈妈，有点不相信妈妈竟然没有责备自己，低声地说："妈妈，对不起！妈妈，谢谢你！"玲玲细心地擦着桌子，妈妈在一旁帮助她，没有再说一句批评的话。事后，玲玲的妈妈有一段话表明了她当时的想法和心情："我想说一句'下次小心'，但是我看到无声的宽恕使孩子报以感激之情时，我就什么也没说。"

教师请学生思考并讨论：为什么妈妈的批评方式取得了意想不到的效果？

4. 任务实训

教师请学生回忆对自己最有帮助的一次被批评的经历，将这次被批评的经历描述出来，包括对方批评自己的内容和方式、自己当时的反应和做法，并说一说自己现在的感受。

知识拓展

我所犯的许多错误比你的更糟[①]

卡耐基曾讲过这样一件事：卡耐基的侄女约瑟芬·卡耐基19岁那年来到纽约，成为卡耐基的秘书。当时，她刚刚高中毕业，做事的经验几乎等于零。因此，在工作中她总是会出现这样或那样的错误，而卡耐基也会毫不客气地批评她，这使约瑟芬·卡耐基感到了巨大的压力。

一天，约瑟芬·卡耐基在工作中又出错了。卡耐基刚想开始批评她，但马上又对自己说："等一等，你的年纪比她大了一倍，你的生活经验几乎是她的一万倍，你怎么可能希望她与你有一样的观点呢？你的判断力、你的冲劲——这些都是很平凡的，还有你19岁时又在干什么呢？还记得那些愚蠢的错误和举动吗？"经过仔细考虑后，卡耐基想出了一个好的办法来解决约瑟芬·卡耐基的毛病。从那以后，当约瑟芬·卡耐基再犯错误时，卡耐基不再像以前那样当面指出她的错误。他总是微笑着对约瑟芬·卡耐基说："亲爱的，你犯了一个错误，但上帝知道，我所犯的许多错误比你更糟糕。你当然不能天生就万事精通，成功只有从经验中才能获得，而且你比我年轻时强多了。我自己曾经做过那么多的傻事，所以，我根本不想批评你或任何人。但是你不认为，如果这样做的话，不是比较聪明一点吗？"听到这样的话，约瑟芬·卡耐基感到不再有压力，而是充满了动力。后来，她成为了一名出色的秘书。

[①] 宋倩华. 沟通技巧[M]. 北京：机械工业出版社，2012：110. 有改动。

参 考 文 献

［1］袁锦贵．沟通与礼仪［M］．北京：电子工业出版社，2013．

［2］杨友苏，石达平．品礼：中外礼仪故事选评［M］．上海：学林出版社，2008．

［3］黄玉萍，王丽娟．现代礼仪实务教程［M］．北京：北京交通大学出版社，2008．

［4］林友华．公关与礼仪［M］．2版．北京：高等教育出版社，2014．

［5］何艳梅，刘常飞．现代礼仪［M］．北京：电子科技大学出版社，2015．

［6］吴雨潼．职业形象设计与训练［M］．4版．大连：大连理工大学出版社，2012．

［7］何瑛，张丽娟．职业形象塑造［M］．北京：科学出版社，2012．

［8］汪彤彤．职场礼仪［M］．2版．大连：大连理工大学出版社，2014．

［9］绳传冬．现代礼仪实用教程［M］．大连：大连理工大学出版社，2008．

［10］许湘岳，蒋璟萍，费秋萍．礼仪训练教程［M］．北京：人民出版社，2012．

［11］武洪明，许湘岳．职业沟通教程［M］．2版．北京：人民出版社，2014．

［12］颜萍．社交礼仪［M］．北京：北京大学出版社，2016．

［13］刘晓红．秘书理论与实务［M］．2版．北京：北京大学出版社，2015．

［14］周加李．涉外礼仪［M］．北京：机械工业出版社，2017．

［15］黄漫宇．商务沟通［M］．2版．北京：清华大学出版社，2010．